U0225015

中国古建筑知识
一点通

张驭寰◎著

清华大学出版社
北 京

版权所有，侵权必究。侵权举报电话：010-62782989 13701121933

图书在版编目（CIP）数据

中国古建筑知识一点通 / 张驭寰著. 一北京：清华大学出版社，2019（2020.5重印）
ISBN 978-7-302-52444-1

Ⅰ. ①中… Ⅱ. ①张… Ⅲ. ①古建筑－建筑艺术－中国－普及读物 Ⅳ. ①TU-092.2

中国版本图书馆CIP数据核字（2019）第040925号

责任编辑：孙元元
装帧设计：谢晓翠
责任校对：王荣静
责任印制：杨 艳

出版发行：清华大学出版社
    网　　址：http://www.tup.com.cn, http://www.wqbook.com
    地　　址：北京清华大学学研大厦A座 **邮　编：**100084
    社总机：010-62770175   **邮　购：**010-62786544
    投稿与读者服务：010-62776969, c-service@tup.tsinghua.edu.cn
    质量反馈：010-62772015, zhiliang@tup.tsinghua.edu.cn
印装者：三河市春园印刷有限公司
经　销：全国新华书店
开　本：140mm×210mm **印　张：**8.875 **字　数：**197千字
版　次：2019年3月第1版 **印　次：**2020年5月第4次印刷
定　价：79.00元

产品编号：073217-02

|目录|

叁　佛寺庙宇

肆　其他类型

伍 结构装饰

陆　保护修复

壹　建筑综述

1. 最早的建筑是怎样的？

"建筑"是一个外来词。而用中国人现在的习惯说法，建筑本身就是"房屋"，也就是盖的房子。

一般认为，原始时期的人们为躲避野兽及洪水的侵袭，多采用"构木为巢"（《韩非子》）的居住方式。"巢"，甲骨文写作"巢"，下面从木，上半部分状如三只小鸟。"巢"的本义就是鸟窝。当时的人不会造房屋，居住在树上，在树杈上"构木为巢"，即"橧巢"（橧，音zēng，古人用柴薪架成的住处），以避风雨。据相关文献考证，如今安徽巢湖流域，地名中多带有"巢"字，是上古先民巢居的旧地。

橧巢空间难以扩大，以及单一住所难以适应气候变化的原因，需要另外的居所。据《礼记·礼运》记载，"冬则居营窟，夏则居橧巢"。《孟子·滕文公》说得更为具体，"当尧之时，水逆行，泛滥于中国，蛇龙居之，民无所定，下者为巢，上者为营窟"。久而久之，上下不便，又不可能扩大空间，也不能分居，于是人们从树上搬下来，寻找自然山洞。例如，周口店人、曲江人、马坝人的住所便是山洞，也就是我们今天常见的大岩洞。

我们可以想象，在岩洞里居住，空间那么大，地势不平，又没有隔墙，阴冷潮湿，会是一种什么样的滋味？人们在那种情况下，是难以忍受的。于是，从山洞里走出来寻找安适居处，开始挖穴而居。穴居生活出入不便，没有阳光，甚至想要通风也是困难的。

我们华夏祖先穴居时间甚久，古人居住的"穴"是怎样的？——"穴"的本义即地穴。甲骨文里的"穴"写作"闩"，大致可作为上古先民所居地穴的纵向剖面图，其上左右两角处，有斜木支撑，应经过了简单加工。小篆体的"穴"写作"穴"，上有一点，大约表示屋盖。古人的穴居生活几乎涵盖了原始人群、母系氏族、父系氏族三个发展阶段。

但不论什么历史阶段，各式穴居都是极不舒服的。中国东北地区的人们穴居延至很久，到南北朝时期，吉林、辽宁一些少数民族仍住穴居。当地还有一种房屋，名曰"地窨（yìn）子"，这便是穴居的继续，不过多少有一些变化而已。后来，我们的祖先从穴居逐步地升至地面，成为半穴居。直到想出了办法将房屋造在了地面上，从此可以采光、通风，满足了人们基本的生活需求。

远古巢居式样外观

　　今天，在中国陕西西安半坡博物馆展出的原始社会的圆形房屋、方形房屋，基本上都是半穴居，从中可以看出半穴居是我们的祖先拟将房屋升至地上的开始。

　　仰韶文化是黄河中游地区重要的新石器时代文化。现从中分析当时房屋的做法和式样，同时说明有关建筑方面的一些问题。

　　有檐顶陶仓，下部做出简明的台基，使房屋增强稳定性。圆形屋身，壁面开圆窗。屋顶也做成圆形，檐子向外伸出成为挑檐式，屋顶坡度陡直，屋面上做出筒瓦的象征，因为是仓房，所以在屋顶上开窗子，如同今天的天窗。通过这件陶制模型可以说明台基、圆窗、天窗、挑檐、瓦顶这五项的做法和式样，在当时已开始运用了。

　　无檐顶陶仓，屋身外墙墙体向外倾斜，屋檐和墙身结合在一起，做成防火檐。屋顶为圆形攒尖顶，坡度陡直，屋面苫草，为草屋顶，窗子开在檐部。通过这件铁陶制模型图，我们可以看出当时建筑已有向外倾的墙面，以防雨水。防火檐开口靠上，这些建筑做法在当时都已经形成了。

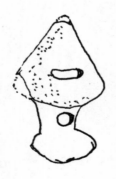

仰韶时代有檐陶屋和
无檐陶屋

　　河姆渡文化是中国长江流域下游地区的新石器时代文化，因第一次发现于浙江余姚河姆渡氏族遗址而得名。从遗址出土的房屋构件看，我们不难了解当时房屋为干阑式，并具备了一定的建造技术。

　　龙山文化分布在中国黄河中下游地区，其时代相当于4000多年前的父系氏族公社。龙山文化穴居属于新石器时代晚期的一种建筑遗存。

　　龙山文化穴居特点：平面呈圆形，半地下式屋，屋内地面用火烧烤后涂抹一层白灰面。陕西周原地区的半穴居，平面呈正圆形，直径4.4米，屋内有火灶，向下挖入，上部开口以备上下的出入。屋高1.8米，与仰韶时期的穴居比较，体量很小，这和小家庭的生活需要是一致的。

浙江余姚河姆渡干阑式房屋的构件1

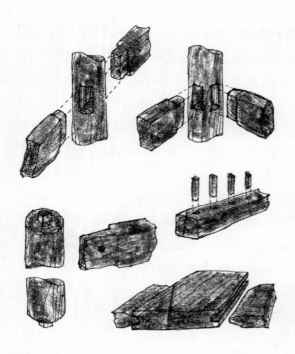

浙江余姚河姆渡干
阑式房屋的构件2

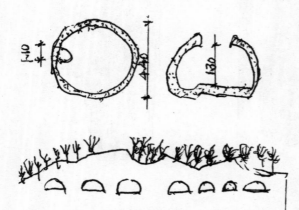

龙山文化遗址房屋
平面、剖面图

2. 中国古建筑有哪些特征？

中国是一个具有悠久历史的国家，在各个历史时期建造了许许多多、各种各样、不同用途的房屋。按照梁思成先生的划分，我们可以将1912年之前的建筑称为古代建筑。梁思成先生认为，民国初年，建筑活动颇为沉滞，继而欧式建筑之风大盛。随后十几年，建筑师不若以前之唯传统是尊。虽然这些建筑都各有它自身的特征，但是我们讲古建筑的特征，也只能概括地讲。

第一，中国的房屋建筑不论大小均以"间"为单位。

我们祖先就是这样定出房屋尺度，世代传承，人们居住也方便，所以年代久了，人们要盖房子，就根据这个"间"作为尺度标准。有需要，那就由3间改5间，由5间改7间，厢房各5间，后院再建一个院子又有17间，3个院子，就有60多间房屋，怎样住也住不完。在浙江东阳县城有一户人家姓卢，他家前后有5个院子，两边又各有5个院子，房屋达200间，成为一大片，这是比较大的住宅。因此说中国的"间"非常灵活，且是方便的，可多可少，再大也可以，这主要是看看你家里有没有钱。若是有钱，那是没有问题的。自古以来，一直到今天，在中国盖房屋还是用这个"间"作盖房子的基本的布局标准。

我们买布做衣服，要买几尺？吃饭要吃多少，也要用斤两来作标准，或用碗来作量度。人们盖房屋，造建筑也是这个样子，所建的建筑无论多大，无论分期或一次性建设完毕都要用"间"来作为标准。人们习惯说："你家住几间屋？""他家住几间房子？"可见"间"在中国人生活中的重要性。古代造房子以木结构为主，人们用木材作为建筑材料。一棵树一般只有7至8米高，如果用其二分之一作为横梁，就只有3.5至4米。而房间的开间（面阔）定为4米左右，进深方向为6至7米，所以用一棵大树就可以解决问题了。这个尺度是根据大树成材尺寸来确定的，时间久了就成为习惯尺度。一间房就成为4米×7米的矩形，用这样的"间"来作为单位标准，有多有少都用奇数，这是中国人的习惯，因为凡是奇数，中心就有一间作为主体。一般平民百姓盖房都是以3间为主，有钱的盖5间或更多，多少间数是随意而灵活的。

第二，多数建筑是由许多房屋组合而成。

中国的四合院房屋，就是用"间"组合起来的，每面3间，四面共计12间。一个院子不够住，可做2个院或者3个院，随时可以就地扩大房屋的数量。我在甘肃河西考察时，看见穷苦人家只有半间屋，有钱的大宅，一家享有百间房。从这个情况可以说明房屋间数的灵活性。在西方，大的建筑组群多数以一栋建筑为一个单体，互相之间并没有什么有机联系。在中国就不同，中国多数以大建筑群组出现，各单体房屋之间都是有机联系的。在中国大的建筑群中，无论是庙宇、皇宫还是佛寺，都是由许多房屋组合而成的。

第三，建筑本身具有封闭性。

中国古代生活以家族为中心，因此在建筑上也反映出家庭观念。每人都固守其家。家家户户为了安全，把自家的房屋用高墙包围起来。其实主要的还有封建的观念，希望闭关自守，不愿敞开互相往来。

第四，布局横向延展。

中国建筑过去均以单层平房为主，楼房数量比较少，平房互相连接，横向发展，这与西方近现代高楼大厦林立的布局，是迥然不同的。

第五，礼制贯穿于建筑当中。

中国是古礼之邦，对建筑也做出了礼制方面的规定。自西周以来，在造房时就做出相应的约束，是中国古代社会重要的典章制度之一，体现出严格的封建等级制度。例如，在《周礼》《礼记》中，关于建筑的规模和形制，依爵位之不同，都有严格的规定。在单体建筑或大型建筑，乃至城市规划中，都贯穿中轴线，如主要建筑都安排在轴线上。中轴线左右建筑对称，左祖右社，前朝后寝，即前部为大朝（办公之处），后部为居住要地。这样一来，对建筑产生了一套规定，时间久了，成为习惯，也就成为后人必然遵守的一种礼制。

第六，房屋建筑以木结构为主。

中国人盖房子，一直都是以木材作为主要的建筑材料。在当时状况下，树木成林，原始森林很多，这是一个客观因素。木材本身又是一种良性植物，它具有温暖性，当人们接触时给人一种柔和温暖的感觉，同时加工操作时极其容易，所以人们就大量地使用木材建造房屋，延续至今，已有七千年的历史。

第七，在重点部位进行装饰。

一座建筑不单是工程技术，同时也应是一门综合艺术，这是缺一不可的。中国古代建筑的艺术性相当丰富，在综合艺术中要体现雕刻、彩画、壁画、色彩等各种装饰，往往在一座建筑中的一些部位做重点装饰。以佛殿为例，柱壁石、屋檐、斗拱、瓦当、正脊、门窗等部位都做得很精致；在梁架部位，斗拱、梁头瓜柱上都有雕刻，起到画龙点睛的作用。

第八，防御性强。

中国古代城池、宫廷、庙宇、佛寺、陵墓、书院、会馆等各种类型之建筑，都体现出一种军事防御思想。民居建筑中也是如此。每一户大宅都筑高墙、修炮台、设望楼、安设水井、开设后门，这一系列设计，都体现出防御性。

3. 中国古建筑有哪些类别？

中国古代建筑从比较成熟的形象算起，至今已有七千年的历史，从全世界来看也是比较早的。中国古代南船北马、南粮北运、南热北寒，在建筑上千差万别、精彩纷呈。要回答这个问题，我们还是按建筑发展的种类来分析，才能够讲得清楚。

古代建筑按其用途可分为宫廷、庙宇、佛寺、塔幢、祭坛、祠堂、书院、会馆、城池、园林、民居、陵墓、建筑附属品等。

宫廷，是历代王朝的宫殿，也是皇帝办公、大典、筵宴和居住的地方，不仅面积广阔，而且房屋的数量多，所运用的材料名贵，工程做法也是一流的。

庙宇，一部分是供奉先贤名人的场所；一部分是敬神的，例如山神、土地、城池、龙王、风云、日月；还有一部分是供祖宗的，如神农、黄帝、尧帝、舜帝等。这些在中国三千多年的封建社会中流传甚广，深入人心。凡是供祀这类内容的建筑统称作庙宇。

佛寺，是佛教所用的奉佛的活动场所。佛教从印度传入中国，已有两千多年的历史。早期佛寺是"舍宅为寺"，也就是说一所住宅就可以作为佛寺。后来佛教逐步发展，寺院建筑规模增大，有的大型寺院有百余间或数百间房屋，小寺则有2至3间房。中国各地都建有佛寺，因而佛寺有其独特的风格。佛教的一个分支是喇嘛教，随着其在中国的传播和发展，在各地建立了很多藏传佛寺。最大的喇嘛庙有1000多人。如今的内蒙古锡拉木伦庙、贝子庙，都是规模较大的藏传佛寺。据统计，清朝乾隆时期的蒙古式喇嘛庙达1000座。

佛塔，是佛教传入中国后带来的。塔是佛寺的一个组成部分，凡是大一点的佛寺都建有佛塔。塔的式样有很多种，各时代都有各自的特征，由于地理气候、功用之不同，塔也有一些区别。按材料分，有石塔、木塔、砖木混合式塔、砖石混合式塔、琉璃塔、铜铁塔等；按式样分，则有楼阁式塔、内部楼阁式外部密檐式塔、金刚宝座塔、喇嘛塔、幢式塔、密檐式塔等。

道观，是道教活动的场所。道教是中国固有的，从汉代发展至今，有近两千年的历史。道教供祀老子、张天师等，分许多门派，如武当派、龙门派、崆峒派、青城派等。道教建造道观，选择名山大川，充分利用自然环境、自然地势，高低错落，别有洞天，人们进入之后大有登入仙境之感。道观亦遍及全国，武当山、青城山等道教十大名山，是全部利用自然环境、名实结合的产物。

祭坛，"坛"是一种场地，四周用墙包围起来，在上面再进行建筑，如北京天坛、地坛、日坛、月坛就是典型的例证。其具体用途就是利用这些场地来进行祭祀活动，如皇帝在其中祭天、祭地等。这也是中国古代建筑中的一种典型的建筑形式。

祠堂，是一种家祠。过去以大家庭为生活单位，古人云："居家化日光天下，人在阳光福禄中。""齐家治国平天下。"这充分反映出人们以家庭为主体的思想。要想平天下，必先治国，要治国必先治家，人人治好自己的家，国家才能好。在一个家族中，时间久了，必然有分支，要撰写族谱。为祭祀先人，有钱的人家建有祠堂，实际上就是家庙。过去在封建社会里，凡是大家族或者富商、官宦人家都修家庙，庙的规模大小、豪华程度，根据自己的经济状况来决定，它的规模基本上与大住宅相同，但是装饰方面做得更加精细、讲究。

书院，是中国特有的建筑，中国为文明古国，重视读书、讲学、传授学问。在全国各地建立书院，一方面收藏古书，另一方面在书院之中建立讲学制度，提高民众知识水平。它是社会上的一种教育场所，是公共建筑，所以社会上广大群众都去听讲。书院的特色是方形大房子，四面做回廊，中间部位是一座大的讲堂，如中国四大书院中的岳麓书院、白鹿洞书院。不论书院大小，其基本格局是一致的。目前存在的书院，以江西省为最多，不过也有很多书院逐渐被修改，已失去原来的面貌。

会馆，用现在的话来说，就是招待所。在封建社会，交通不便，因此各地进京会考或各省之间往来办事，需要各自在另一个城市中建造一个大的住宅，也就是一座几进的大四合院，中间建造一座主体建筑——带戏台的楼房，即公共用的大厅堂。本乡人来到此地，举目无亲，住宿用餐、婚丧嫁娶、开会纪念等都来这里。为了照顾本乡人，这里收费比较便宜。这样用途的建筑就叫作"会馆"。如山西商贾四海皆是，各地都建有山西会馆，与其他各省相比是最多的。

衙署，即衙门，是管老百姓的官署所在地。各地县城等必设一衙，它是管理百姓的机构。衙署基本上都选在好的位置，它的总体布局为"前朝后寝"，一般来看，大堂在大院子前端，住家在后院，这就互不干扰。过去，对衙署这一类建筑保存得不太妥善，绝大部分已拆除了。河南内乡县衙则是迄今全国保存最完整的。

城池，是中国古代对城市的叫法，因为"有城必有池"。池者，指护城河、城内大水池也。中国古代城市建设有着辉煌的成就。当建城时就将城河、水池里的土掘出，用土做城墙。过去中国战争频繁，统治者之间、统治者与平民之间，都有可能发生战乱。为了保卫财产，建筑各种城池作为防护。从奴隶社会到封建社会，筑城的活动自始至终都未停止过。当时筑城用掉大量金钱，其建设之数量，城池内容之变化，雄伟坚固之程度，在全世界都是非常独特、值得称道的。其中，城池之选地、利用地形、城池规模；城墙与城门、敌楼与马面之安排（马面是宋代名词，就是在墙体的外楼建一个方垛，大约为5米×8米，从外表看与城墙相同，这是为防御敌人攻城、保卫城池的一项设施，宋代也称为"硬楼""软楼"等）；城内道路设计、大街小巷、河流与水池、桥梁与码头；公共建筑、居民街坊、民居住宅之安排等，都有相当多的措施，其设计手法之高明、变化之丰富、防卫思想之鲜明、防卫之坚固，都是一般国家所不可比拟的，也是无法达到的。中国古城数千座，至今还保存着一部分，完全可以看出当年的面貌。例如，湖北荆州城、宁夏银川城、山西平遥城、陕西西安城、湖北襄阳城、河南邓州城等尚保存其原貌，都值得一去。

民居，中国南北方的民居是有很大区别的。总的来说，南方的民居非常开敞，空间高大，内外相通，墙体较薄，片瓦覆盖，不用大泥，外部涂抹白灰，构成江南粉白墙。其建筑材料十分简单，从整座房屋来看，十分轻灵、秀巧，尤其是檐角翘起甚锐，给人一种轻快之感。而北方民居由于冬季气候寒冷，采取封闭式，内部空间小，内外不太通达，屋顶、墙壁砌得厚厚的，用料粗壮，给人一种坚固耐久的感觉。特别是灰瓦青砖、土墙土壁，屋檐不做挑角，纯属古朴风格，房屋显得十分厚重，非常稳重大方。

曾有一个外国人在他的书中写道："中国建筑如同儿戏，千篇一律，没有什么大的创造。"

一个民族有一个民族特有的生活习惯、思想意识及思维方式，如果不深入了解这个民族的文化，看到的都是表面现象。

中华民族是一个富有创造性的民族，中华民族对文化的创造，独立于世界民族之林，为人类文明与发展做出了很大的贡献。就建筑而言，无论是建筑的不同类型还是单座建筑，都有伟大的思想性与创造性。从一个建筑的平面布置来分析，礼制都贯穿其中。中国是一个礼仪之邦，注重礼教，从西周时就已开始编著"三礼书籍"，即《礼记》《仪礼》《周礼》。对当时社会的衣、食、住、军、兵、工、商等进行总结，尤其是对城市与建筑制度也都相应地做出"礼"的规定，并把这些运用到建筑中去。因而，这种"礼制"对建筑就有一定的约束，不能随随便便异想天开，想怎样做就怎样做。例如，从总体布局方面观之，有一中轴线来贯穿全组建筑，重要的建筑都要建于中轴线上，以中轴线为主呈两面对称式。建设皇宫，要左祖右社，前朝后寝；建造一座单体房屋也要单数开间，中间为中堂间，要宽大，以中堂为中心，供家人进行活动。其他如前低后高，主次分明，主人居住主要房屋，儿孙小辈住厢房，这些是按礼制规定的，时间久了，人们要遵循祖制，一代接一代传承。这个问题从表面来看是"千篇一律"，实际上还是有很多变化的。就从住宅来看，各地情况不同，结果住宅式样也不同，其内容十分丰富。园林建筑、道教建筑都是灵活的，而且是自然式的，不受什么约束，随意布局，随其地势自由建造，只要景观合宜，层次分明，景中有景点，景点中构成画面，具有自由与和谐、人工与自然相结合的美，哪里有呆板与不灵活的感觉呢？又怎么会"式样变化不多"呢？中国的古代建筑类型、式样之多，设计手法之丰富，远超世界上任何一个国家。

4. 古代建筑图是什么样子的?

中国古代建筑经过长期的发展，建造出大量的房屋，这些房屋都是日积月累、陆陆续续建成的。匠师们先绘出图样，注明尺寸，逐步在板上、纸上绘出各种图样，然后再做烫样（建筑模型），用它来表现出所建造房屋的式样，最后才能运料动工。

古代的匠师们实际上就是建筑师，他们既能绘图、设计，又能备料、施工。他们手中流传小样本，其中有图样和尺寸，师徒相传，当师父过世后，有的无法找到便失传了，有的便流传了下来。

到隋唐时代已经有固定的绘图方法，例如隋文帝在全国一些地方建造舍利塔时，在首都大兴城（陕西西安）绘制图样，派人送往各地，按规定的时间统一施工。用现代语言来说，可能是标准设计图。中国的敦煌石窟，有的窟中壁画就是画的建筑透视图，无论是绘制壁画的方法，还是绘图的方法，可以说都是唐代建筑图的基本式样。

中国古代建筑群中，常常发现庙宇里或者寺院中留存石碑，其中有的是建筑图碑，这是很重要的资料。用纸绘制的图很容易损坏，古人把珍贵的图翻刻到平面石头上或者石碑上，用线刻成，人们称为"图碑"。这样便可以流传后世，如一些汉唐代的图碑就保存到今天。这个方法非常好，既是一个保存图面的方法，也可以成为寺院、庙宇总图的留念。这种图如《兴庆宫图》碑残段，从中可以记述唐代兴庆宫的平面与楼阁建筑的一部分。

宋、辽、金以来，图碑得到了更广泛的运用，如在桂林鹦鹉山大悬崖上刻出南宋静江府城的平面图，实际也是图碑的一种。《平江府城图》《汾阴后土庙图》都刻在石碑上，《大金承安重修中岳庙图》碑，也是图碑。

明清时期留下的建筑图，不仅仅在图碑上能看到，还刻成木版印刷于各种版本的志书中，其中的城池图、庙宇图及学宫图，都有平面图、透视图等。如我在山西阳城县润城一座庙宇里，看到过一方《润城小城平面图》碑，刊刻时间为崇祯年间。这块石刻图线条虽然简单，但是其中还有庙宇透视图。到清代，建筑图以雷发达绘制的为主，后人继承其业，前后八代共传三百多年，宫廷、园林、王府、陵墓、庙宇及佛寺等建筑图，都是出自"样式雷"一家之手，一直保存至今（详见第20页）。

中国古代建筑图，基本上以平面图为主，其中将重要的建筑绘出立面图或透视图。其位置就是该建筑在平面图中的位置，这种画法，既是平面图，又是立面图或透视图，互相结合。这是中国古代建筑图特有的画法，是中国古代匠师们智慧的创造，也是绘图技术的伟大成就之一。

近年来，世界上先进国家的建筑大师中，推出一种最新的绘图方法：就是在一张总体建筑平面图上，在具体建筑的位置中绘出这座建筑的立面图或透视图，结果构成平面图、立面图、透视图相结合的图。而中国古代的绘图方式就是平面与透视相结合，这足以证明我们的祖先在千百年前就能绘出这种图样，其中蕴藏着当代新的绘图法。我们应当温故而知新，挖掘遗产，把这种绘图方法宣传出来，为全人类所应用。

我见到的图碑有：

秦始皇陵图碑，立于陵园前部，进园时便可按图示参观。图中把秦始皇陵的概貌全部刻出，陵园之围墙、门座、土丘、建筑等十分清晰，此图十分珍贵。

唐代《兴庆宫图》碑，刻有花萼相辉楼及当年的兴庆宫的平面图，也是非常成功的。

唐代西安大雁塔门楣石刻图，砌于大雁塔的西门门楣之位置，图中把一个大佛殿全部雕刻出来，十分清晰。从台基到柱子，从斗拱到梁枋、屋瓦、脊梁，应有尽有，从中完全可以看到唐代佛殿的状况，建筑内容甚为丰富，是极难得的宝贵资料。

古青莲寺石碑石刻图，在山西晋城青莲寺内，这幅图刻的亦是佛寺之大佛殿。从中可以看到唐代建筑状况，也是非常难得的资料。

《大金承安重修中岳庙图》碑，现存于河南登封中岳庙大雄宝殿之后端墙下。这是金代的原物，非常宝贵，不仅时代早，而且把金代的中岳庙平面图全部刻出。我们现在看今天的中岳庙平面布局十分简单，但从图碑中可以探知当年中岳庙之情况，并能从中学到许多的东西。

运城盐池池神庙建筑图碑，这是明代山西《河东盐池之图》。图碑为2米×1米，是盐池及池神庙的建筑全图，目前池神庙已残破，唯有通过这幅大图可以看出当年庙宇的全貌。特别是其中的三殿制度，反映出三殿并列的布局特点，十分难得。

其他如华山西岳庙图、恒山中岳庙图、河北曲阳北岳庙图等都刻于石碑之上，而且制作精致，从中可以看出历史上许许多多的建筑概貌。

陕西西安慈恩寺大雁塔门楣石刻图立面

《大金承安重修中岳庙图》全幅

5. 什么是"样式雷"？

　　中国古代建筑和当代建筑一样，没有一个好的设计就不可能施工。要想建筑质量好，必须有既可以欣赏又适用的设计，因此，古代也是非常重视设计的。

　　中国古建筑的设计图，自古以来都是将平面图与立体图甚至透视图结合在一起，从图上看既是平面图，又是单体建筑的透视图。外观图往往带有透视图的样子，这样看起来十分清楚。设计图完成之后，再做模型给业主来看，当时皇家建筑是给皇帝来看。模型称为"烫样"等。北京故宫、圆明园、颐和园、北海……这些建筑都是先设计绘制出图，然后再做"烫样"，当皇帝看后同意了，再做预算，然后施工。

　　北京的这些建筑设计是委托一位姓雷的人。雷家的先人叫雷发达，江西南康人，清康熙年间应征到北京进行设计与施工，他的作品皇帝非常满意。雷发达的父亲是木工师傅。雷发达幼年时期随父亲到南京城等各地游览，看见许多高塔、城楼、佛寺、庙宇，常常思考这些建筑是怎样盖起来的。他平时做木工，还坚持研究，常说学到老，做到老，看到老。后来他负责清代皇宫的建筑工程设计和施工指挥，设计的建筑一个比一个建造得好。在清康熙三年（1664年）太和殿翻修动工时，举行大典，皇帝亲临现场，文武官员到场，举行仪式，在这个关键时刻，大梁不合卯。当时木匠师傅都急得满头流汗，可是怎么也解决不了。实在没有办法了，他们把雷发达找来，他穿上黄袍马褂，手拿斧头，上架子之后，用斧子一敲，所有梁枋合于卯榫，把问题解决了，皇帝十分高兴，给雷发达连升为工部工程"掌班"。当时在宫中流传一句话："上有鲁班，下有掌班，我们什么样的工程也不害怕！"从那儿之后，雷氏全家代代继承祖业，为皇宫建筑设计绘图，雷家伴随清代皇室进行设计与施工，直到清末宣统年间，共八代子孙。最后一辈为雷献彩先生，为清代重修圆明园时所做的"烫样"达数十种。到中华人民共和国成立前夕，雷家生活困难了，把过去为皇家所做的"烫样"全部卖出，全家迁入山西。

目前，北京故宫、中国国家图书馆、中国国家博物馆等单位现存的"烫样"，全部都是雷家迁移之前卖出，后来又从北京琉璃厂买回来的。

雷家的设计名作，自清代以来就称为"样式雷""样子雷"。他们所绘制的皇宫图的传统式样，继承了中华民族自古以来的绘图方法。大图一张有20平方米，小图一张有20平方厘米，在图中即将平面图与立面图相结合，平面图与透视图相结合，创造出中华民族传统的绘图方法。这些图样，目前大都收藏于中国国家图书馆。中国建筑绘图方式虽不多见，但蕴藏手法丰富，中国古代建筑上有许多手法，完全可以继承并应用于当代建筑中，这些是我们今天应该考虑的问题。

样式雷（紫禁城建福宫立样图）

6. 中国古建筑对亚洲的影响如何？

　　随着中国古代社会的进步，各种建筑越来越多，越来越成熟，这些建筑只是近百年来有些改变。各种式样的房屋建筑不但在中国本土不断发展，而且对周边国家甚至整个亚洲产生很大的影响。例如，对日本影响就很大，日本国大和风格的建筑基本上都受到中国影响。中国有什么样的建筑，日本就有什么样的建筑。其中特别是民居、佛寺、佛塔、园林、亭台楼阁等几乎都是按中国方式建造的，因此说日中建筑有一种血缘关系。至于日本建筑局部的构造做法与中国古建木构不太一样，有些是日本自己创造的。但从整体看，基本构造是日本学中国的或是由中国传到日本的。

　　韩国的建筑也是如此，也都是由中国传去的，从首尔到大田，从光州到釜山、庆州，所有的建筑几乎都是依照中国式样建造的。韩国建筑与中国建筑也基本相同，特别是古新罗时期的建筑，与中国唐宋时代的建筑几乎相同。

　　中国古建筑对马来西亚、新加坡等地的影响也很大。主要原因是很多中国人从明至清的几百年间向往南洋，那里的华人越来越多。华人在那里注重谋生，一旦有钱定居下来，马上就盖房子。华人盖房子仍然按祖宗遗志，把大陆故乡的传统建筑搬到那里去。例如有一位华侨是河南南阳人，他在马来西亚盖房子即按河南南阳的房屋式样，并在大门上用石刻雕以"家在南阳府"。扬州人则在住宅大门前书以"故乡在绿阳城廓"。有一家是江西吉安人，他家书以"家居青原山"……

　　因此，马来西亚的庙宇、佛寺、会馆、民居、书院、坛庙、祠堂等，都与中国内地的完全相同，置身其中犹如到了中国南方的城镇。

　　马来西亚的槟榔屿，全城80％的建筑都采用中国建筑式样，其中有名的天公坛、佛寺、会馆、庙宇、书院、住宅等都采取中国古代建筑式样，而且每组建筑都做得很华丽，特别是艺术装饰十分细腻，有些装饰手法在内地很难看到，却在那里一一出现。他们大胆地用色调，大胆地用装饰雕刻，大胆地挖掘古代建筑的手法，同时也大胆创新，采用中西合璧之建筑方式。

贰 城池宫殿

7. 古代防御性建筑都有哪些?

"城"从字形上来看,从土,从成。"土"表明城是以土筑成,"成"属"戈"部,意即以兵器守卫。由此可见,"城"的本义就是土筑的防卫性墙圈。这样的防卫既为防御外来入侵,也为防范居民暴动。

中国古代建筑,在设计中就考虑如何进行防御。大部分建筑、大多数城池也都是从军事防御的角度进行修建的。如住宅大墙、望楼、门楼望孔、炮台、角楼等,又如万里长城、关门、烽火台、狼烟台、便门、马道、垛口、角楼等,都是军事防御性的设施。在县城的建设中还有军事城、军粮城、战城等,同样是防御工程。此外,每建一座城,都建有城墙、城楼、堞楼、敌台、硬楼、软楼、马面、瓮城、望火楼、鼓楼、吊桥、水门、闸门、卫星城、外廓城、城关城等,这些也都是防御性工程。另外,在大城之外,还建有羊马城、大的外城圈。城外的鹿角、转射等全是防御性的战略工程。在封建社会时期,民族矛盾、阶级矛盾错综复杂,有时无法和平解决,只能动用武力。所以在每座建筑中或多或少都会把军事防御功能考虑进去。在各地的很多山上,大都建有山城、山寨城,乡村小,则建有村寨、土围子。大户人家做高大的土院墙,穷人家外做柳条墙、柳条障子等。因此,有人说中国古代建筑工程即军事防御工程,这一点的确是事实,否则就无法安宁地居住和生活。

建设城池,本身就是一个防御性工程,修城即象征防御与进攻时,有一处明显的要地。城门白日开启,夜间关闭,住家中院子的门平时总是关着，特别是到晚间将院子的大门关闭之后，才会觉得深屋居住是安然、舒适的。

一座佛寺、一座庙宇有时也要建城。例如，河南垒山寺和青海瞿昙寺也都是为寺而建的城池，采用方形城墙，相当坚实，至今保存完整。

凡是过去的城池，各个项目都是从军事防御性方面考虑的。如明清时北京城，城内的道路、交通、公共建筑、胡同、广场、垛口、城墙及城墙内外所附属的建筑，都是从战略防御角度出发而修建的。

过去，在中国的乡村居住的许多有钱人，大地主、资本家一般都叫"土财主"，他们拥有广大的田地、商行，如油坊、磨坊、粉房、典当行、票号等。这些人很有钱，一部分钱用于购置田地，一部分钱用于建造大宅、庄园，有的人家工程非常浩大，几进院子数百间房屋，甚至还在住宅的四个转角部位建造炮台，用炮台作防守以保证本宅院的安全。炮台便成为一个宅院的防卫建筑。

炮台，是当地群众的地方用语，学名应当叫"角楼"，这种建筑不仅可以用来登高瞭望，必要时还可以在那里打枪。因而在设计炮台时，一般都采用两层楼平面呈方形，一般为4米×4米，高梯直达二层，二层可居住警卫人员，了解院外情况，这与古代流传的望楼有些相似之处。

日常情况下，人们在楼层内看书、下棋、打牌、说话聊天，作为一般房间使用；到必要时，用炮台来做阵地，可狙击进攻的敌人。炮台的建造受到古时角楼与望楼之启示，在农村建设炮台是自古以来保卫宅院的一个好方法。这种建筑的起源是很早的，

吉林省白城县青山镇一宅土筑炮台　　　　　吉林省通化西山住宅平顶砖炮台

远在汉代就已经很完备了，一直流传至今。

现在的炮台建筑大部分建于清朝末年和民国初年，炮台在这一时期大量发展。后来由于时代的变迁，炮台的地位已经变得不重要了，所以农村的炮台逐渐被拆除，现在要想再找炮台这样的建筑，是比较难的了。

炮台建筑的材料有以下三种：

第一种，为土炮台，用土坯砌墙，楼层用圆木过梁，梁上铺小梁，再铺木地板，二楼楼顶做木构梁架，其上铺檩木，再铺板子，铺泥土铺瓦，内外墙壁壁面抹泥。

第二种，炮台用青砖砌墙，构造与土炮台相同。

第三种，为石造炮台，这种炮台极为坚固。

这些都是军事防御性的工程。

8. 有一些土堆叫"土台"，有何意义？

　　"大土堆"即中国古代建筑遗迹——台，是中国古代一种特有的建筑类型。它的起源很早，从战国到秦汉时期高台建筑甚多。其形状多为方形，也有圆形，结构上多为"台"与"榭"的组合体，一般高出地面的夯土高墩为台，台上的木构房屋为榭（一种只有柱、顶，没有墙壁的房屋）。

　　以"观"为首要目的的台榭肇始于夏末。春秋战国时燕昭王听取谋士郭隗的建议，修建黄金台，台上设黄金千两，以招纳天下贤士。此举为燕国招来很多人才，著名的有邹衍、乐毅等，为燕国跻身战国"七雄"做出了贡献。黄金台在夕阳照耀下闪闪

山西平顺原起寺高台建筑

发光，景观绮丽，后在金章宗时被文人墨客选为"燕京八景"之一，即"金台夕照"，流传至今。

这种建筑类型一直到明、清均有所见，历史甚久。它不仅用于宫苑中，而且在寺院等建筑中尤为多见。这一点，在过去的建筑史研究中从不被人们注意。

高台建筑利用天然的土台或人工夯实的土台，在其上建造宫殿和楼阁。最高的土台有20米，一般为5至15米。台上的平面面积一般为90至260平方米。

建筑高台能使人感到庄严、尊贵，既可登高远望、开阔眼界，同时也利于建筑本身的防潮和通风。高台的做法分为两种：一种是利用天然高台，如利用半山腰中凸出的台地、山顶，建造庙宇；另一种是人工夯土高台，多用于庙宇和宫殿的内部，或者用于城市建筑。建造独立的高台时，台的四周多用砖墙砌到台顶，以使高台整齐。一组建筑中，高台建筑大都是重要的建筑物，可使整个建筑群有高有低、此起彼伏，有一种错落有致、波澜壮阔的变化。

当时，由于建筑材料的限制，多用土来做高台。中国古代高台建筑数量很多，遍及全国。不过，虽然遗留至今的高台建筑数量很多，但台顶上的建筑大多已经塌毁。

9. 古代修筑城池为什么多采用方形?

中国古代城市平面大多呈方形,兼有长方形或不等边形。无论怎样,城市的取形以方形为主。为什么做方形的,这与中国人的思想意识有密切的关系。

中国人认为中国居中,不偏不倚,任何情况下都要居中。所以从西周开始,把城市做成正方形,四面城墙每面都是3个城门,3条道路通过城门,东西南北都是这样,四周有一条护城河包围全城。这是西周时期规定的制度。

后人不愿意违背先人的定制,于是世代相传。在人们的心目中,若是建设城池,必然首选这个方式。上至皇城,下至州城、府城、县城、镇城等,无不遵照这个制度,年代久了就形成习惯。由于中国的封建制度统治漫长,长期遵循宗法制度,方形的城池逐步成为建城的章法。而在沿海沿河、军事要地等处建城池,一般都会因地制宜,但方形城池的制度多少都有所体现。有些城池,则因为地形的变化而有所变化。

《周礼·冬官考工记》中有一部分内容记载了关于城市建设规定的标准。它是中国历史上最早的对建筑的记载——其中"匠人营国,方九里,旁三门,国中九经九纬,经涂九轨,左祖右社,面朝后市,市朝一夫。"从西周起严格按照这个制度来建造城池,其中有一幅图,名曰《王城图》,成为历史建城的蓝本。

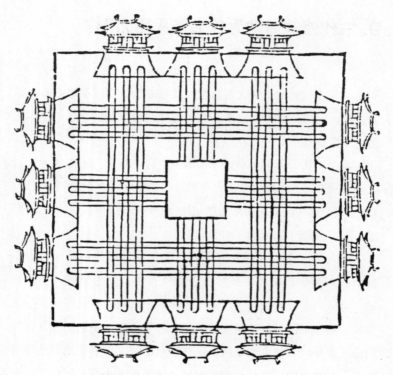

《三礼图》中的周王城图［（宋）聂崇义，《新定三礼图》］

　　古代城市除呈方形外，还有其他一些形状。有呈长卵形，如贵州贵阳旧城；有呈乌龟形，如吉林旧城永吉；有呈葫芦形，如桂林旧城；有呈椭圆形，如衡阳旧城；有呈菱形，如南宁旧城邑宁。还有一种非常少见的城形，即安徽桐城，它是全国唯一一座正圆形城市，城内街道弯弯曲曲，断断续续，只有一条连续的弯道贴城而建。

10. 古城的城墙、院墙是怎样建造的？

墙，古时还有垣、壁、墉、堵等别称，既可划分界限，又可防护守卫。中国墙多，已成为中国建筑的一大特征。有守卫国家的长城，有围护一座城市的城墙，有围合于不同建筑物外的墙体，还有相对独立自在的墙（影壁），等等。

中国历代所建城墙数量众多，为世界之最，而在这些城墙中，南京的明代城墙最长，为33.7公里；北京的明长城周长32.8公里，居第二；至今保存最为完好的当属西安明城墙，约13.7公里。

城墙是将土夯实筑成的，也就是用当地黄土和黑土，一层一层地夯筑，每一层夯筑到15厘米的厚度，这就叫作"夯层"，按层打夯，每层都夯得很紧。用土做城墙是十分坚固的、耐久的，它的防御性很强。为了使城墙坚固耐久，人们特意不将城墙的墙面做成垂直，而是上部墙面向内收起成为"侧脚"。这样，城墙墙体十分稳固，不容易倒塌。城墙的厚度，一般下部为4米，上部为3.5米，高度为7至10米。几乎每座城墙都是这样做的。到了明代，国势发达，经济繁荣，用烧制出来的砖砌城墙渐渐普遍。对各地城墙外皮进行包砖处理，即成为砖城墙。修筑城墙的工程相当浩大，主要是土工工程量大。例如取土、拉土、运土，把土运到墙上，而且经过夯打。在夯土筑城的城门与角楼处将城墙宽度放宽，在其下部做一个券洞（筒券），上部继续夯土，墙的顶面用砖平铺，然后立柱，修建一层房屋，这就是城楼了。其实城楼不只是一个标志，从远处看到突出的城楼，便知城之位置。同时，它也是一种防御性设施，既可以观察敌人，又可以射箭，因为里面有洞眼。

城墙墙体宽大，而且有7至8米的高度，所以用土的量是相当大的。砖城墙也就是在夯土城墙的两面包上一层大砖，即城砖。城砖比房屋用的砖块尺度宽且长，用白灰浆砌筑。凡是砖砌的城墙，其表皮用砖，基座都用石条砌筑，石条高度不甚相等，有的地方1米，有的地方2米，在石条的顶部再砌砖墙墙体，砌到一定高度时再做垛口、墙眼。如果烧制的墙砖质量不佳，土里含大量碱的成分，一遇到潮湿或水泡，砖块就会返碱而成为粉状。在这些部位，当刮风时，地上的土吹起，存入砖槽中，易生长树木。例如，北京城墙、南京城墙及山西等各地县城的城墙都生长许多树，由小到大，由细到粗，盘根错节，伸入城墙墙体之中。这样一来，虽然给全城带来一种古老的气氛，但也对城墙的墙体破坏很大，使墙体砖块外涨，影响城砖的平坦。这种情况极为普遍。

至于城墙的基础、台基则全部用石材，这样可以防湿。有的县城在建设时，为减轻对石块的搬运力，用石磙拉入城墙垫底，例如河南浚县古城、舞阳县古城在当年修建城墙时都是这样做的。

中国的民居，每组房屋分散，不能成为一个组群，而是用墙或房屋来包围成为"院"。这种设计在建成之后，效果非常好，既安静又独立，各家居住互不干扰。院墙即外围墙，做得坚固耐久，且墙体高，从外部看不见里边，既防止小偷、坏人闯入，又不能望穿，这样，人们才能安宁居住。

此外，兵营有营房围墙，会馆则有会馆的围墙，清代皇室有紫禁城之高墙，在园林中则做漏墙、空墙。一座墙壁，在墙身部位设计孔洞，有各式形状，如瓶形、桃形、圆形、方形、六角形、菱形等，这样的墙又起到隔挡的作用，还有互相观赏的用途，又隔又挡十分巧妙。

另外，万里长城的城墙，又高大，又厚重，又弯曲，又有直壁，工程浩大、气势磅礴。这是最大的防御性的墙壁，使敌人不能越城墙进入中原。

从材料上看，中国的墙以土、木、砖、石为主。

土墙，即夯土墙，十分普遍，从乡村到城池，全都用夯土，就地取材，相当坚固，耐久性强。

木墙，是用木板做墙壁，这在林区一般只用于一时，因为它不能耐久。

砖墙，自从明嘉靖年间，国势强大，对全国的土城两面包上砖，因此砖墙的发展十分普遍，目前在中国所看到的城墙（砖墙）都是明代包砌成砖墙的。

石墙，在石料可以供应的情况下，一般都大量采用石墙。从一般民间住宅的墙壁到万里长城，都有用石砌墙的。做石墙有几种方式：一是用块石砌筑；二是乱石砌的（虎皮墙）；三是大型石条干砌。无论用什么材料，凡是有墙就都有院子，院墙根据院子的情况，因其大小不同而规格各异。

11. 城墙与城门洞口式样有哪些?

关于城墙及城门洞口的式样,我们到北京或其他地方看到的城墙和城门,基本上是券门洞。券门洞即半圆形的门洞,也可以说是券形门洞。这个式样的券形门洞发明很早,早期一般用于房屋与墓葬,直到元代开始才大量地用于城门上。早期的城门洞口都做成方形或者圭角形,之所以这样,是因为当时建楼要用木梁来支撑,在砖墙上用圆木成排地平铺,再在圆木上往上砌砖,上部再建城楼,这是土办法,也是砖土结合的方式。在这样构造的情况下,梁与砖衔接之处(挑木)易于腐烂,所以在梁的端部贴着城墙洞口的是一排木柱,木柱柱头再支撑顺梁,梁面贴于排梁之底面,这就加固了其承压力。所以,城门洞口的外观就出现圭角形的式样。唐宋时期这种做法十分普遍,到了元朝,砌砖技术进一步发展,所以城门洞口的木梁、排梁全部取消,改为用"砖砌拱"的办法,墙体与拱砖门洞口上的顶砖全部连成一体,这样既坚固又耐久,非常稳定。所以券门建造比较普遍和流行。

城墙并非一条直线,有的相互错开,有的不直通。即使用砖砌出,也同样砌出弧形。在城墙墙体之侧面还砌出马面,每隔二十几米之处,特别是防御性强的部位,才建造马面。在城墙的内侧也建有马道,这是为人们登上城墙用的。在军事战略上还有一种是战马城。即城墙只修外面,与其他城一样,但在城里边不做墙面而是做斜的土坡。这样做,一方面,为了节省城砖;另一方面,为了战争时人们可从城内四面八方登上城头,而不仅限于用局部的马道。这种城墙防御性更强。

12. 一座古城池，一般包括哪些内容？

中国古代城池，除城墙、城门、道路之外，最主要的是民居，也就是民间百姓住的房子。此外，还有公共建筑，如城隍庙、关帝庙、泰山庙、孔庙、土地庙及观音寺等；另有钟楼、鼓楼、戏楼、佛寺、塔、牌坊、皇宫、社稷坛、园林等。

一个城市里，除了大的公共建筑，如衙门、寺院、庙宇等，几乎没有什么空地了。那些主要的、重要的位置都由统治阶级的房屋所占据，至于一般居民住房，则不能占据主要的位置，特别是穷人，都在城边与城角建造小房屋。例如，唐代长安城中，居民住在坊里的空余地带，也就是说在零散地方居住。北京元代大都城的居民往往在城中的大街、胡同之外的一些小巷子，如"墙缝"之类。北京城里的一些穷人也居住在城根，砌筑小房子，在破庙或在空场的附近居住。从目前北京旧城的情况看，它体现出一种"大街小巷"的规划方式，这是一种传统的方法，从这一点便可知道古代城市里的居民居住的一些状况。所谓"规划"，主要是大片轮廓性的规划，对统治阶级的宫殿、庙宇、佛寺等大的建筑进行规划，对民宅基本上仅仅划块空地，划定居住范围而已。

"六街三市"中的"六街""三市"指什么？——六街，唐代长安城和北宋汴梁城均有六条街；三市，一说为早、中、晚三时之市，一说为东市、西市和北市。"六街三市"泛指城市中的繁华街市。这里的"六街"指城市中通向城门的主干道。若加上不通城门的街道，唐长安城内大街共有南北14条、东西11条。

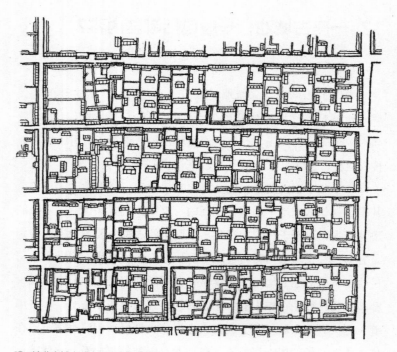

明、清北京城内"大街小巷"布局图

13. 哪一座古城最具代表性?

中国古代从春秋一直到隋唐，都实行里坊制。里坊制不仅是居住单位，也是行政管理单位。通常连接坊与坊之间的道路称"街"；贯穿在坊内的道路称"巷"。里坊四周围有高墙，设里正、里卒看管把守，早启晚闭，傍晚街鼓一停，居民就不能在街上通行了。

中国古代城市首推河南郑州商城，目前城墙基本存在，尚可看出原来面貌，此外，还有秦始皇的咸阳城、北魏洛阳城。但若从规划方面来看，当以唐代长安城为代表，因为它是有规划的，按规划进行施工。其中分布大致是这样：市场商店集中在一起，一是东市，一是西市；在北部，中央大街笔直向南，左右各有对称式大街，南北与东西各十数条街道。全城构成108坊，为"里坊制度"，每一里坊里面有井字街，大街上都是佛寺、衙门等公共建筑，其余里坊的内容实行宵禁制度，每晚8时左右则坊门关闭，不能随便出入。长安是封建社会大帝国按规划建筑的最完整的国都城，不过这是历史上的事了。在之后1500多年里，全城已逐渐毁掉，仅留下两座砖塔，一是西安慈恩寺大雁塔，二是荐福寺小雁塔，其余全没有了。根据流传与发掘对照，今人绘出一张当时的平面图。唐代长安城表现出中国城市的传统风格，反映了当时封建社会的繁荣和强大。除此之外，新疆吐鲁番的交河故城，也保存完好。

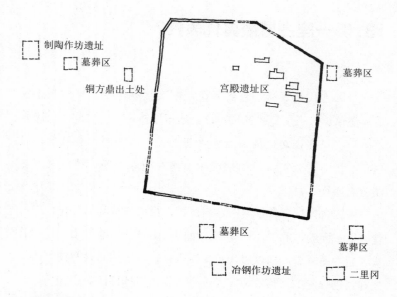

郑州商城平面图

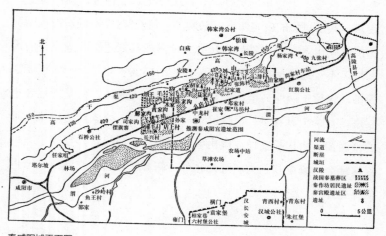

秦咸阳城平面图

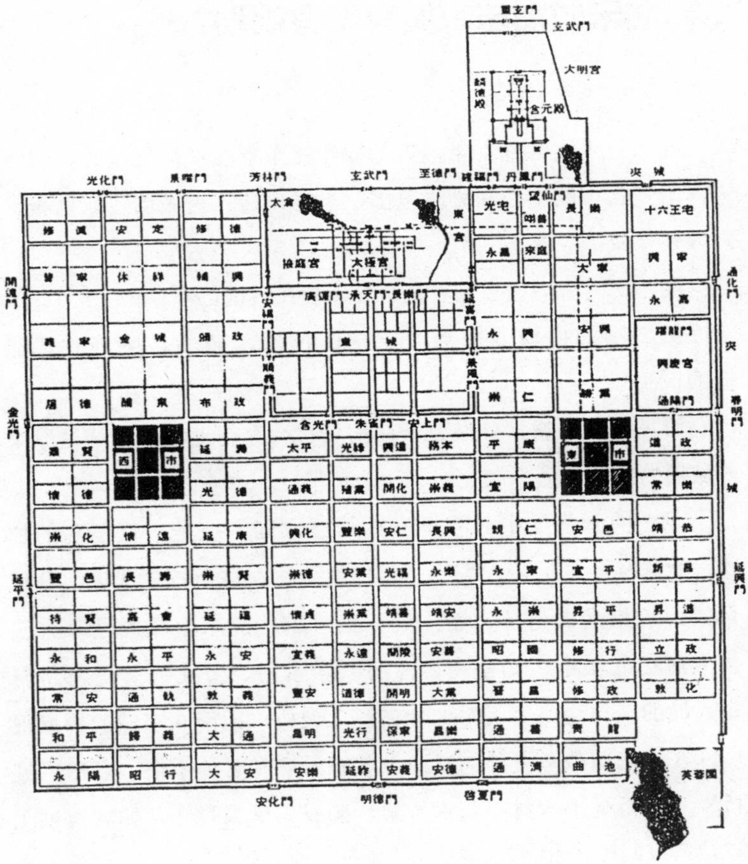

唐长安城平面图（刘敦桢，《中国古代建筑史》）

14. 北宋时期东京城有没有规划？

北宋至今大约九百年，首都原建在东京城（汴梁城），即今天河南开封市的中心和外围范围，当时建造三重城墙，即皇城、内城和外城。

第一圈为皇城（它围着皇宫），现在城墙已不存在了；

第二圈即内城，即当时宋门的位置，砖墙是明清时代建造的；

第三圈是外城，外城位于西南角，尚存有土墩台，这是原来外城墙的位置。

现在的开封城中心有杨家湖与潘家湖，这是宋代皇宫的位置。北宋南迁之后，人们为了"挖宝"，在这里挖土成坑，日积月累雨水积满成为杨、潘二湖。当时宋代的东京城规划，有四条大河穿入城中，如蔡河、汴河、金水河、五丈河等，都是斜穿入城的，与道路交叉时，便在河上架桥，因而东京城的桥梁很多，在城东门数里之外的汴河上就有一座有名的木桥，名曰"虹桥"。虹桥是用木材叠起木桥架，构成大单拱弧券，如同雨过飞虹，所以叫作"虹桥"。

这里要注意的是，"长虹饮涧"这个成语是将一座桥比作一道雨后的彩虹，但这座桥指的是"赵州石桥"，位于河北赵县之洨河，俗称大石桥，又名安济桥。这座桥是隋大业年间匠师李春主持修建的，也是世界上最古老、跨度最大的敞肩圆弧拱桥。

东京城里的道路一般来看都是不直通的，也有很多的丁字路口。城门与城门相对而道路却不直通，这一点，仍然是为了防御。当敌人入城时，不能很快地穿入、穿出，这样会赢得阻击战的时间。东京城的护城河较宽，各城门的附近都设有闸门，有利于水陆两通。东京城的街巷繁华而热闹，全城大街上都建有商店和大小饭店（这与现在北京前门外的商业区情况差不多）。以城的东部（东城）最为繁华，即在东华门外，相国寺、蔡太师宅之附近，屋宇密接，建筑林立，道路纵横相交，整体情况与明清时期的北京城相差无几。北宋东京城遗留下来的建筑仅有大相国寺、佑国寺塔、天清寺塔，其中大相国寺还不是当时的建筑，而是清朝时重修的。其余所有的建筑全部在金人进攻东京时被大火焚毁。从东京城整体布局、面貌、建设上看，有以下几个特征：

第一，全城接近方形，左右对称；

第二，皇宫在全城中心；

第三，主城墙带有筒子河；

第四，大街上出现商店，而且各种店铺林立。

北宋的东京城改变了唐代把商店集中于市场的方式。从东京城开始，商店建在大街之两侧，因此使城市达到非常繁华的程度。

"市"是古人集中做买卖的地方。宋代以前的市相对封闭，多集中于城中特定地区。从宋代开始，封闭式格局被打破，各行业临街设店，不同分类的行业街应运而生，如米市、盐市、牛市、灯市等。值得一提的是夜市，夜市大约出现于唐代中晚期，但地区极其有限。宋代以来，夜市逐渐扩大到所有的繁华城市，如东京汴梁、西京洛阳、南宋临安，以及扬州、平江、成都等，从中诞生出许多各类的"文化夜市"，通常是三更才尽，五更又起，十分繁华。

北宋东京城外·汴河虹桥（《清明上河图》局部）

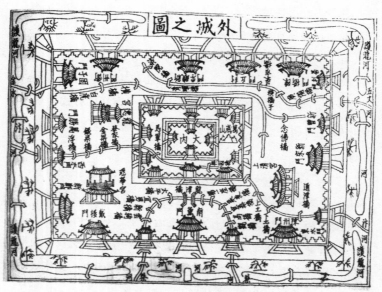

北宋东京城　摹自《事林广记》

北宋东京城

15. 泉州城在宋代最为繁荣，当时是何情景？

现在的福建泉州城，一点也看不出古代的风貌了。实际上泉州城在宋代最为繁荣。宋代泉州城内分四厢，城外有番坊、番人巷、清真寺、古婆罗门教寺、古摩尼教寺、古佛教大寺等。

全城呈梅花形，南部五个门；从东向西依次为"迎春门""通淮门""德济门""南薰门""临漳门"，而其中的德济门为正南门。北部设一座门，即"朝天门"。东西各一门，东门为"仁风门"，西门为"义成门"。城墙弯曲，护城河随之弯曲。内城大体方形，东南西各一门，南为"崇阳门"，东为"行春门"，西为"肃清门"，中间偏北为谯楼。城内道路从南向北弯弯曲曲，大致为直通道，从东至西也算直通道，这样大体构成十字交通大道。但是各方面的道路都不是直通的，全部是弯曲的，而且东西两个方向有通达水系，有环绕内城的护城河水。其中，崇阳门及谯楼建在城的南北中心部位；将文庙设在行春门外的东城；将开元大寺设在肃清门外的西城；城隍庙设在东北城区；关帝庙演武厅设在东南城区；府学文庙设在内城东南区，泉州府在行春门里。内城里还有一寺（承天寺）、一观（元妙观）、一山（鹦鹉山）。外城内东北城有龙头山，其余大量空地建设居民房屋，近百年来，城内与城外被房屋占得满满的、密密的，没有一点点空余地带。从以上状况我们可以初步了解宋代泉州城的情况。

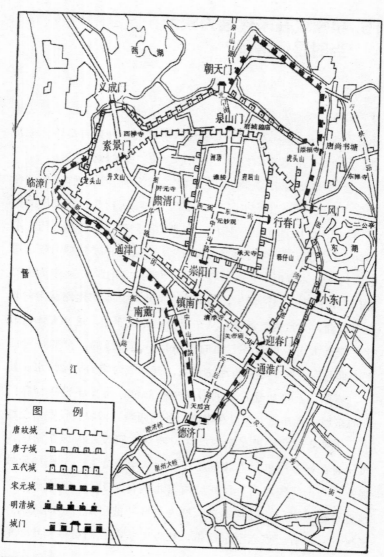

福建泉州城平面图

16. 马可·波罗到过的元大都是什么样子?

元大都即现在北京的前身,相当于北京的内城,东西宽度相当于今天的东直门到西直门的距离。南城门即正阳门的位置,北城相当于北京北城外2.5公里之处,现尚有一条土城墙,这个东西方向的土城墙即元大都的北城墙,因此全城呈方形。

宫殿集中在城内偏南,相当于今日的中南海一带。城内规划十分规整,南北大街不直通,东西大街也不直通。一般来看,它采用大街小巷的布局方式,胡同里面建造住宅,这样就不会受到大街上喧哗声音的影响。此外,大街上、胡同间有一些死胡同(袋状路)、三岔路口、丁字路口,等等,这全都是为了军事防御而设的。马可·波罗从欧洲来到元大都,当时看到东方的城市非常完整,别有一番风情。

"胡同"的叫法从何而来?——元人称街巷为"胡同","胡同"一词源于蒙古语"gudum"的音译,最初见于元代的杂曲,关汉卿的《单刀会》里就有"直杀一条血胡同来"的语句。按照一种说法,"gudum"是"水井"的意思。元代定都后,在规划城市时,要么先挖井后造屋,要么就预先留出井的位置,可谓"因井而成巷",直到明、清时期,每条胡同里还都有井。至今北京胡同有些名字听来怪异,但译成蒙古语就解释得通了,比如"屎壳郎胡同"即"甜水井","鼓哨胡同"即"苦水井","菊儿胡同"即"双井",等等。

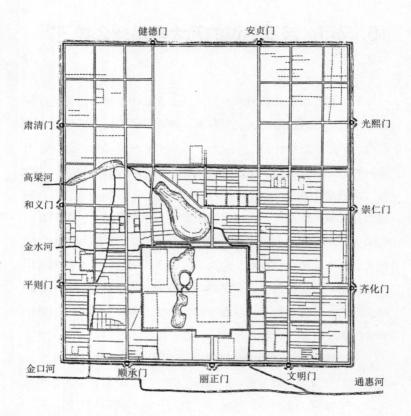

元大都平面图（刘敦桢，《中国古代建筑史》）

17. 中国南方与北方城市有何不同?

中国的城市分南方、北方，区别很大。南方天气炎热，北方严寒，气候甚为悬殊。

北方的城市城墙很厚重，做得相当坚固耐久，用军事防御思想来说叫"固若金汤"。城市里有湖、池等，选建在平地上，但大都在战略要地或交道要冲上，也有靠近河边、湖边的。

南方的城市以水为主，建城时选择在河边、湖边，然后将水引入城中。城里有河街数条，在河水出城、入城处再建设水门。往往有一条水巷，即有一条河街；有一条胡同，即有一条水巷。例如，苏州水巷就可以作为代表。全城之内有一条完整的道路网，因此相应地也出现一个水网。人们出入城里、城外，都乘船往来，因而交通十分便利。南方城市的色彩十分鲜明，家家户户的房屋都用粉白墙，墙面涂饰白灰，洁白、明亮、卫生。因为南方天气炎热，用粉白墙，给人一种凉爽之感，同时使各巷子之间及院子天井之内明亮。

从以上可以看出，南方、北方的城市是不相同的。

河街与水巷

18. 西北地区有哪些古代城池？

中国古代西北地区城池比较多。

以新疆地区的城池为例，由于当地气候干旱少雨，夯土筑城，城墙十分坚硬，保存下来的城址以汉代、唐代较多。例如，高昌城、交河故城、塔城、阿勒泰城、喀什城、和田城、焉耆城、库车城等，其构造都是非常坚固的。在城市遗址中，和硕曲惠城、和硕马兰城、伊犁惠远城，都是早期的古城。从北疆到南疆，大部分城墙墙土都坍塌了，加之风沙弥漫，城墙残迹高低起伏，房屋也早已倒塌，大部分都是一片废墟。还有很多古城遗址在黄沙弥漫中，不仅分辨不出形状，也查不到名称。

甘肃地区的城池有：桥湾城、安西城、双城子、高台城、永昌城、凉州城等。

青海地区的城池有：大通城、西宁城、湟源城、察汗城、化隆城、古鄯城、乐都城等。

内蒙古地区的城池有：黑城、岔道城、定远营城等。

宁夏地区的城池有：平罗城、银川城、贺兰城、韦州城、广武城、永宁城等。

陕西地区的城池有：榆林城、靖边城、定边城、安边城、铁角城、古西城等。

在这些古城中当年都有鼓楼和城市建筑。

19. 古代建城选址时考虑哪些"风水"因素?

中国古代在建城时,首先要选地。在选地时要考虑风水学说,如城市的四面要相同,左边与右边没有空缺的部位,如左有山,右有水;防止后空,如有一方空缺时,要建造一座塔来弥补。一般来讲南低北高,如果达不到前低后高,最起码也要平川。城市后部依山为最佳。否则,后任县官上任之后,看到城市的选址有问题还要进行补缺,如东北角缺山,后空,就在那个地方建造一座塔,常建"文峰塔"。如果县里几年中没人中举,不出一个人才,那么要在这个县城的东北角建造一座文峰塔。俗信这样,全城才能出人才,文峰塔就是这样产生的,所以在全国各县县城都有文峰塔,如山西河津振风塔就由此而来。

另外,一个城市附近之山冈,非常忌讳是半座山,必须是完整的山、圆润的山,绝不可有开崩的半山头。看山时要看是否是山连山,一个接一个,有高有低,如山西天龙山那样,犹如天龙下降,起伏而来,这就是"龙",有气势,预示这个城市中可以出现要人,或者是大学问家。

如何选地看风水,有不同的说法。

从城的南门远看:

一是要远观一马平川,一眼望不到边,这样气势宏伟,城址最好,如果建都,也都在百年以上,千万不要南面土地高于城;

二是出南门远观有山时,要有双山尖对峙。如有山,要两山之间缺口处的中心线正对南城门,这样出门看双阙,有缺口,门口相对仍然能一眼望于门外,一望无际;

　　三是全城要后部依山，山要空出，亦不必太高，这样有依靠。这在风水学上说"前平后靠，傍山侧水"，都是最佳的地势。如果全城选在高台之上，那就再好不过了。有许多这样的例子，如新疆吐鲁番交河故城，全部建在高台之上，它是天然形成的高台；再如陕西省富平县城，全城方形，建在一个大方台子上，台子有6至7米高，四面是很陡的崖，如同城墙。

　　再说"四象"指什么？——亦称"四灵"，是中国古代传说中的四种灵兽，为青龙、白虎、朱雀、玄武。古人把天空分为四部分，将各个部分中的七个主要星宿连线成形，因其形状而以此"四象"来命名，分别代表东西南北四宫。人们常说的"左青龙，右白虎，前朱雀，后玄武"，实际上是指左东、右西、上南、下北四个方位，古代绘制地图时面南俯视地面，因而其中的方向也是这样（与现代地图上北、下南、左西、右东正好相反）。

20. 古代城市如何用水？

　　古代城市用水是一个大的问题，全城人口那么多，没有水人们如何生活？因此，要解决水的问题。主要有如下三种方式：

　　第一，在每家或某一局部地区打井，用地下水；

　　第二，治河用护城河里的水；

　　第三，在一个城市里都建有大水池、小湖等，必要时用这里的水。

　　另外，将征自田赋的部分粮食运往京城的漕运水道，也是人们解决用水问题的一个途径。

　　如安徽寿州，城内东北角有城池用水管，也是管理用水的构筑物。当城内水多时可以排出城外，也可以防止水外流，同时还能阻止城外的水流入城中。另外，如河南沁阳城，城里有大大小小的莲池七八个。北京城有五处海子（湖），如中南海、后海、北海都相当大。

　　早先修建城市时，先要筑城，筑城时挖土必然会出现一些大的土坑，大坑积水即成为池塘。池塘蓄水，有水即可解决人们的生活问题，当然用时要经过处理才可饮用。

　　中国的许多城市并不靠湖、河。有的城池是将大河的水引入城中，设计规划时有意识地将大河贯通城中。例如，北宋东京城，大河入城四五条，这既是为了美化环境，同时也是为了用水方便。水对一座城市的意义是非常大的。

21. 战国与汉朝的长城情况如何?

中国早期的长城,根据时代与位置不同,有战国的长城,如燕、赵、魏、楚、齐、韩长城及秦长城、汉长城。其中,魏长城在陕西中部偏西,与渭南相距甚近。古代魏长城从渭南到韩城之间,有两处相距很近的长城和两个烽火台的遗迹。

这两道长城位于韩城县城南15公里外,西达洛川,东到黄河边。长城分内外两处,当地人称北面为外长城,南面为内长城,两城相距160米。城墙已坍塌,高度无法测量,残存高度只有4米左右,底部最宽为19米。内长城往南约270米有一个烽火台,烽火台的平面为方形,每边长7米,台高约10米,上下收分很大。从烽火台底部到中间的木角梁头的高度约4.5米。长城城墙和烽火台全部用夯土筑成,历经两千多年,夯层还非常清楚。夯层厚度为7至8厘米,城墙上部夯层较下部夯层薄。

陕西中部魏长城烽火台

　　汉长城即指西汉时期修建的长城，至今犹存。汉武帝刘彻为防御匈奴，修筑汉长城。就"凉州西段"而言，当时是耗用巨大的人力与物力修筑的，主要目的是打通西域走廊，切断匈奴与西域的联系，建立与西域各地36国的交通。"凉州西段"长城在甘肃境内，北自额济纳旗的居延海开始伸向西南方向的大方盘城、大方城、金塔县境的为北长城；从金塔县再经破城子、桥弯城，至安西为中段长城；从安西县城至敦煌以北，到达大方盘城到玉门关进入新疆境内为南段长城。这三段长城都是汉武帝为了防卫匈奴而修建的。

　　这几段长城保存得十分完整，根据《居延汉简》记述："汉长城五里一燧，十里一墩，百里一城。"根据实际情况来看不止这些，有三里左右一燧，也有几十里一城的。汉代长城构造方法与秦长城不同，现根据敦煌西南玉门关的一段长城来观察，可以一目了然。

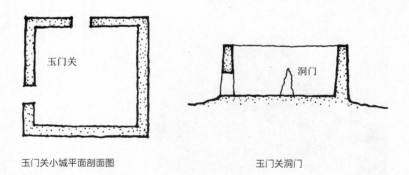

玉门关小城平面剖面图　　　　　　　　　玉门关洞门

　　城墙与烽火台整个规模比明代长城尺度小，城墙的墙身下端宽3.5米，上部宽1.1米，上下有很大侧墙脚。墙身做法为，自地面

50厘米处，每隔15厘米铺一层芦苇。芦苇摆放纵横相交，厚度约6厘米。芦苇至今仍然保存完整，主要原因是当地雨量小，材料不易腐烂。墙身用当地戈壁滩上的土夯实，土质不纯，其中夹杂一些小粒碎石，为土石结合物，目前大部分已坍塌了。

汉代的烽火台，亦名烟墩，均建在长城边沿，根据各种部位，建在长城里边与外部，保留至今的有数百座。仅在甘肃金塔县至内蒙古额济纳旗就有200多座。烽火台平面方形，高度12米左右，四个壁面都有明显的侧脚（斜坡）。其做法有三种，一种为夯土台，一种为土坯台，还有一种为土坯和夯土的混合台。土坯尺寸约38厘米×20厘米×5厘米，大致为方体，砌体中每隔4个夯层夹杂1层芦苇。现在看来是加强夯土体积的坚固性，增加抗压力，又能防止水冲刷。汉烽火台体积高大，在台子周围还建设土墙，全用石子，这是根据军事要求决定的，两千多年来土台和土墙仍然存在，因为西北地区雨量小，所以土台和土墙破坏不是很大。

西汉长城玉门关城

22. 明长城的情况如何?

从山海关到嘉峪关为明代建设的长城,中间经过河北、晋北、陕北、宁夏、甘肃等地,其中还有一些比较大的关口,例如,冷口、黄崖关、密云司马台、居庸关、平型关、偏关、娘子关、山台子、营子山及永登、张掖等,一直到达酒泉。

明代长城从陕西北部府谷、山西偏关而分界,东西两大段迥然不同。东面的长城全部为砖石长城,西部全部为土墙。

万里长城沿线是军事要地,重要的山头都建有烽火台,有的在这里设军城、粮城。为防止敌人炮火,在城墙上要值班射箭和打土炮,城墙都建有炮眼。凡是长城都选择崇山峻岭作军事要地,而且都是随着山势的曲折而建,不建直墙。

八达岭长城在北京正北偏西延庆县境内,作为保卫北京所建设的防御工程之一,是现存长城中保存最好、最具代表性的一段。居庸关是京北长城沿线上的著名古关城。居庸关城楼建有云台,即一座过街楼,此处是口外通往北京的大道,关口防御甚严。

密云司马台长城,在高处建设一座烽火台,平面方形,为两层楼,上为平顶,每面皆开1门2窗,门窗皆券形洞口,门设两层,因为要从两侧、从城墙顶端登入台中。城墙斜坡,设计台阶踏步,第二层顶端,皆设平顶,四面女儿墙,设一个一个的垛口,并施洞眼。

宁夏青龙峡这一段长城,由于年久失修,墙也逐步倒塌,但是还可以看出其痕迹。营子山城这一段城墙,一片砖石遗迹,其形状已看不出来,基本上成为残砖乱石。

万里长城八达岭段

　　山海关城平面呈方形，四面开门。山海关城楼面阔五大间，在三层檐下悬挂大匾，书写"天下第一关"。楼做歇山式顶。正门为方龛券门洞口，用于往来行人通过。关之东侧伸向海边之城墙，谓"老龙头"，关连大海，形势十分险要。往东北方向，还有一段长城直达丹东。

　　平型关建在山西北部繁峙县内，平型关城为方形，南北东各置一门，门额镌刻"平型岭"三个大字，各有瓮城，现存北门和门外瓮城。城南面东西高处，各设烽火台一座，远远可见。关口距关城尚有一段距离，关口之东北为灵丘县境内，关口之东南为大营镇。关口东西两侧即为高山，只此一缺口，就在这个地方建平型关。城内正中有过街楼。抗日战争时期的平型关大捷，就是在这个地方发生的。

　　嘉峪关，即"天下雄关"。这是明代长城的终点。关城为方形，四个城角各建角楼。城楼多为歇山式顶，皆做三层城楼，各个城楼皆建瓮城。例如，柔远门、光化门等。嘉峪关城除角楼、柔远门、光化门做砖墙外，其余为夯土城墙。

明长城嘉峪关城远观

明长城嘉峪关城楼

23. 汉唐的宫殿有何特点？

　　西汉之初，在汉长安城之中建设未央宫、长乐宫，到汉武帝之时，又建离宫别院等所。未央宫建在长安城的西南角，为大朝所在地。利用龙首山的岗地，砌成高台，因战国时代高台建筑盛行，到西汉仍然存在与发展。其主要建筑为前殿，殿之两侧建有东西厢房，为处理日常事务之处。这一组建筑，主要划分为三个部分，宫城周围8900米，宫内除前殿之外，还有十几组宫殿，太后住在长乐宫。

　　在城的东南角，北部和明光宫接连。宫城周围约计10000米，其中有长信殿、长秋殿、永寿殿、永宁殿四大组宫殿。

　　建章宫在长安西郊，是苑囿性质的离宫。宫内有山冈、河流、太液池，池中有蓬莱、瀛洲、方丈三岛，宫内豢养珍禽奇兽，种植奇花异草。其前的未央前殿、广中殿可容一万人。另有凤阙、神明台。长乐宫、未央宫的大宫之中还有小宫。

　　"灵光"，本是汉代宫殿的名称。灵光殿，是汉景帝之子鲁恭王刘馀在其封地——鲁国所建。据记载，灵光殿自建成后，历经汉代中、后期诸多战事，长安等地其他著名的殿宇如未央宫、建章宫等都被毁坏，只有灵光殿仍然存在。因此，后世便称世间仅存的人物或事物为"鲁殿灵光"或"鲁灵光"。

　　唐代宫城在皇城之北，是皇帝听政和皇后嫔妃的居住之处，也属于宫室。东西长廊与皇城相通，南面开五个门，北西各两门，东面只有一门。北出玄武门即禁院，宫城中心为太极宫，西部即掖庭宫，东宫是太子居住之处。太极宫是主要宫殿，在中轴线之北，沿着轴线建有太极宫、两仪宫、甘露宫等十几座殿与门。

到公元634年，兴建大明宫。大明宫位于长安城外龙首山，居高临下，在宫内可以看到全城风光。大明宫内建有含元殿、宣政殿、紫宸殿。含元殿是大明宫的正殿，巍峨高大。其前建有长几十米的龙尾道。左右两侧建翔鸾、栖凤二阁，均与含元殿连接。建筑雄伟壮丽，表现出封建社会鼎盛时期的建筑风格。大明宫内另一组宫殿即麟德殿，位于大明宫西北部的高台地上，由三殿组成，面阔11间，进深17间，其面积约等于明清故宫的太和殿的三倍。在主殿的后部，东、西各一楼，楼前有亭，也有廊庑相连。

为了便于处理政务，在大明宫内，附有若干官署。如在含元殿与宣政殿之间，左右有中书省、门下省与弘文馆、史馆等。

24. 宋元的宫殿建筑是什么样的?

北宋东京城大致为方形,建有三重城,最外一圈即"外城",外城之内,还有"内城",中心部位还有一城,即"宫城",也就是说中心就是宫城,其总体平面也接近方形。

在中轴线上,由南入北,即宣德楼(乾元门),进而为大庆门。在这个院子里,左为月华门,右为日华门,中心即皇上的正殿大庆殿。再向北进入,即宣佑门,中心线为紫宸殿、虚云殿、崇正殿、景福殿、延和殿,这五个殿均为前后排列。最北部即拱辰,从此出宫。在右部为右昇龙门(月华门往南),有门下省、都堂、中书省、枢密院,这四个殿座并列。月华门以西,为右嘉肃门、右长庆门。日华门以东,有左长庆门、左嘉肃门。再向北,西部有西向阁门、左银台门;东部即东向阁门、右银台门。

在大庆殿之西,有四座殿阁,向西依次为垂拱殿、宣仪殿、集英殿、龙图阁。在紫宸殿之东,有资善堂、元符观。另外,在虚云殿之西,有一殿一阁,即福宁殿、天章阁。在崇正殿之东,有翰林院、东楼、西楼。在景福殿之西,则有后苑诸殿阁。在景福殿之东有内侍局、近侍局、严门。其北部则有内诸司。

以上是北宋时期东京城宫城的总布局。这些殿阁到今天一座也不存在了。

元代宫殿坐北面南,宫城南北略长,呈矩形。在中轴线上,都建有主要的殿宇,正南为崇天门,呈"门"形,东有景拱门,南建云从门。

宫城之内,分为两大部分,殿座大体上均呈方形,南部建设"大明门"，东为"日精门"，西为"月华门"，三门并列。
进而为"大明殿"，建在三重高台基之上，十分威严壮观，殿
后又有柱廊与寝殿相接连。寝殿之东曰"文思殿"，西为"紫

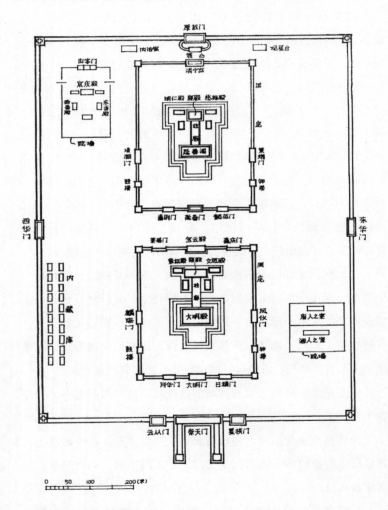

元大都宫城平面示意图

檀殿", 再北曰"宝云殿", 殿东曰"嘉庆门", 西为"景福门", 周廊环绕, 十分严谨安全。大殿之东有周廊连"凤仪门", 大明殿之西建"麟瑞门", 并建东曰"钟楼", 西曰"鼓楼"。这一大组即大明殿及其附属建筑。四角均有角楼。

　　大明殿之后北部, 还有一大组南北为略长的矩形宫殿建筑组群。

　　这组建筑群在中轴线上正南为"延春门", 东为"懿苑门", 西曰"嘉则门", 三门均向南开。中轴线的后部主要为"延春阁"。柱廊连接寝殿, 东为"慈福殿", 西为"昭仁殿", 均与寝殿并列。这一大组建筑均建在三重台基之上, 十分威严。四个转角也建角楼、阁庑。在延春阁之南曰"东跃门", 西曰"清灏门", 在东西各建"钟、鼓"二楼。在宫城的西北角还建设"宸庆殿", 两厢建"东香殿""西香殿", 此门为山字门, 用墙包围。

　　宫城之东墙建"东华门", 西建"西华门", 宫城正北建"厚载门"。

25. 明清的都城及宫殿的情况如何？

明代北京城宫殿基本上体现礼制制度，如左祖右社，即左边是太庙，为祭祖而建，右边建社稷坛，为了农业大丰收、祭农业方面的神而建立。三大殿即太和殿、中和殿、保和殿，这是古代三朝之制。

从大明门到太和殿，共五座门，为三殿五门，前朝后寝。皇宫建设体现帝王的权势，全部殿堂整齐、庄严、肃穆。从前到后，殿宇宫室、用各个殿宇宫室组成院落，层层进入，这些建设完整布局，还建东西六宫。明代皇宫为清代皇宫奠定了坚实的基础。

中国历代古都城数量众多，但最为著名的当属"七大古都"。目前可确认的最早的古都，是有"五朝故都"之称的安阳；有"千年古都"之誉的西安，先后曾有12个王朝建都于此，是中国古代建都时间最长的一个；仅次于西安、在中国建都时间上排列第二的是洛阳，被称为"九朝名都"；还有"七朝都会"的开封、"六朝帝王都"的南京、"三吴都会"的杭州，以及现在的北京，即"大汉之城"。

清代北京城的工程建设十分整齐。以皇城的中心来布局，中轴线贯穿左祖右社，主体殿宇都在中轴线上。人们若从正面进入皇城，正阳门、天安门、端门、午门、三大殿、神武门、地安门、钟鼓楼等都在一条中轴线上。

宫殿之中分为两大块，一曰"外朝"，一曰"内廷"。

外朝有太和门、太和殿、中和殿、保和殿，两侧则是文华殿、武英殿两大组建筑群。

内廷以乾清宫、交泰殿、坤宁宫为主体。东建东六宫，西建西六宫，最后为御花园，是皇后、嫔妃居住的园林。

清代宫廷中，建筑艺术风格庄严、整饬，全部建筑基本上是按清代"官式做法"进行的，整体建筑群组都比较简单，构造方式、方法基本大同小异。红墙、红柱、大面积的黄色琉璃瓦，标准式样的彩画，工整而简洁。清代宫廷建筑殿宇大大小小数量较多，在布局方面有些变化，反映出古代建筑艺术成就。明、清的宫殿中，还夹杂着各类园林，这样，使皇宫的总体建设并不呆板、枯燥，与理政、居住、游乐、休息都融合为一体。

明、清北京城及其中建筑在命名时，延续了方位上"东为正、西为副""左文右武、文东武西"的规则，又讲求阴阳相合、左右呼应，文与武、仁与义、天与地、日与月、春与秋、十天干与十二地支等相对应。以紫禁城为例，太和门前左为"文华殿"，右为"武英殿"；太和殿东庑为"体仁阁"，西庑为"弘义阁"；乾清宫前东为"日精门"，西为"月华门"；中正殿前左偏殿曰"春仁"，右偏殿曰"秋义"；等等。其中无不体现着礼仪秩序，却又千姿百态、丰富多彩。

北京清代皇宫建筑群鸟瞰图

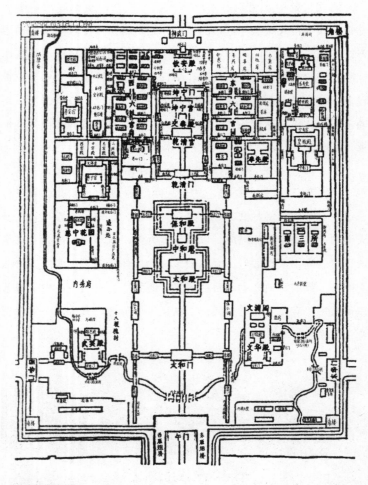

北京故宫平面图

叁　佛寺庙宇

26. 为什么在山上建寺院和庙宇？

　　"寺"是什么意思？《说文》："寺，……有法度者也。"林义光在《文源》中提到，金文"寺"字"从又，从之。本义为持"。由"操持"之意进而引申出"寺人"，指古代宫中的内臣，寺人的居所也被称为"寺舍"。这样"寺"又引申出"官署"之意。汉代"三公九卿"制中"九卿"的官署，即名为"寺"，其中有鸿胪寺，为接待宾客的地方。相传东汉时期，天竺僧人自西驮经而来，住在鸿胪寺，后此地改建僧舍，取名"白马寺"。"寺"由此演变成为僧人住所的通称。

　　庙，最初是为祭祀祖宗而立，因而多称为"宗庙"或"祖庙"。"宗"，即尊也；"庙"，从造字的过程来看，"庙"本是"廟"的俗体，从广从朝，具有"朝拜"之意。因此，"庙"的本义就是祭祀、供奉祖先的建筑。最高等级的祖庙即太庙，专为帝王祭祖而立。后来渐渐出现家庙或宗祠，是臣民祭祀祖先的地方。此外，还有祭祀古代贤士的先贤庙，以及供奉山川神灵的神庙，等等。

　　人们常把寺院和庙宇混为一谈，其实这是两回事。寺院虽然已中国化了，但毕竟是外来的，是专门供佛、敬佛的道场，佛者，释迦牟尼佛也；庙宇是中国土生土长的，是中国特有的，建庙是为了祭祖、供神、敬神，而神仙是中国民间流传的，比如传说中的"八仙"等。不过，寺院和庙宇也有一个共同点：凡是建寺、建庙，人们都会选择风景秀丽的地方，以增加它的神秘感和妙境。

　　中国山区分布广，名山众多。凡是名山的山腰或顶部大都建有佛寺、庙宇、宫观，也有庵子。正如辽宁的千华山，有九宫八观十二庵，外加五大寺。说明佛教、道教皆占据名山的好位置。

中国佛教要进行修持，一尘不染、脱离尘俗，必然要找到往来行人少的地方，所以建设"山寺"。凡是各地的名山，佛教僧尼必然要去建寺，久而久之，各地的大山，都建有佛寺，不过大小不等而已，佛教的山寺是最多的。比较大的佛寺，一般有上、中、下三组，以山下为主，建立下寺，山中即建立中寺，山顶再建上寺。有的建两座寺：下寺及上寺，还有的两寺并列于村庄的东西两端，称为东寺和西寺。所以中国有句古话："深山探古寺，平川看佛堂。"宁夏西北部的贺兰山上建有很多寺院，其中有广宗寺、福因寺，其规模相当庞大。

中国佛教的庙宇和道教的宫观建筑，都是根据礼制制度建设的，不论多大的庙宇，都要根据礼制建造十分完整的、左右对称式的建筑，但是具体规模、建设规格有一定限制，这种限制不仅在于各个殿宇的开间尺度、庙宇中的院内组合等方面有所体现，在局部处理上，也是有许多变化。

道教建筑则不然，他们尊奉老子、张天师等建庙求仙，自己修行，追求长生不老，所以在庙宇建筑设计时都要求在深山中，选择天然胜地，利用人为与自然结合的设计手法，不墨守成规，做自由式的布局。例如，在悬崖绝壁处建庙、架桥，桥上建屋，有大有小，远近不一，高低叠错，楼台殿阁建造其间。这样一来，好像仙山楼阁，仙人要在这里下凡，或者作为迎接神仙的佳境，所以道教建筑绝大部分选址时即考虑到这一因素，如千华山就建有无梁观上院、无梁观下院。在山西还有山上建山，庙上建庙。即在山的顶端建庙，在庙院里又凸出一山峰，在峰顶又建庙，十分奇特。中国五镇名山，东西南北中，每座镇山上都建有庙宇，上下呼应。中国道教名山，如山西吕梁山、湖南岳麓山、甘肃天水玉泉观和平凉崆峒山、四川青城山、山东的泰山和崂山、浙江温岭雁荡山、广东增城罗浮山、江西贵溪龙虎山、河南洛阳的鸡冠山和伏牛山、江西九江庐山、江苏苏州天池山等，山上、山下都建有庙宇。

　　为什么在山中或山顶建造庙观？主要目的是登高远望，僧人道士进行修行，一是敬神；二是迎接神仙；三是一尘不染；四是长生不老；五是与世隔绝。同时，体现仙境高不可攀、令人神往的意境。

内蒙古贺兰山广宗寺（南寺）

27. 中国佛寺的情况如何?

佛教在汉代末年从印度传到中国。但当时传到中国来的寺院是塔,实际就是埋葬高僧大师的坟墓。寺僧将窣屠婆与中国古代的楼阁结合在一起,创造出许多式样的佛塔。后来就出现了具有中国特点的塔,寺僧又将中国式的塔作为佛寺的中心和主体建筑,把它供奉在佛寺的中心位置,周围用大墙围绕起来,东南西北四面开门,这就是中国早期寺院的状况。

例如,目前尚存的河南嵩山嵩岳寺(始建于509年),就是将嵩岳寺塔放在嵩岳寺的中心,前后山门两面配房,后部为一简单的小佛殿,其实也是以塔为主,这是中国早期佛寺形制。当时由于佛法流通,信佛的人增多,要进行佛事活动,必然要有进行佛事活动的场所,其场所便是佛寺。从那时起,佛寺开始普遍建立。

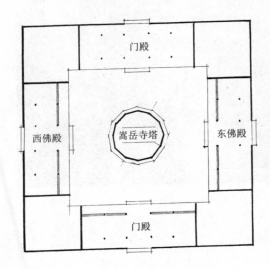

北魏河南嵩山嵩岳寺平面图

嵩山嵩岳寺塔

最初人们建不起来佛寺，便用"舍宅为寺"的方式，将自己的大宅房屋献给佛寺，或将住宅改为佛寺。在汉末至南北朝时期，因为高官、王府有钱，住宅建设得相当豪华，舍宅为寺的风气大盛。

例如，在北魏洛阳城里，西阳门内御道之北有一个建中寺，普泰元年（531年）由尚书令、乐平王尔朱世隆所立。这里原来是宦官刘腾的住宅，后舍宅为寺。这座住宅建造极为奢华，纵横方向的梁栋已超过当时规定的标准，在500米之间廊庑接连，其中有大法堂、光华殿，大山门名为"光临门"，比一般的人家门与堂都更为宏伟，这就是"舍宅为寺"。

愿会寺为中书舍人王翊的舍宅为寺，在洛阳青阳门外二里孝敬里，堂宇宏伟，豪华万端。其中有花园石雕，林木森森，有平台，有复道，在当时来说，建这样的大宅还是少有的，后由主人舍其作寺了。

当时佛寺之多，不胜枚举，仅北魏一个时期，佛寺达三万座，可见当时佛寺之多，其中大多数都是舍宅为寺的。

后来佛寺逐渐有了钱，便开始建造专门的佛寺了，如唐诗中的语句"南朝四百八十寺，多少楼台烟雨中"，说明当时佛寺的数量是如何之多。南北朝以来，因当时的皇帝信佛，这样一来影响就更大了！于是在全国各地名山大川，相继建寺造塔，1800多年来从未间断。

中国目前尚存的佛寺不计其数。有的佛寺由魏晋南北朝时期建立后一直保存到今天，但是房屋改观，规制缩小，有的残迹尚存，一片荒芜景象；还有的佛寺，创自唐代，直到辽、宋、明、清一直保持，虽然房屋改变，但是佛寺的规模与制度仍然保持原貌，这也是为数不少的。

28. 标准的佛寺是什么样的?

　　标准佛寺的式样,实际上大同小异。一般来看,佛寺建筑受到中国固有的传统方式和礼制的影响,每个佛寺都遵守礼制。具体来讲,主要体现在:全寺以中轴线贯穿整个佛寺,主要建筑都安排在中轴线上,中轴线左右两旁对称;一进山门是天王殿,二进建有塔院、大雄宝殿、后殿、后楼、左钟楼、右鼓楼,左右排房为僧尼从事佛寺活动之场所。然后在其间穿插建立牌坊、香炉、种种门制及回廊,等等。

　　在一座佛寺中包括的殿宇房屋内容计有:总门、山门、二门、前殿、中佛殿、大雄宝殿、法堂、浴室、客堂、僧舍、大斋堂、讲经堂、大礼堂、墓塔、牌坊、阙门、禅堂、照堂、厢房、钟鼓楼、大佛阁、藏经阁、方丈院、亭、台、碑楼、焚帛炉、香炉、放生池、莲池、影壁、塔、经幢等。根据佛寺之大小以及佛寺的经济水平,对这些建筑的安排有所不同,房屋殿阁的数量也不相同。按一般的情况来看,大型寺院应有下列规模:

殿阁名称	间数	殿阁名称	间数	殿阁名称	间数
大雄宝殿	28	僧房	60	方丈院	8
中佛殿	15	大斋堂	20	天王殿	8
后佛殿	15	库房	40	山门	6
法堂	20	大佛阁	28	二门	3
禅堂	20	藏经阁	28	浴室	40
经堂	40	钟楼	4		
群房	60	鼓楼	4		

中国的佛寺，自唐宋以来分出许多宗派。慈恩宗、华严宗都从西安发展而来，禅宗遍及全国，天台宗创自浙江天台山，净土宗创自山西玄中寺，在福建福清还建立杨岐宗，在青海建立密宗。分布于全国各地的佛寺除密宗之外，其他各宗派对佛寺没有什么特殊的要求。建佛寺时，一般不太考虑什么宗派。以佛教来说，任何式样的房屋，都可以进行佛事活动，都可以敬佛。这样一来，久而久之，佛寺什么样子给人们一种固定的式样，一见到那个样子的房屋、那种布局就知道是佛寺了。

密宗对佛寺的要求也是如此，要求每座佛寺中必然要有一个大经堂——讲经廊，其他则要具有藏式建筑风格，这是因为黄教（格鲁派，中国藏传佛教宗派之一，因该派僧人戴黄色僧帽，故又称黄教）从青海开始逐步发展，从西北传到华北，再传到东北……所以佛寺建筑都具有藏传佛寺风格，如喇嘛庙即藏传佛寺。

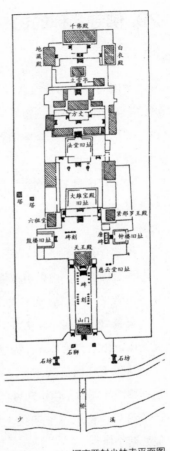

河南登封少林寺平面图

29. 佛寺名称的由来是什么？

中国的寺院都有寺名，而且都不是随便取的，而是根据古印度的寺院名称和佛教内容发展而来。例如：

香积，佛即香积，陕西省长安县有香积寺。

香界，出自《维摩诘经》，北京有香界寺。

真如，出自《金刚经》，上海有真如寺。

海会，出自《华严玄疏》，中国山东、山西等省都有海会寺。

栴檀，是一种香木，出自印度南部。中国河北、山西等省历史上都有栴檀寺，内供栴檀佛。九华山有栴檀寺、栴檀佛。

般若（bō rě），唐玄奘之名，吉林长春有护国般若寺。

灵鹫峰与灵鹫寺：在古印度有灵鹫山，山形似鹫；北京也有灵鹫山，山上有灵鹫寺；福建有灵鹫峰，其上也建有灵鹫寺。

从以上举例足以证明，中国的佛寺之名并非随便叫出，而是根据佛教经典或是由古印度已有之名而来。

另外，佛书《宏明集·广宏明集》讲述了"精舍"与"支提"两个概念。

精舍，梵语称为"Vihara"，又名叫"伽蓝"，或"僧伽蓝"（Samgharama），英文称"Monsterises"（僧院）。起初，精舍为僧人讲道场所，后来就作为僧人长住的地方，其后逐步地设置佛像，就像佛寺了。以今天印度的精舍来看，以石窟寺为最多，其平面布局，中间作殿堂，四周有僧舍，并非石窟。例如，那烂陀精舍（NalandaVihara）、祇园精舍（JetavanaVihara）至今已成为废墟了，中国的唐玄奘曾在那烂陀精舍留学。这种精舍实际上就是佛寺，传到中国后，主要是与中国固有的院落式房屋布局相结合，逐渐演变成寺院了，所以说精舍和寺院是一回事。

支提，梵语也叫"招提"（Chaitya）。支提均为依山开凿，以云冈石窟、天龙山石窟、龙门石窟、敦煌石窟为代表。其中一室，中间有柱，柱即做塔状，这就叫"支提"。

简单地说，精舍就是佛寺，支提就是石窟里的塔。在中国的寺院、庙宇，很少用精舍、支提这个名称。如讲古印度佛教建筑史时，才可以讲精舍或支提。

北魏云冈石窟

30. 什么是伽蓝七堂?

在一座佛寺中，殿宇建筑很多，根据宗派的不同，寺中之殿阁楼台建筑多少不定，但有七种建筑是必不可少的，这叫作"伽蓝七堂"。至于七堂的用法和取舍，根据时代之不同而各有差异。例如：

唐代对伽蓝七堂的规定：

1.佛塔（舍利塔）。

2.大雄宝殿（又称金殿或佛殿，安置本尊佛）。

3.经堂（讲经之所）。

4.钟鼓楼（二者为一堂）。

5.藏经楼（安放佛经之所）。

6.僧房（僧众的居所，多达上百间房屋）。

7.斋堂（大餐厅）。

宋代禅宗对伽蓝七堂的规定：

1.佛殿。

2.讲堂、法堂。

3.禅堂（僧众坐禅或起居之所）。

4.库房（又作库院，为调配食物之所）。

5.山门（又作三门。即具有三扇门之楼门，表示空、无相、无愿三解脱门）。

6.西净（厕所）。

7.浴室。

　　汉代有"晨鼓暮钟"的司时制度，用钟鼓来报时。悬钟置鼓的钟楼和鼓楼，亦多建于宫廷，除报时外，还作朝会时节制礼仪之用。用于佛事的钟和鼓，是寺院的重要法器。钟的作用是召集僧众作法，早晚撞钟还可报时；鼓的作用是戒众进善，有如战场上击鼓以激发斗志。因此寺院不可无钟，不可无鼓。钟楼和鼓楼，通常建在天王殿之两侧，形制一样，分列东西，呈对称状。

31. 悬瓮建筑是怎么回事？

　　中国古代建筑式样甚多，而且建造方式亦各有不同。善于巧妙地利用地形与地势，使建筑与地形巧妙地结合，奇特、险峻而有趣味，这是其中的一种设计手法。换句话说，就是什么样的地方建造什么样的房子，这是入乡随俗、因地制宜的建筑方法。例如吕梁山兴佛寺便是如此。

　　那么悬瓮建筑是什么样的？在中国很多地方有天然形成的大山，山势向外挑悬，下部留有空间，在这里建造的房屋就叫作"悬瓮建筑"。

山西吕梁山兴佛寺之一面

　　悬瓮建筑是中国特有的，利用山下挑悬空间来建造寺庙，具有防雨的功能。因山势石质坚硬，具有一种坚固耐久的意义，使殿堂建筑不受自然界风霜雨雪的侵袭，同时给人一种诗境画意、引人入胜的效果。特别是利用悬瓮建筑殿堂给人一种奇妙的感

　　最初人们建不起来佛寺，便用"舍宅为寺"的方式，将自己的大宅房屋献给佛寺，或将住宅改为佛寺。在汉末至南北朝时期，因为高官、王府有钱，住宅建设得相当豪华，舍宅为寺的风气大盛。

　　例如，在北魏洛阳城里，西阳门内御道之北有一个建中寺，普泰元年（531年）由尚书令、乐平王尔朱世隆所立。这里原来是宦官刘腾的住宅，后舍宅为寺。这座住宅建造极为奢华，纵横方向的梁栋已超过当时规定的标准，在500米之间廊庑接连，其中有大法堂、光华殿，大山门名为"光临门"，比一般的人家门与堂都更为宏伟，这就是"舍宅为寺"。

　　愿会寺为中书舍人王翊的舍宅为寺，在洛阳青阳门外二里孝敬里，堂宇宏伟，豪华万端。其中有花园石雕，林木森森，有平台，有复道，在当时来说，建这样的大宅还是少有的，后由主人舍其作寺了。

　　当时佛寺之多，不胜枚举，仅北魏一个时期，佛寺达三万座，可见当时佛寺之多，其中大多数都是舍宅为寺的。

　　后来佛寺逐渐有了钱，便开始建造专门的佛寺了，如唐诗中的语句"南朝四百八十寺，多少楼台烟雨中"，说明当时佛寺的数量是如何之多。南北朝以来，因当时的皇帝信佛，这样一来影响就更大了！于是在全国各地名山大川，相继建寺造塔，1800多年来从未间断。

　　中国目前尚存的佛寺不计其数。有的佛寺由魏晋南北朝时期建立后一直保存到今天，但是房屋改观，规制缩小，有的残迹尚存，一片荒芜景象；还有的佛寺，创自唐代，直到辽、宋、明、清一直保持，虽然房屋改变，但是佛寺的规模与制度仍然保持原貌，这也是为数不少的。

28. 标准的佛寺是什么样的?

　　标准佛寺的式样,实际上大同小异。一般来看,佛寺建筑受到中国固有的传统方式和礼制的影响,每个佛寺都遵守礼制。具体来讲,主要体现在:全寺以中轴线贯穿整个佛寺,主要建筑都安排在中轴线上,中轴线左右两旁对称;一进山门是天王殿,二进建有塔院、大雄宝殿、后殿、后楼、左钟楼、右鼓楼,左右排房为僧尼从事佛寺活动之场所。然后在其间穿插建立牌坊、香炉、种种门制及回廊,等等。

　　在一座佛寺中包括的殿宇房屋内容计有:总门、山门、二门、前殿、中佛殿、大雄宝殿、法堂、浴室、客堂、僧舍、大斋堂、讲经堂、大礼堂、墓塔、牌坊、阙门、禅堂、照堂、厢房、钟鼓楼、大佛阁、藏经阁、方丈院、亭、台、碑楼、焚帛炉、香炉、放生池、莲池、影壁、塔、经幢等。根据佛寺之大小以及佛寺的经济水平,对这些建筑的安排有所不同,房屋殿阁的数量也不相同。按一般的情况来看,大型寺院应有下列规模:

殿阁名称	间数	殿阁名称	间数	殿阁名称	间数
大雄宝殿	28	僧房	60	方丈院	8
中佛殿	15	大斋堂	20	天王殿	8
后佛殿	15	库房	40	山门	6
法堂	20	大佛阁	28	二门	3
禅堂	20	藏经阁	28	浴室	40
经堂	40	钟楼	4		
群房	60	鼓楼	4		

觉，增加神秘的气氛，这是中国宗教建筑选地的成功之处。

由于道教追求神仙环境，道教庙宇多寻找名山大川的奇妙境界，因此在悬瓮建筑中以道教庙宇为最多。佛教传入中国两千多年来，一直没有间断在山寺中寻找远离尘世的幽静之地，利用悬瓮建寺、建庙是为达到清静无为的境界。

悬瓮建筑利用的半山岩洞，有弧形、拱弧形、袋形、圆形、半弧形、条形、球顶等式样。

例如，江西赣州古城附近的通天岩即拱弧形，是由东岩、忘归岩、翠微岩共同组成的，其中的广福寺是通天岩的主体建筑，苏东坡落职时过赣州曾居住在这个岩洞中。在广福寺建有大雄宝殿，在它的左侧建有玉岩祠，祠内供阳孝本、苏东坡、李存3尊刻像。北京西面的梅花山天泉寺，即利用挑悬式山崖，人们来到寺院中才知水自天上来，故称天泉。甘肃天水大象山悬瓮，即采用条形，在这一长条形地带建造房屋数十间，气魄宏伟高大。广西桂林桂海碑林即利用圆形山崖。山西临汾吕梁山兴佛寺南仙洞也是悬瓮式。这些都是重要的例证。

悬瓮建筑是中国特有的，也是中国古代建筑匠师们具体利用地势环境的一种创作。

32. 中国塔的情况是怎样的?

中国的塔究竟有多少,确实没有详细统计,有些资料统计也不全面。有些塔在深山中,有的在旷野中,有小有大,许多村庄里有小塔,所以没有全面的统计。根据历年来的文献记述以及实地考察推测,大约有两万座。塔分布于全国各地,一种是"佛塔";另一种是"文峰塔"。文峰塔自14世纪开始建造,仿照佛塔的式样,几乎每个县城一座,尤以南方各地为多。如果不是专门研究塔的人去看,这种塔很容易被当作佛塔了。其实二者不完全一样,这一点是要注意的。

佛寺有的建在平地上,既可见于城镇,也可见于乡村;还有的远离尘世,建在山上,叫"山寺"。有寺就要建造塔,寺院在什么地方,塔就建在什么地方。有塔必有寺,因而塔常常出现在平地、海边、高山、丛林中。

佛塔最早用来供奉和安置舍利、经文和各种法物。它源于古印度,一说佛陀在世时王舍城有一位孤独长者就已开始建造佛塔,用以供养佛陀的头发、指甲,来表达人们对佛陀的崇敬。一说是佛陀涅槃后才建造,用作安置佛骨舍利的塔,梵文音译"窣屠婆"(Stupa),巴利文音译"塔婆"(Thupo),别音"兜婆"或称"浮屠"。中文译为"聚""高显""方坟""圆冢""灵庙"等,另有"舍利塔""七宝塔"等异称。隋唐时,将译名统一为"塔",并沿用至今。

中国最高的塔,要数河北定县城开元寺塔。塔建于宋代,从塔底到塔刹尖部高度有85.6米,这是全国最高的一座塔,这座塔全部用砖砌筑，十分精美。

中国的古塔可按照两种方式分类：

按性质分类	按形制分类
1. 喇嘛塔（藏传佛塔）	1. 楼阁式塔
2. 文峰塔	2. 异形塔
3. 多宝塔	3. 密檐式塔
4. 宝箧印塔	4. 内部楼阁外部密檐式塔
5. 金刚宝座塔	5. 造像塔
6. 无缝塔（"中国窣屠婆式"塔）	6. 幢式塔

山西榆社造像塔左侧　　　　宁波七塔寺宏智法师塔（无缝塔）

泉州开元寺大院宝箧印塔（宋）

扬州藏传佛塔（清）

呼和浩特慈灯寺
金刚宝座塔

承德须弥福寿之庙的楼阁式琉璃塔

我们看一座塔，不能单纯地看它的外形，追求形式，应当从内部构造与外部式样两方面进行综合分析。

实际上中国的塔不全是高层建筑，也就是说不全是楼阁式塔，而楼阁式塔则是其中的一部分，中国大量的塔是砖塔。而且辽代大部分的塔是不可能登人的，只是一种象征性的塔，所以不可一概而论。

中国大陆上的塔数量很多，式样都不相同，塔的性质与佛教的分支宗派也有很大关系。从中国建塔的历史发展看，应是先有木塔，后有砖塔，后来通过研究才发现，这两种塔是几乎同时向前发展的。

33. 鸠摩罗什大师的遗迹还有哪些？

　　鸠摩罗什是一位佛教大师，中国著名的佛经翻译家之一。他圆寂之后至今只有一座石塔。塔在陕西省户县城东南方向15公里的逍遥园大草堂栖禅寺内。该寺建于后秦，目前该寺除鸠摩罗什舍利塔之外，其余所有殿堂均为清代重修。

　　鸠摩罗什为西域龟兹人，后秦时来到关中住了9年，当时被待以国师。他在栖禅寺翻译了《金刚经》《法华经》《大智度论》《十二门论》《中观论》等74部300多卷经典，对中国佛教事业的发展做出了重大贡献。他是佛教"三论宗"的开创祖师。

陕西草堂寺鸠摩罗什塔（唐）

　　鸠摩罗什灵骨塔是一座石制的舍利塔，塔身平面八角形，建在一个方的台基上，上置须弥山圆座，再置仰莲座3层。其上为塔身，刻出木结构式、木兼柱、直棂窗、版门、门钉大锁等，上覆四坡水的塔顶、受花、相轮、宝珠等。在塔下做须弥山圆座，则说明鸠摩罗什塔具有很强的佛教色彩。

　　通过这一座塔，我们可看出唐代石工的技术水平与唐初石塔的造型艺术。这座塔可以说是建筑史上的重要遗物。

34. 什么是新疆101塔?

在新疆吐鲁番北部的交河故城中发现101塔，是佛教界的一件大事。

交河故城现存遗址，保留其昌盛时期所建之规模，大体为唐代遗存。从交河故城东北部城门进入之后，看到当年的街巷、院落、房屋的土墙残留存在。城的南部为居民住宅区，北部全部为佛寺区，目前尚存有佛寺、大殿、佛塔、佛像的遗迹。在城的最北部有一大堆土建筑遗址，该遗址即土塔群。塔群用地为方形，每块东西方向、南北方向均为108米，中间以十字街构成四块，每块建25座塔，共5行，每行5座塔，共100座塔，加上中心部位1座大塔，共计101座。其中的100座塔的尺度大小相同，小塔高度为5.5米，行与行间5米，塔的每面为4米，行向6米，唯有其中的大塔最为高大，每边长7至8米，高度8米左右。101塔的材料全部用土筑，具体来说，就是用夯土版筑的，目前尚有版缝及夯层存在。

用土建造的塔为何可以到今天而不倒塌呢？事实上，经过一千多年，当然有些坍塌，但大部分仍存在。因为西北地区黄土土质密致，不怕雨水，何况新疆地区雨水极少，偶尔有一点雨影响也不大，所以可以保存到今天。但是当地西北寒风凛冽，在长年的风雨侵蚀下，绝大部分的土质已被剥掉。全部塔群中，尤以西北方向的塔受到损坏最大，到目前为止，小塔大部分已被剥蚀，只留有基座或残破的塔身，大塔的西北方向已被剥掉。不过尚可看出塔的式样。101塔塔群全部为宝箧印塔（详见第99页）。

新疆交河101塔

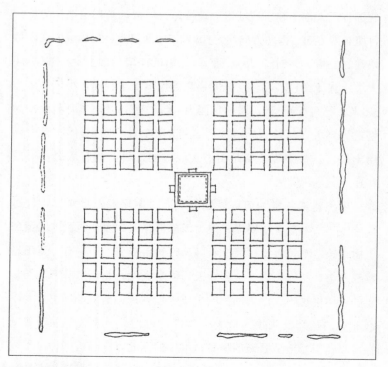

新疆交河101塔总平面图

35. 宁夏为什么有108塔？

108塔塔群在宁夏青铜峡，是一座巨大的塔群，从整体看是平面三角形，依山坡形自上至下排列，共计12排，第一排为1座塔，第二排、第三排为3座塔，第四排、第五排为5座塔，第六排7座塔，第七排9座塔，第八排11座塔，第九排13座塔，第十排15座塔，第十一排17座塔，第十二排19座塔，共计108座塔。

108在佛教里具有佛的含义。例如：念经时要念108遍，串珠为108珠，敲钟108响，向佛叩头108下。

这些塔是一大组藏传佛塔，全部都是"喇嘛塔"，即古印度佛塔窣屠婆（Stupa）的原型，传入中国后成为一个单独的系统。为什么要供养这样的塔？

第一，设计简单，施工容易；

第二，材料普通，易于保存。由于主要材料为砖块与黄土泥巴，上部抹一层白灰，这样一来，没有人去拆它，因为它本身没有什么贵重的材料。我在考察时曾打开一个塔看，结果发现有一张黄纸条文，其中写着梵文六字真言。根据它的形制、塔的式样、塔内的土样进行综合分析，断定这些塔为元代建造。文物部门对塔进行勘察维修时，将其中数座塔的表皮灰泥剥开，露出的塔形与"喇嘛塔"十分相似，是喇嘛塔的一种变体，如塔肚变形，不做圆肚而做成直线收肩形。如今，108塔外包装已被全部清除，砖头暴露在外。

宁夏青铜峡108塔（近景）

宁夏青铜峡108塔（远景）

36. 唐、宋、明各代的塔有何区别?

砖塔是中国古代建筑的一种类型,它标志着中国古代高层建筑的发展水平。通过分析唐代、宋代和明代的砖塔,我们可初步总结出中原地区的砖塔发展规律及其构造方法。

唐代砖塔的特点是平面方形,一般都建13层,合计40多米。它采用砖壁木楼板空心结构方法,构成楼阁的形式。外檐用叠涩出檐式,斗拱很少,塔身素面,不做装饰纹样,长安县香积寺塔为唐代砖塔带有彩画的一例。其他都是素砖,表面装饰甚少,如甘肃政平塔、陕西澄城塔。

宋代砖塔的特征是,平面以八角形为最多,也有一些塔平面为方形。过去认为凡是唐塔都是方形,宋塔都是八角形,实际上有一些宋塔平面也为方形。宋塔的式样亦做楼阁式,在塔身部分施平座、栏杆,式样变化多,塔身做出门窗,施有单抄斗拱。宋代砖塔的总体规模没有唐代砖塔宏伟壮观。具有代表性的塔有上海松江兴圣教寺塔、河北正定开元寺塔等。

明代砖塔的平面呈八角形,高度以13层为最多,一般高度都是40米,它的结构特征是砖壁、楼梯、楼板三项结合起来,成为一组整体,因而省去了木制楼板。楼层十分坚固耐久,塔下部建有很大基座,塔身及檐部完全模仿木结构式样,檐部斗拱趋于烦琐,喜欢用垂莲柱等装饰。

塔是佛教建筑的一种,凡是有塔的地方原来必然有寺院。有的因年代久远,寺院房屋塌毁,只留有一座孤塔。

判断一座寺院年代的一般规律是:唐代寺院都将塔建在大殿

之前，取"前塔后殿"的布局，或者是取"塔殿并列"的布局；宋代建寺则将塔建在大殿后面，塔便成为次要建筑。据此可以区别唐、宋寺院。

　　唐、宋塔砌砖的方法，都是用长身错口砌，壁心填入碎砖，砌砖的胶泥全部用黄土泥浆。到明代，砖塔砌砖开始改用石灰浆。

37. 法门寺塔的情况是怎样的?

法门寺位于陕西省扶风县北约10公里的崇正镇(今法门镇)中央。该寺始建于东汉末年,距今有1700多年的历史,是隋唐佛教四大圣地之一。

佛家把世上一切的标准叫"法","门"即众圣人入道之通处。众生烦恼之事很多,用佛家语言说若有八万四千多个烦恼,佛说即有八万四千多个"法门"可以解决。

法门寺,初名"阿育王寺"。阿育王是古天竺的国王,笃信佛法,在世界各地建立了八万四千座塔,而扶风法门寺塔则是其中之一。因塔而修寺,寺和塔屡经兴废,多次重修,至公元625年始称"法门寺",塔也称为"法门寺塔"。法门寺是中国境内珍藏释迦牟尼真身舍利的19座寺庙之一,佛骨藏于塔下地宫。

法门寺在寺内建有法门寺塔,塔因地基关系于1981年倒塌,在清理地基时,在塔基的地宫发现一座小塔,为唐代建造。但是法门寺塔从平面来看,外围做方形,为清代维修的痕迹;而内部有一层为圆形的,是明代塔的基础;中间还有一圈方形的即唐代塔的基础,其中有一条唐代的南北的通道。由此说明此塔从唐代开始经过宋、明、清时代,如今是明塔。目前的法门寺塔是在其倒塌后,按原样重新建起来的一座塔。

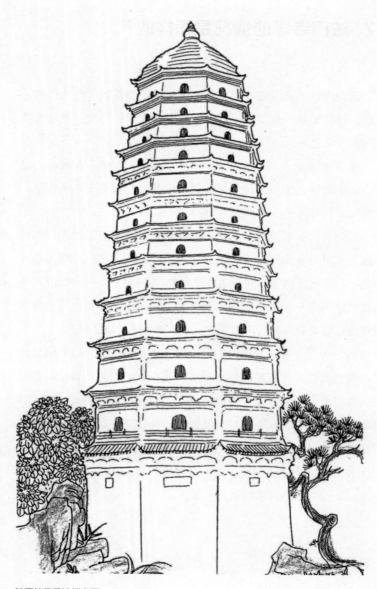

陕西扶风县法门寺塔

38. 什么是宝箧印塔?

佛经中有《宝箧(qiè)印经》,供奉《宝箧印经》的塔,就是宝箧印塔。宝箧印塔历史悠久,如北魏时期河南嵩岳寺塔,在第一层塔身上用砖砌出宝箧印塔作为装饰,其形象十分精致,不过那是一种写意风格的。另外,在大同北魏云冈石窟中壁面上也雕刻出石塔,即宝箧印塔的写意图像。

到五代时,吴越王钱弘俶敬造84000座宝塔,埋之于国内名山之中,从明、清时期陆续发掘出土的宝塔看,都是宝箧印塔。

为什么要造84000座塔呢?——印度孔雀王朝第三代国王阿育王在位期间,曾一度征伐屠戮,后来,他弃恶从善,虔信佛教,立佛教为国教,并在世界各地建造了84000座塔,以供养佛祖舍利子。吴越王钱弘俶为吴越国(923—978)末代国王,毕生崇信佛教,在位时以兴建寺院佛塔著称。自后周显德二年(955年)开始,仿效阿育王,制成84000座小塔,以为藏经之用。

到北宋时期,才开始在地上独立建造这种塔。福建仙游县会元寺塔即宝箧印塔,是在寺的后面出顶端独立建造的,还有在福建泉州开元寺院内以及洛阳桥上,都建有独立的宝箧印塔。

元代的浙江普陀山普济寺太子塔也是宝箧印塔。

至明清时代,在安徽、福建、湖南、广东、江西、江苏、浙江各地建筑的宝箧印塔越来越多。明清时期的文人、士大夫们大部分在家看书、写作、研究,尤其是金石学家,弄到许多宝箧印塔的出土拓片,当时为文或记录时常常写为"金涂塔"。这是因为吴越王钱弘俶改造的84000座塔大部分都用金属制作,也就是说用合金铜来制作的，所以它们称为"金涂塔"，或者叫"小铜塔"，其实就是宝箧印塔。在出土的塔底部铸字：吴越王敬造阿育王塔。

宝箧印塔

39. 为什么建造圆肚形状的塔？

　　中国有一种带有圆肚的塔，名曰"喇嘛塔"。这种式样的塔一直为喇嘛教所崇拜，所以只有流传喇嘛教、建有喇嘛寺的地方，才建造这样的塔。佛教传入中国，是受到古印度、尼泊尔的影响，那里曾经建造过这种塔，不过中国的喇嘛塔肚十分大；而古印度、尼泊尔的塔基座特别大，塔肚是直线的，而且肩部的圆弧做得简单。这种塔由古印度经尼泊尔传入西藏和青海，再传到中国内地。传播线路为：古印度—尼泊尔—西藏—青海—甘肃—内蒙古—山西—河北—北京—辽宁—吉林—黑龙江；或古印度—尼泊尔—西藏—青海—云南—广西—青海—陕西—湖北—江苏。

　　从元代开始称这种塔为"藏传佛塔"。藏传佛塔的发展是伴随喇嘛教的发展而发展的。喇嘛塔身上刷白色，显得干净而纯洁，所以人们叫它"白塔"。在喇嘛塔里不放佛像，也不藏舍利，主要有一条经幡，其上书写经文。一般在佛教中的一大宗派——黄教的佛寺中供奉着这样的塔，或在汉族地区的佛寺中也经常供祀喇嘛塔，这是元明以来皇家崇信喇嘛教的结果。全国最大的一座藏传佛塔是北京妙应寺的白塔。而藏传佛塔最多的寺院要数内蒙古乌审旗乌审召，在一座佛寺当中有数百座，每个藏传佛塔都有1米高。

　　藏传佛塔分三大部分，一部分是塔的基座，一部分是塔身，一部分为塔刹。其塔座有1层、2层、3层不等，有的建造莲花座，有的建造八角折角座。塔身有大的，有圆弧的，也有直线收肩的，塔颈以13层相轮（塔刹的主要部分）为代表，上为伞盖，但内蒙古的藏传佛塔花样变化就更加丰富了。

在藏传佛塔这个系列中，还有一种过街塔，也叫过佛塔，台子下边有门，台上建造藏传佛塔，要求信佛的人或者其他人从这个门洞处走过去。这是一种对佛的敬仰，这个方式是从印度传到中国来的。在北京居庸关、八达岭、承德外八庙、内蒙古大草原的各种喇嘛庙大都有过街塔。

中国"塔婆式塔"（这一叫法源于古印度佛教徒传来的"窣屠婆"，窣屠婆是塔婆式塔的前身）发展最早，从北魏石窟就可以看出它初期的形象，到唐代在新疆高昌故城中存留的"塔婆式塔"遗迹，不过都是用土做成的，有30多座。西夏时代的"塔婆式塔"都做出变体，如塔肚、肩部都做直角，成为一种图案样式。内蒙古呼和浩特席力图召的藏传佛塔，在伞盖下部紧贴13层的上部下垂两个云卷，如同双耳，所以当地人们称其为"双耳塔"，而且在塔门的边部刻出佛八宝。另外，在内蒙古阿巴嘎旗的汗白庙有石造藏传佛塔一座，在塔肚周围刻出仰莲瓣、俯莲瓣、13层的基座，用折角形石座。至于藏传佛塔的材料，有砖砌抹石灰的，有石造的，也有土造的。

新疆高昌故城塔婆式
塔遗迹

呼和浩特席力图召
藏传佛塔（喇嘛塔）

内蒙古阿巴嘎旗石塔

40. 中国最大的琉璃塔在何处，
是什么样子？

　　第一座在山西洪洞县，城东北15公里有一处佛寺，名曰"广胜寺"，广胜寺上寺有一座飞虹塔，是中国现存最早最完整的大型琉璃塔。该塔创建于汉代，现存为明嘉靖六年（1527年）重修之作，距今已有四百多年的历史。明天启二年（1622年），又在底层增建围廊。塔平面为八角形，共13层，全高47.31米。塔身以青砖砌成，用黄、绿、蓝、白、赭五彩琉璃装饰，一、二、三层还塑有各种佛像、花卉、动物的图案，极其精巧雅致。塔内设有奇妙的踏道，可登至第十层。为中国琉璃塔中之佼佼者。这座塔在建造时花了很多钱，用了许多人力、物力。这座塔保护得非常好，至今并未遭到破坏，近观五彩缤纷，工程十分浩大、精细。

　　第二座在山西阳城，这座塔仅局部贴砌琉璃，不像飞虹塔那样墙壁贴满琉璃。

　　第三座是河南开封佑国寺塔，是用褐色的琉璃贴砌的，远看好像是铁塔，其实它是一座琉璃塔。此塔建于宋代，在当时是东京城的高塔之一，当金人攻入东京时，开炮打塔，但此塔始终未遭到破坏，所以遗留至今。

　　第四座是山西省五台山狮子窝梁上一座佛塔，也是局部贴砌琉璃。此塔为砖塔贴砌琉璃，所处的位置是一逆风岗的风口，每年都被从塞北吹来的狂风吹袭。但是此塔坚强屹立，至今十分完整，说明其构造非常坚固，表面的琉璃越吹越新，越吹越明亮。

其他的琉璃塔还有北京颐和园后山的琉璃塔，河北承德须弥福寿之庙和承德避暑山庄的琉璃塔，都做得五彩缤纷，非常珍贵。中国古代琉璃塔的建造都十分华丽，犹如一件件精美的艺术品。

建造琉璃塔是非常昂贵的，烧制彩色琉璃要经过做模、雕刻、涂色、烧制、安装等一道道工序，制作十分困难，一般的人家做不起，只有皇家和高僧住持的寺院庙宇，才能做得起。

山西洪洞县广胜寺上寺飞虹塔

41. 五座塔建在一起有何意义?

五塔,在中国叫"金刚宝座塔"。在佛教中,塔即"佛",一座塔即表示一尊佛,那么五塔者,即五尊佛;台子叫作"金刚宝座"。金刚宝座是从古印度佛塔传来的。为了保护佛,在佛像左右有力士,力士手持金刚棒(是一种武器),这样金刚宝座便显得更加雄伟庄严。金刚是相当坚硬的,有了金刚宝座,佛的坐式才能安全,所以一般都将佛建在金刚宝座之上。金刚宝座是用石块砌成的大方台子,当中有筒券或十字筒券,在金刚宝座上建造的塔,就叫作"金刚宝座塔"。因此,在中国佛教中创建金刚宝座塔,是随佛教的发展而产生的一种新的类型。

金刚宝座塔的建造始于唐代,我们在唐代敦煌石窟的壁画上可见到金刚宝座塔的式样。据记载宋代也有金刚宝座塔,不过实物已看不到了。元代时期的尚有一座,十分宝贵,即昆明官渡村妙湛寺的金刚宝座塔。北京的五塔寺、西山碧云寺、内蒙古呼和浩特慈灯寺的金刚宝座塔等,都是明清时代建造的,非常有名。另外,在四川有一座全用砖造的金刚宝座塔,是山西五台山广济茅棚能海法师自己于20世纪20年代募钱建造的。

在金刚宝座上建造五个塔,其中一个大塔,四面各建一个小塔,名为"五塔",所以人们俗称为"五塔寺"。关于五塔、五塔寺就是这样的来历。在这些金刚宝座塔中,最精美的要数北京五塔寺的金刚宝座塔了。在金刚宝座上雕刻有十分精美动人的佛教艺术及佛教故事图,若到此地参观,没有几天的时间,是不能仔细分析与透彻理解的。

　　然而在金刚座上建造的塔，塔的式样也是不完全相同的。其中有的金刚宝座上建密檐式塔，也有的建造楼阁式塔，还有的建造藏传佛塔，这要根据佛教宗派，根据大师、圣者、主持高僧的关联情况，来详细分析它的含义。

北京五塔寺内的金刚宝座塔

湖北襄阳广德寺金刚宝座塔（明）

42. 塔林与塔群有何区别？

塔林与塔群根本不同。

塔林，是大型佛寺里的高僧圆寂后，为他们建造一个塔来作为坟墓，也可作为纪念物。这是祖辈流传下来的规制，年深日久，积少成多。一代传一代，如此越来越多，几乎为林，所以称之塔林，如河南登封少林寺塔林、山东历城神通寺塔林、山西交城天宁寺塔林等。

塔林是佛寺祖宗之坟墓。当时没有火化，所以建塔为了纪念。中国的佛寺很多，特别是大的佛寺就更多，凡是历史悠久的、大的佛寺都有塔林。我考察到的塔林有：

地　　点	塔林名称	地　　点	塔林名称
河南登封	少林寺塔林	山西交城	玄中寺塔林
河南辉县	白云寺塔林	山西交城	万卦山天宁寺塔林
河南宝丰	香山大普门寺塔林	山西永济	静林山天宁寺塔林
河南汝州	风穴寺塔林	山西五台山	佛光寺塔林
山东历城	童子寺塔林	北京西山	潭柘寺塔林
山东历城	神通寺塔林		

通过塔林，我们不仅能从塔铭上了解大师的生平情况，还可通过塔了解到当时的建筑艺术、工程技术水平等，同时也从中可以得知意识形态的许多东西，如文学、书法、绘画、雕刻、诗歌、音乐、舞蹈、图案、历史、地理等。因此塔林是十分有意义的文化遗产，与一般的塔一样，与佛教都有互通的意义。因此我

们研究佛寺佛塔、庙宇宫观，主要是把它当作一种社会文化现象，这样才可以更好地理解它。塔林的建筑一般没有总体规划、设计，随用随建，因此从总体来看，建造还是比较自由的。再有，塔林之塔也是随时随意建造，尺度都不相同，大小、高低、材料等都不相同，风格各异。寺院的塔与其他塔相比较，塔座、塔身与塔刹都不相同，不仅时代风格各异，就是设计手法也不一样。各地塔林最大的特点是，从规划到设计都表现出充分的自由，不受任何约束。

塔群，是信士、居士所供养的佛，用塔来代表，一塔代表一尊佛，十塔即代表十尊佛，用佛教的话来讲，佛即塔，塔也被看做佛。把塔集中建立起来即在一地供奉数尊佛。那么108塔就象征108尊佛。

塔群也可以说是佛群。如我们前面提到的新疆吐鲁番交河故城的101塔塔群。

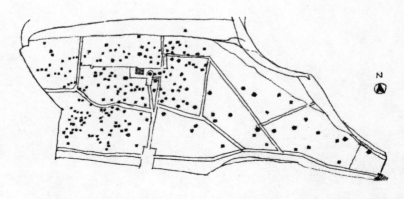

少林寺塔林平面图

少林寺塔林局部

43. 中国塔与印度塔有何不同？

在印度及其他佛教国家的寺院里，塔显然处于中心位置。但在中国，佛寺的中心大多不是塔，而是大雄宝殿。塔所内含的佛性神义，虽有所保留，但也有被赋予其他意思的，像浙江杭州的保俶塔、福建晋江的姑嫂塔、山西永济的鸳鸯塔等，糅合了民俗、传说、戏曲等内容，因而又成为乡情或爱情的象征。

应该说中国塔与印度塔根本上没有共同点。虽然塔的基本形制——窣屠婆，是由印度传入中国来的，但是中国塔将窣屠婆与中国固有的楼阁式建筑结合于一体。印度式塔体型甚大，几个连为一体，塔身有着烦琐的雕刻，而中国的塔是一个一个的单体建筑，每一个塔之间没有什么关系，而且都是中国楼阁式或中国佛教自身发展所创造的风格——中国塔有中国塔的特征。

而印度的古塔基本上都采用喇嘛塔的形象，从中启发出中国喇嘛塔的式样。佛经自印度传到中国之后，其基本理论来自印度，但是随着社会见解不断更新，佛教在中国得到了很大的发展。而中国寺院建筑则是根据中国佛教的要求，并结合中国建筑的情况、建筑材料、礼制、具体要求而建造的，这种寺院式样与古印度之佛寺大不相同。

所以不要以为佛教是由印度传来的，中国塔就与印度塔有一定的渊源，或是模仿印度塔建造的。其实，中国塔与印度塔在式样上有所不同，相去甚远。

塔本义为坟冢。中国沿袭"入土为安"的习俗，在塔基、塔身及塔刹之外，又加入类似于古代陵寝的地宫。还有，印度塔的塔身多为半球形覆钵，而中国塔的塔身则以古建筑中的亭、台、楼、阁为蓝本，创造出独具风韵的结构样式。

44. 内蒙古喇嘛庙的分布是怎样的？

喇嘛庙，今天尚有数百处，都是清代嘉庆、道光、光绪年间建造的，几乎遍及内蒙古各地。那里的喇嘛庙，大体分为三种式样：

第一种，是**纯汉式的庙宇**。与内地汉族建筑的喇嘛庙相差不多，但是，每一座喇嘛庙的规模、房屋数量远比内地庙宇大得多。其总体布局形制、殿阁建筑方式也与内地相同。当地人叫五台式，实际上是汉式。

第二种，为**藏式**。实质上就是西藏喇嘛庙的式样，也可以说把西藏喇嘛庙搬到内蒙古这个地方来。

第三种，是**汉藏混合式**。也可以说它是单座混合式建筑，这种喇嘛庙的式样既不是汉式，也不是藏式，一座喇嘛庙之中体现汉、藏两种风格。例如，在一座喇嘛庙里，主要殿阁做藏式，次要殿阁做汉式；还有在一座喇嘛庙中，主要殿阁做汉式，次要殿阁做藏式。这是在一座喇嘛庙中，单体殿阁的混合建筑。

内蒙古呼和浩特大召

内蒙古巧尔齐召（汉式）

内蒙古包头武当召全景
（藏式）

内蒙古包头梅力更召
（汉藏结合式）

45. 祠庙的情况如何?

中国太古没有宗教,到了封建社会,人们的思想受到社会性质的束缚,因此信仰也表现得多种多样,其中有对自然物之崇拜、祖宗崇拜等,在建筑上也有所体现。对天之崇拜,建筑天坛,皇帝祭天;对地之崇拜,建筑地坛,进行祭地;对日、月之崇拜,建筑日坛、月坛(在一个城池中,都建有天地日月);对五谷之崇拜,为社稷坛;对祖宗之崇拜,从家庭到社会皆建祠堂庙宇(在封建社会每家都设有祭堂供祖宗)。例如,在安徽绩溪建造的胡氏大宗祠,其规模就很大。另外,还祭祀名人、神灵。例如,关云长为关帝庙、孔夫子为文庙、岳飞为岳武庙、还有老子庙、祖师庙等。祭神则有龙王庙、火神庙、土地庙、城隍庙、牛王庙、马王庙、胡仙庙、黄仙庙、二仙真人庙、瘟神庙、娘娘庙等各种庙宇,从小到大,从城镇到名山,遍及全国各地。

安徽绩溪胡氏
大宗祠大门外

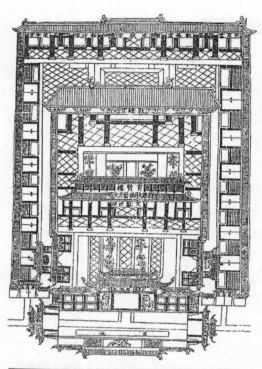

江西流坑董氏大宗祠平面图

河南襄城文庙大成殿内部
梁架

河南襄城文庙大成殿（元代木构）

河南开封关帝庙

宋代关云长之像

　　关于祠庙宫观，尧时已有五帝之庙，夏为世室，殷为重屋，周建明堂，帝王祭祖有大庙。祠庙的规模最小者仅用一间屋，最大的庙堂一处就有百间房屋，而且在庙宇中都是庭院与园林相结合，特点甚多。

　　我国在祭礼山川方面有五岳名山，这些山中都有庙宇，如东岳泰山有岱庙，西岳华山有华岳庙，南岳衡山有南岳庙，中岳嵩山有中岳庙，北岳恒山有北岳庙，这些庙宇规模都很大。在五镇名山中也有很多庙宇，北镇庙建在医巫闾山下；南镇山建有南镇庙，建在会稽山下；西镇山有西镇庙，建在吴山；霍山为中镇名山，建有中镇庙；东镇沂山也有大规模的庙宇建筑。

湖南衡阳南岳庙奎星阁

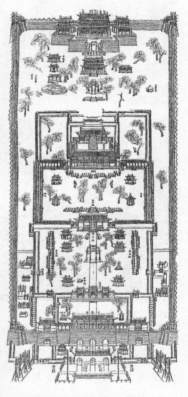

陕西华阴县境内西岳庙总平面图

陕西华阴县境内西岳庙

46. 道教建筑是怎样的?

　　道教是中国土生土长的宗教,它的起源可追溯到老子。春秋战国时代提倡百家争鸣,当时各种学说、学派都纷纷著书立说,长生不老、成仙得道一说风行一时。齐宣王、燕昭王、秦始皇等,都派人入海求仙,求取灵丹妙药,借以长生。汉代张道陵开始行符禁咒之法,北魏寇谦之奉老子为"教祖",奉张道陵为"太宗",确立"道教"这个名称。唐代皇帝提倡道教,因而道教盛行。宋代在都城东京建设昭应玉清宫,房屋有数千间,规模十分宏大。元代供奉吕祖,封吕洞宾为"纯阳演政警化孚佑帝君",在山西芮城县建永乐宫,无极之殿、天中天等殿及壁画等保存至今。后又扩建北京白云观。明代嘉靖年间,道教仍然盛行,大建湖北武当山道教建筑群,还在崂山建道观建筑群。清代在明代道教建筑的基础上扩大建设,如江西龙虎山天师庙,在庙之1.5公里左右又建设天师府。甘肃平凉崆峒山、甘肃天水玉泉院、山西襄陵龙斗峪、陕西陇山龙门洞、四川灌县青城山等地都建造大规模的道教建筑群,此外还建立道教五岳名山,建有道教建筑供奉道家的神像等。至于在各地建设小型的道教庙宇那就更多了,吕祖庙、二仙真人庙等,即有相当数量的宫、观、庙、宇,等等。

山西芮城永乐宫壁画（元）

山西芮城永乐宫无
极之殿

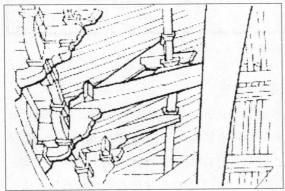

山西芮城永乐宫七
真殿斗拱内部图

山西芮城永乐宫天
中天殿

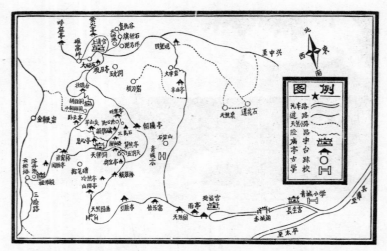

四川灌县青城山名胜古迹路线

道教建筑布局方式有两种：

一种是园林式建筑与自然环境中的山石、河水、树木结合在一起。这在道教建筑中占主要部分，也可以说大部分道教的庙宇都采取这个方式，凡是名山大规模的道教建筑群，其亭台楼阁、殿宇回廊，高低错落、大小不等，桥廊碑石布局自然，依山石径，登道蜿蜒，河谷深邃，溪水洄流，鲜花野菜，古树栉比……身临其境，犹如神仙境界。但道教建筑与佛寺相比，殿宇规模都比较小，一般都采取小型建筑，除了京城的大规模道教建筑外，多为由许多小型殿宇组成的大的建筑群。

另一种是礼制布局，以中轴线贯穿，主要殿阁都建在中轴线之上，井然有序，严格按对称式布局。

所谓"洞天福地"，原指道家神仙居住之地，后来比喻名山胜地。道教创立之初，居于山野，并没有专门的建筑场地，修道之士也多将天下名山视为神仙管辖的"洞天福地"。这些地方，最初也被称为"治"。张道陵传道间，在全国建立起28个治，作为教徒修炼之所。魏晋时，"治"又改称为"庐"或"靖（静）室"。唐宋以后，逐渐定型，大的叫作道宫，小的叫作道观，统称为"宫观"。

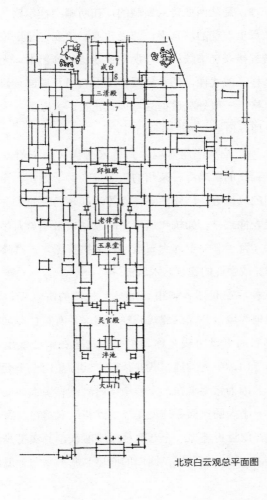

北京白云观总平面图

47. 中国清真寺建筑情况如何？

伊斯兰建筑——清真寺，在中国历史上有很大的发展，总体上看有三种风格：

第一种，是从西亚传入新疆的，在新疆维吾尔族居住地区广泛发展，那里现存的清真寺，都以西亚、中亚建筑风格为主体，表现在唤醒楼及装饰纹样上体现中亚建筑装饰艺术，无论是开门的拱券、柱子的式样，还是屋顶、平面布局及局部装修，都体现了中亚风格。一般外观造型为穹顶式建筑，大殿上一大四小半圆形绿色穹顶，顶上一弯银白色新月。

第二种，是从广州入境，到唐宋两代又从泉州城入境，所以目前在福州的麒麟寺、泉州的清净寺（狮子寺）、扬州的仙鹤寺、杭州的凤凰寺、广州的圣怀寺等，都是当时的大型清真寺，为一种代表性式样。如杭州凤凰寺的经堂采用一个大穹隆顶；泉州清净寺（狮子寺）全部为石造，做尖拱窗楣、大穹隆顶。这些都带有西亚或中亚的建筑艺术风格。

第三种，在我国各省市、地县、村镇的清真寺，其建筑式样创造性地吸取一些汉式建筑式样，但又各有特色。如一座清真寺，在其布局上以中线对称，主要建筑建在中心线上，左右对称，前为寺门，中为勾连搭式礼拜殿，实际是由三个殿组成的一个大房间，因为它要求在一个殿中同时容纳许多人一同做礼拜，所以需要一个大的空间，这就是"勾连搭"式房屋。在礼拜殿之后，有的在附近再建造一个邦克楼或唤醒楼，其实都是同一种用途的塔楼，一般在1至3层。四面的厢屋与廊房则与一般汉式房屋相仿。在汉族居住地区的清真寺的建筑，一般都是这个样子。从南方到北方，从东部到新疆，都有这种式样的清真寺。

除此之外，清真寺建筑式样还与地方性建筑相仿，表现在式样、风格、材料、构造方法、建筑手法等方面。如北京的清真寺与北京四合院住宅相仿；辽宁、吉林的清真寺与该地区的建筑式样相同；陕西大寺与西安建筑风格相同；青海大寺与青海当地建筑风格相同；云南大寺与云南建筑风格相同；宁夏大寺与当地相同。虽然都是清真寺，但会受到地方性建筑风格的影响。就是在新疆各地的清真寺，也同样在吸取中亚、西亚建筑式样的基础上，与汉式建筑相结合，也不是单纯的中亚、西亚风貌了。

福建泉州清净寺院内场景

肆

其他类型

48. 什么是临时性的捆绑建筑？

中国的捆绑建筑比较发达，不过这些建筑大多数都是临时性建筑，是不能长久的。捆绑即用绳索来捆、来绑扎，怎么能耐久呢？中国的临时性建筑较多，常见的有以下几种：

第一种，喜庆与殡葬时的临时建筑。在喜庆与殡葬时，要举行大型集会，同村同乡亲朋故友及家族成员前来祝贺或吊丧，要建设临时性建筑，这种临时建筑有1层、2层、3层的。将木杆、芦席用绳子捆绑与穿绳，捆绑十天半月，当聚会完毕之后再拆除，因此不会留下痕迹，时间一过，人们只能保留捆绑建筑的记忆，但实物已看不见了。

第二种，脚手架工程。人们在建设大大小小的建筑时，要用脚手架来补足人的高度。我国古代的各类建筑如修城墙、城楼、万里长城、佛殿、高阁、古塔、民房等，全部都用脚手架施工。脚手架也有各种式样的，常常将脚手架打得甚高、甚大，花样翻新。待工程完成时，逐步地将脚手架拆除，所以人们只看见永久性的建筑，而看不到那些临时性的脚手架工程。

第三种，夏日凉棚。每到盛夏来临，家家户户以及商店茶舍等都搭起凉棚，用以防暑降温，扩大和增加带有阴影的空间，人们出入其间，可达到凉爽的目的。凉棚也有各式各样的，其材料均用竹竿，而支竹竿要用麻绳作为捆绑的材料。同样，当暑夏炎日一过，马上拆除凉棚，所以人们对凉棚的式样也已模糊不清了。

第四种，货棚。以前在长江两岸有些沿江建筑，用于卖货或居住，因为地方不够用，所以向空中扩展，达到占天不占地的用意。这些建筑也做成各式房屋式样，全部用竹竿，以树皮为绳索，做成捆绑式的建筑。

第五种，蒙古包。在内蒙古各地用蒙古包居住，其骨架是捆绑而成的。凡是游牧性的蒙古包都覆白色毡子，用骆驼毛织成的毛绳来捆绑，这些也算是捆绑的一种。此外，还有柳条式住房，是在蒙汉杂居区，全部用绳索来捆绑出一座一座的房屋。我国新疆西北部哈萨克族居住的房屋，其式样与蒙古包相仿，也都是捆绑式的建筑。

49. 传统民居的分类和朝向如何?

中国民间居住的房屋,简称民居,实际上就是百姓居住的房子,可依据如下方式进行分类:

第一种,按民居的建筑材料分,如草顶房、泥土顶房、灰土顶房、砖顶房、瓦顶房;

第二种,按构造方法分,如木结构、砖构造、土造、砖木混合结构、砖石混合结构;

第三种,按房屋的式样分,如井干式、干阑式、穹隆式、环形土楼式、窑洞式、天幕式(穹庐式)、绑扎式、干打垒式、土坯砌筑式、穴居式,另外有合院式、连排组合式;

第四种,按民族特色分,有满族民居、回族民居、维吾尔族民居、白族民居、傣族民居、朝鲜族民居、鄂伦春族民居、蒙古族民居、崩龙族民居、藏族民居等;

第五种,按地域情况分,如海南民居、广东民居、湖南民居、四川民居、山西民居、吉林民居、广西民居等;

第六种,按民居的类型分析,有四合院、三合院、筒子院、独门独院及门脸儿房等。

中国民居是中国古代建筑的基础,它的内容最为丰富,蕴涵着千千万万的设计手法、设计思想、构造方法、装修方式、建筑艺术特色,以及建筑方面的基本知识、建筑理论上的问题,是取之不尽、用之不竭的建筑宝库。

"登堂入室"一词起源于建筑格局,后喻指获得学问造诣之真谛。据考证,古时人居建筑自形成一定标准的形制后,一般分为前堂和后室。故而先登堂后入室。堂的东、西、北面均有墙，唯余南面向阳，敞亮且方正有加，故名之曰"堂皇"，后引申为光明磊落、公正无私，又有"堂堂正正"一词。与此不同，室由堂后面的墙体延伸围合而成，相对封闭和内向，带有浓重的私密性质，古时室的别称如"廑"（jǐn，小屋）、"厊"（tóng，深屋）、"亶"（dàn，偏舍）、"奥"（房屋深处）均有深邃、幽暗之意，"深奥"一词的喻意也由此引申。过去妇女多居于室，所以丈夫称妻子为"内室""妻室"或"室人"，未嫁之女子也被称为"室女"。

50. 传统民居有哪些特点？

中国地域辽阔，气候差异大，因此各地住房的设计布局、构造及外观式样不尽相同。

干阑式房屋，即从原始社会的巢居逐步演变而来。在浙江余姚发现七千年前的河姆渡遗址即干阑式房屋。干阑式住房一般都设计建造两层，第一层为架空式，没有墙壁，不做房间，只用柱架空。主要目的是进行防御，防止地面有水，高低不平，同时防止狼虫虎豹进入屋中，所在自古以来都做架空式。目前在广西、贵州、云南等地少数民族中还在运用。

干阑式房屋的第一层有高有低，这是按居住者的要求而确定的。干阑式建筑防潮、防水最好。当今现代建筑中如图书馆、博物馆等亦仿照干阑式而建造，也是非常别致又有传统风格的。

中国早期宫殿建筑有的也做干阑式，例如，唐代的一些宫殿做干阑式，后来将高度缩短，变成短桩台基。这种做法流传到日本，因此日本古建筑中保存很多的干阑式房屋。另外，干阑式建筑也传到朝鲜，目前在韩国也都保存许多干阑式建筑，诸如佛寺及民间居住房屋都采用干阑式，而且非常普遍。这样的房屋还流传到马来西亚，这都是华人工匠建造的，在马来西亚被称为"高脚屋"。中国除广西、云南、贵州、四川有大批干阑式建筑外，其他地方也有干阑式房屋，不过没有云贵川那样普遍。

云南干阑式民居

井干式房屋，是用圆木做成的，两头、四角上下排列，十字相交，端部刻出榫卯，交接很紧密，屋顶做平顶或者做起脊式都是可行的。门窗做成普通式，这样房屋造价低，施工特别快，冬日也很温暖，因为木材是一种暖性材质，人们居住起来特别舒适。

这种房屋是我们祖先创造的。大概从汉代开始就建设这种房屋了，云南晋宁石寨山出土的井干式房屋、井干式与干阑式相结合的房屋可为佐证。井干式房屋历代流传，今天在全国各地的林区仍然建造与使用这类房屋，如新疆阿尔泰山南麓各地、云南、吉林、黑龙江、江西等地，它们的构造风格别致，各有特色。

西南少数民族井干式房屋

云南昆明郊区的房屋外观

穹庐式房屋，也就是圆顶房屋。自从西安半坡遗址发现后，我们从中观察出半穴居式房屋有两种形制：一是圆形，二是方形，这两种形式同时向前发展。圆形的房屋到后期即以穹庐式为典型，因为穹庐式房屋多半用于沙漠、草原，可以随时拆卸与安装，用现代的话来说，它是一种活动房屋。

内蒙古用的所谓"蒙古包"即穹庐式房屋的代表，除此之外，新疆哈萨克族居住的圆房子，也是蒙古包式房屋，即可以移动的活动房屋。但是在内蒙古一些地方的蒙古族人还做固定式蒙古包，即用泥土木结构建造起来的地面上的房屋，不过它的式样和蒙古包是相同的。这种式样在新疆也有。新疆的哈萨克族也用毡包，这也是穹庐式房屋的一种。在全国许多地方建造的粮仓、仓库，也做成圆式仓房。以上这些房屋都是圆形半穴居发展的结果。

在福建省永定县各村客家人建造住屋，也是固定式的圆形房屋，名曰"永定客家房"。这种房屋是集体住宅，一组住宅住70

至80家，建3层楼。外形为防御型，内为木装修，人们活动即在内院。在这个县内建造很多这种类型的住房，以圆形为主，其中也有方形，但这种圆形的房屋不属于穹庐式。

蒙古族穹庐式房屋

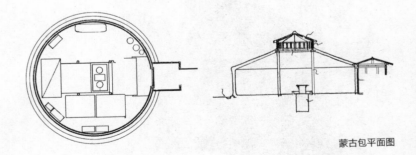

蒙古包平面图

窑洞式房屋，中国各地，特别是大西北地区，土质为黄土，质密而纯，土质坚硬而不塌落，所以在这些地区挖筑窑洞，用窑洞作为居住房屋。窑洞都是向横向发展的，因为横向为山，挖入后可以有一定长度。如果在平地上挖洞，必然先向下挖，挖出一个地坑来，然后再横向挖，道理是相同的。而原始社会的穴居则不然，穴居是进入地下的，它不是横向挖入，这是两个方向的。

用窑洞来作为居住房屋，主要是节省有效的耕地面积，节省大量的建筑材料。例如，甘肃陇东地区，县县做窑洞，每到一个村或一个地方，看不到人家，看不到村落，好像没有人，其实人们都居住在窑洞里。窑洞的特点是冬暖夏凉，正如当地人们的谚语："风雨不向窗中入，车马人在屋上行。"这是窑洞的真实写照。

中国有6个大的窑洞区：甘肃陇东窑洞区，陕西陕北窑洞区，内蒙古察哈尔窑洞区，河南豫西窑洞区，山西晋中窑洞区，河北张北窑洞区。它们的窑洞式住宅式样不尽相同，各具特色。

甘肃陇东窑洞外观

洞房本指深邃的内室。古代民居建筑具有明确的方位。户内"前堂后室"，室的左右两旁还有居室，也就是现在所说的

"房"；户外，中上正室为一家之"堂"，其左下、右下的位置是合院的厢房，亦称东房、西房、偏房、耳房。可见，房不论在户内还是户外，都处于边缘位置，相对隐蔽，因而成为较为私密的空间，"洞房"之说也由此而来。"房"衍生出与子女妻室相关的意思来，比如称子嗣兄弟中的长兄为大房，依次为二房、三房，等等；称正妻以外的妻妾为填房、偏房等。

合院住宅，即人们常说的四合院或者三合院，实际上从一栋房屋到四合、六合甚至更多，都叫合院住宅。合院住宅是我们祖先最先建造的，到西周时代已经成熟，并做出一些建筑规制，这种规定后人称为沿用制度。中国的宫廷、庙宇、佛寺、书院、会馆等公共建筑，都是在合院住宅的基础上发展起来的。由一个院子扩为几个院子，由一进升为几进院子，实际上就是合院住宅的扩大与发展。合院建筑是中华民族居住形式的一个基本体。在历史上各时期，都以合院住宅为蓝本进行改良建设，但不论如何改，不论各地气候如何不一样，基本上也都是以合院住宅为原则来进行建设的。全国各地各城镇的房屋，仔细观察，没有一处不用四合院的。这是住宅的基本原则，所以三千年来在全国各地建造房屋，没有不用合院建筑的。就是在海外，日本、朝鲜、东南亚各国的住宅大都离不开合院建筑。因此说中国的合院建筑是一项重大的成就与贡献。

至于合院建筑的名称就更多了，如云南一颗印、新疆土围子、东北大响窑、北京四合院、青海土掌房、山西一面坡、吉林虎头房、山西太谷砖楼院、灵石王家大院、舟山防风院、蒙古大王府、海南折面顶、福建叠落顶、四川吊脚楼等，都是不同形式的合院建筑，其花样之多不胜枚举。

51. 传统民居的地域性如何？

中国各地气候不同，环境不同，出产的建筑材料也不一样，民族习俗也有差别，所以房屋随之而有差异。

如黑龙江鄂伦春族的房子与汉族土房根本不同，黑河与大兴安岭的房屋不同，阿城县与牡丹江的也不一样。

吉林西部是碱土大平原，所以房屋均用碱土做平房；吉林东部受满族影响，家家户户都用四合院，采用砖瓦到顶的草屋建筑，但是都做成坡顶。

辽宁地区各地房屋由于材料不同而有所差异。

内蒙古土房最多，因为居住在那里的人，生活困苦，盖不起房子，所以四壁及屋顶、院墙、锅台及炕等都用土来造，所以说"人是土里生、土里长"，这句话是千真万确的。

河北地区有钱人家做起脊式房屋，而没有钱的人家做平顶土房。

河南则比较穷困，房屋进深浅，但窗户小，采光不够，屋里比较黑，河南的民居没有什么特色。

山西人建造房屋最多，当地民居都是砖瓦到顶。晋中、晋东南及晋南地区房屋质量甚高，花样也多，晋北因为经济水平低，随之而影响到房屋的质量。

陕西南部住宅宽房大屋，院子适当，沿渭河流域老乡造房也甚考究，到陕北房屋就不太好，那里大多数人都住在窑洞里。甘肃地区黄土更多，房屋多以黄土建造，虽然有四合院，但是面积都不大。陇东为窑洞区，那里的村庄很少，人们都住在窑洞里。

宁夏西北为富庶之区，那里的居民较多，他们建造的住宅还是比较好的，以银川、吴忠两地来看，以四合院为主。

青海以海东民居为佳，久负盛名。牧民房屋没有固定形式，广阔的草原上都用毡毯为包。

新疆维吾尔族对住房要求严格，每户人家都做合院住宅，在门窗及檐头都雕刻纹样，十分美观。

藏族则做碉房，用石块砌出极硬的墙壁，平顶，居住十分安逸。

云南白族仿汉式四合院，家家户户做新家。

四川盆地建房以木材为主，房屋都带有地栿，使木构房屋坚固。

贵州少数民族多，他们的住宅式样也很多，以木构为主，风格别致。

湖南、湖北地区也做大小四合院，大都做土房，一般有钱人家则用木构大房子。

安徽东北部、定远、凤阳、嘉山（现明光市）这些地区较贫困，所以房屋都是泥土的。当地有一句方言："一到定凤嘉，土草泥为家，缸里没有水，户户要吃啥？"由此可以说明他们的房屋建筑状况了。到皖南各县，木构建筑新颖，四合院很有特色，这是明清以来当地人们经商、经济好转之结果。有名的徽州民居就产生在这个地方，目前尚存明代民居数量较多。

江西住房远比安徽要好，都用当地木、石、砖、土四大建材来建造，各地风格不同，但是基本上都是正式房屋，说明这两个地方经济状况好，人民生活水平较高。

江苏也是富庶之区，自古至今对建设住宅十分考究，常常在民居房屋上刻有花纹。苏州民居别具风格，深宅大院，房屋高昂，灰瓦，挑角，木装修朴素雅致。苏州自古以来被誉为"天堂"，数百年间人们居住的房屋独具风格。

浙江民居是有名的，那里保存了宋代建筑手法，因为浙江人重视造房子，特别是浙东地区各县房屋是一流的，有名的东阳庐宅就在这里。总之，江南的民居，房屋的净高比北方高，进深也大，主要是防热，为了通风良好，使内部空间与外部空间相结合。普遍使用灰色仰合瓦，外墙都涂白色。园林与住宅相结合，显得小巧玲珑。

福建民居有圆形土楼、方形楼，其余全部都是砖瓦房，从全国来看这里的房屋质量甚高。

山东民居做得不如南方，进深浅，但有些地方木构民居做得十分豪华。大西北以砖、石、土为主的房屋还是为数最多的，也有一定的成就。

52. 江西有哪些知名的古建筑？

江西分南北两大部分，南半部分叫赣南，以大庾岭为标志与广东分界。大庾岭上有大梅关，当年犯人、被贬的官员就从大梅关出去改造，所以大梅关很有名。赣南有许多悬瓮建筑，如赣州通天岩就是很有名的一处。南昌绳金塔现已维修一新。从井冈山东去，安福县的民居十分有名。石城县的宝福院塔是一座宋代八角形层层出檐的大塔，1984年曾对其进行维修，已基本恢复原样，这座塔在江西是较优秀的塔之一。塔下有八角围廊（即副阶），造型十分优美。

从江西全省来看，南有大庾岭，为古迹旅游胜地；西有井冈山革命圣地；东有三清山，为中国道教之一派，其中有道教建筑，山高惊险，地理清秀，是道教的圣地；正北为庐山。庐山广大，是中国名山，每年盛夏，全国各地游人登上庐山避暑。庐山山顶有一批建筑，犹如一座城市。庐山之下有东林寺和西林寺，乃佛教名寺，还有白鹿洞书院，这是一组园林式的建筑，已整修一新，是中国宋代四大书院（嵩阳书院、岳麓书院、睢阳书院、白鹿洞书院）之一。江西还有佛教两大宗派发源地：第一个是杨岐宗（萍乡的一座山上）；第二个是曹洞宗（江西宜城），这两大宗都有遗迹（塔林寺院遗址），是中国佛教史的重要建筑。

除此之外，丘陵平原交错其间。县城百余座，星罗棋布，民居古迹比比皆是，各有特色，其中之奥妙、精华，是用笔墨形容不完的。

江西三清山地处上饶东北方向、玉山县东北60公里处，与怀玉山对峙，山峰峻拔，自下而登，路极险峻，行125公里才至其巅，其上建有三清观。目前道观殿宇已维修一新，道士驻守，此处山高路陡，是中国道教之名山。如果到江西三清山游览，参观道教建筑，可在浙赣铁路上饶站下车，再驱车至玉山，即可到达三清观。

53. 东北地区建筑大体是什么样?

吉林地区处于黑龙江与辽宁之间，地势西半部平坦，东半部多山，即长长的山脉。长白山的天池就在这里，这里也是旅游胜地。

吉林省当地木材多，所以房屋全部是用木材建造的。西半部为沙碱地区，平房为多，那里风沙大，适合于平房。东部地区为起脊式房屋，当然都用木屋架、木围墙（木板障）。

吉林在清代是满族聚居地区，他们在内地做大官的很多，基本上都在永吉起家。吉林省各地按北京四合院式样建造院落，所以其四合院与北京四合院有着一定的渊源关系。后来，满族受汉族影响，衣、食、住方面的特点逐步消失了。老式房屋逐步拆除，基本上看不出特色。随着历史的不断发展，地方风格的建筑也逐渐地消失或特色不那么浓厚了。若论当年的旧式房屋当然很差，不过现在吉林各地乡下还是能看到满族遗留的房屋式样。

当年吉林省的建筑也是一条一条的胡同，大院大门都临街成排，房屋檐宇连接一条条的街巷，古朴又美观。

总之，从城市到农村，在房屋的建筑方面也是花样翻新。吉林省历史上古朴的城池，可以代表黑龙江与辽宁两地的建筑风格。

至于黑龙江各地，三合院、四合院内多是草顶房屋，其中还是三合院为最多，房屋没有什么大的特点。

辽宁地区房屋远比黑龙江的房屋做得讲究，标准比较高。其中也以三合院为主，瓦顶房屋还是比较多。整个东北地区三省，有钱的人家造房仍然是用砖墙瓦顶，以仰瓦坡面为主，而没有做筒瓦合瓦式的屋顶。

　　传统的满族人多会在院落东北角的石墩上竖立一根杆子，上面有锡斗。这根杆子叫"索伦杆"，又称"祖杆"或"通天杆"，是满族传统的祭天"神杆"。祭天时，家家户户唱着祭天歌，在锡斗里放上碎米和切碎的猪内脏，让神鸦、喜鹊等来享用。相传，努尔哈赤曾在乌鸦的掩盖下躲过了明朝的追兵，之后又跑到长白山深处，靠挖掘人参维持生计。后来为纪念乌鸦救祖之恩，满族人便保留了祭天饲乌鸦的习俗。据说，索伦杆亦是努尔哈赤在长白山采参用的拨草木棍演变而来的。

54. 内蒙古地区都有些什么样的建筑?

　　内蒙古地区广大的居住地可区分为三大部分:

　　一部分是沙漠与草原, 纯属蒙古族居住区, 从东到西北部边区全部为牧区, 主要是蒙古包;

　　中间地带从东到西为蒙汉杂居区, 又建土房子, 又有改良的蒙古包;

　　南部从东到西地带为汉族居住区, 纯属汉式土房子。

　　在这三大地带中布满了喇嘛庙, 还有王府。

　　一般没有到过内蒙古的人, 可能会认为内蒙古只有沙漠、草原、穹庐, 很落后。其实不然, 除了沙漠、草原、牛羊、穹庐之外, 当地的建筑也随着时代而有所变化, 其间有五种主要建筑。

　　蒙古包, 平面呈圆形, 直径4米, 当中为火塘, 安放铁架子, 四面住人, 外顶、屋顶全部用沙柳制作的骨架, 然后用骆驼毛绳扎捆紧, 内外再覆以毛毡; 门用木门框, 屋内吊挂毡子, 冬日比较冷, 夏日屋中比较舒服。一般考究的, 特别是喇嘛僧人, 冬日居住在带火炕的寺庙房屋里, 夏日则住蒙古包, 所以在大喇嘛庙里都架设了蒙古包。一般牧民一家一包, 有钱的人家一家好多包。毡子为白色的, 而且是新毛毡, 这是有钱人的蒙古包; 而穷人的蒙古包从外面看, 毛毡都是黑色的, 破旧的。

　　汉式土房子, 有一种合院住宅也是有钱的人家才能建造, 穷人只有单座式房屋, 没有院墙, 3间一栋, 土墙、土炕, 十分简陋。

　　王府, 是内蒙古王公贵族所居住的, 模仿汉式大四合院, 同时还带有跨院、花园。一般的王府也分为几进, 部分房屋重重叠叠，设计与建造十分讲究，虽然没有北京住房那样豪华，但是也很壮观。一个王府也是上百间房屋，如内蒙古定远营的达王府，主人为达理扎雅，担任过内蒙古自治区的副主席，与清代王朝有密切联系。曾有清室女子嫁到这里，所以从宅院到房屋，从花园到家具，一切都是模仿北京的。到了王府之后犹如身在北京，其他各地王府也如此，不过王府建筑规模也就大小不同了。

喇嘛庙，在内蒙古喇嘛庙数量最多，当年康熙、乾隆盛世，内蒙古的大喇嘛庙就有千余座，每处都有百间房屋。今天保存下来的喇嘛庙尚有数百座。从东到西，每一个旗都有数十座。

除以上之外，还有**敖包**，即祭祀的小庙，但是它用几根木杆插入用砖或石块砌出的方形或圆形的池子中。用它既可以表示水井，也可以标示出入的重要的路口，起到沙漠与草原上出行的标志的作用，人们称为"草原上的灯塔"。

55. 北京合院有什么特点?

　　北京合院，实际就是合院建筑之一种。所谓合院，即一个院子四面都建有房屋，四合房屋，中心为院，这就是合院。合院在北京的胡同中，东西方向的胡同，南面一大排，为南面的合院；北面一大排，为北面的合院。一户一宅，一宅有几个院。合院以中轴线贯穿，北房为正房，东西两方向的房屋为厢房，南房门向北开，所以叫作"倒座"。有钱人家，人口多时，可建前后两组合院，南北相连。也可以建3至4个合院，亦为前后相连。在合院中植花果树木，以供观赏。

　　"大宅门"是老北京人对四合院的一种称呼，只是与一般只有东西南北房的四合院不同，大宅门指具有垂花门等多进落的四合院，或者说是复合式的大型院落。这种四合院，一般正房建筑高大，都有廊子，并配有耳房，西厢房往南又有山墙，把庭院分隔开，自成一个院落，山墙中央开有垂花门，是外院与内宅的分界线。外院内的厢房多用作厨房或仆人的居室，邻街还有几间倒座的南房，最东面一间开作大门，接着是门房，再下来是客厅或书房，最西面的一间是车房。人们常说的"大门不出，二门不迈"的"二门"其实就是垂花门。古时家中女眷不能随意出入垂花门，更不能无故迈出大门。

　　合院小者，房屋十几间，大者一院或两院，房屋25至40间，都是单层。厢房的后墙为院墙，拐角处再砌砖墙，大四合院从外边用墙包围，都做高大的墙壁，不开窗子，表现出一种防御性。全家人住在合院里，十分安适。晚上关闭大门，非常安静，家人坐在院中乘凉、休息、聊天、饮茶，全家十分惬意。到白天，院中花草树木，十分美丽。家里人在院子里，无论做什么，外人是看不见的，这符合中国人的习惯。

四合院住房分间分房，老人住北房（上房），中间为大客厅（中堂间），长子住东厢，次子住西厢，用人住倒房，女儿住后院，各不影响。

北京合院设计与施工比较容易，所用材料十分简单，不要钢筋与水泥，使用青砖灰瓦，砖木结合。这种混合建筑，当然是以木构为主体的标准结构，可以抗震。整体建筑色调灰青，给人印象十分朴素，生活其中非常舒适。其他地区的合院与北京合院是基本相同的，不过有大有小，有高有低，材料相差不多，式样亦大同小异，这些合院是中国人民的重要建筑遗产。

北京合院与其他各地合院有一些不同之处，其中主要是大门的位置。北京及周围地区的四合院，以中轴为对称，大门开在正房方向的东南位置处，不与正房相对，也就是说大门开在院之东南。这是根据八卦的方位，正房坐北为坎宅，如做坎宅，必须开

北京一四合院大门
（屋宇式）

巽（xùn）门，"巽"者是东南方向，在东南位置处开门寓意财源不竭，金钱流畅，所以要做"坎宅巽门"为好。因此北京四合院大门开在东南位置处。这是根据风水学说决定的，只有北京周围才是这样的做法，其他地方并非如此。

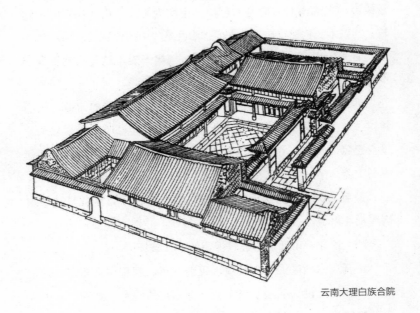

云南大理白族合院

56. 为什么称山西是"中国古建筑的摇篮"？

　　山西是一个好地方，那里南北长、东西短。西部南北方向有吕梁山，东部南北方向是太行山，中间为汾河。山西保存的古建筑尤其以木结构建筑居多，人们称山西是"中国古建筑的摇篮"。

　　首先，山西一年四季雨水不多，气候干燥，这对古建筑有一个很大的好处，即不易潮湿。

　　其次，山西人喜欢造房子，这是历史流传下来的习惯，人们常讲："河南人爱穿绸，山西人喜造楼。"这说明山西人喜欢建设自己家的房屋。在旧中国，山西人一年四季出外经商，赚钱回来马上盖房子，把钱用在造房子上，所以山西的房屋好。

　　最后，历史上历次战争，打到山西便停火了，因此，战争对房屋损坏得少。

　　综上所述，山西的古建筑保留的多，破坏的少。

　　在晋东南地区的每个县境，每个村庄，都有许多庙宇，建造得非常壮观，设计手法十分丰富，有些是特别有新意的，其中大多数建筑尚未为人所知，很少有人去考察，也可能有一些特别重要的建筑至今还保持当年原状。如果到村子里参观，随便走进一个村庄就能看到明清时代的建筑，甚至能看到宋金元时代的建筑。

　　除此之外，山西从南到北，从东到西到处都是民居、庙宇、寺院。其中有名的如五台山建筑群，还有唐代的佛光寺、南禅寺、五龙庙、大云院，这些都是唐代的木构建筑，至今已有千年。太原晋祠内有宋代圣母殿，大同市保存有辽代的上下华严寺、善化寺等，宋朝时期的建筑保留有几十座。应县木塔、朔州金代的崇福寺，保留至今的元代木构建筑也有近百座，其余全是明清时代的建筑，以城池、古塔为最多。全省的民居房屋各地有各地特色，普遍来看质量都是很高的，其中的古代建筑无论是从质量还是从数量上看，是其他各省比不上的。山西的古建筑粗犷、豪放、坚固耐久，在雕刻方面与江南不同，粗中有细，风格独特。山西古建筑中保持了古代建筑的一些特殊手法，从台基、基座到屋顶，从内到外，从大的轮廓取形到局部的装修、装饰纹样等，其内容都是非常丰富的。这真是一处古建筑的宝库，是取之不尽、用之不竭的源泉。

说到山西，不得不提窦庄——"天下庄，数窦庄，窦庄是个小北京"。位于山西沁河河畔的窦庄，始建于明万历年间。据记载，明末时一个叫张五典的官员，因深感社会动荡不安，在年老返乡之后便开始建造窦庄城堡。城中除修有外城、内城和复杂的丁字巷外，还修有典型的官宅民居和"四大四小"四合院，整个城堡初建成时，为"九门九关"的形式，与明代北京城接近，因而被称为"小北京"。明末流寇之乱中，张氏母子拒堡死守，击退流寇三次攻击，因而窦庄又有"夫人堡"之称。

57. 中国园林有什么特点？

中国的园林，规模有大有小，布局并非千篇一律，而是各有特色。若从一个园子看，其特征只能代表这一园子的特性，而不能代表全部。通过对我国园林的观察研究，我将其主要的特征归纳为以下几点：

第一，中国园林布局自然，使人工景物与天然景物融于一体，也可以说是人工与自然风景的大结合，并非死板的几何图形，而是自然式。

第二，选景手法奇特、水平极高，一入园林便让人感到处处为景，面面为画。

第三，园中层次分明，有一种曲径通幽之感，使人们游园时虽在面积大的园子里，却觉得有很深的景观；而在面积小的园子中却感觉地方很大。正如拍照时景深的效果一样。

第四，园内外可以借景、缩景，把远景与近景巧妙地结合为错落有致的园林景观，这是十分成功的。

第五，山石、小桥流水、树木、花卉、建筑汇于一处，内容非常丰富。

"壶中天地"源于道家方士编造的奇幻故事，说的是一个悬壶卖药的神仙，一到晚上就跳到壶里，壶里厅台堂榭、玉食佳酿，应有尽有。中国古代战争不断，人们多希望能够拥有一方可以容身安命、避世远祸的小小天地，而园林别致风雅，恰成为文人士大夫最好的栖身之所，故而将园林称为"壶中天地"。

　　中国是一个历史悠久的文明古国，中华传统文化博大精深、世代相传，历来注重人的性格的自然完美性，重视精神的调养和熏陶。在这样的背景下，人们建造花园以供欣赏、游乐、休息之用。因此，从所有者的身份来区分的话，皇家有"皇家园林"，民宅中有"第宅园林"，寺庙中有"寺庙园林"，大大小小，各式各样，都有很丰富的内容。如山西浑源永安寺、河北承德普陀宗乘之庙，可以看出其环境之状况；现存的江南私家园林，如苏州、扬州、无锡、常熟、湖州、杭州、绍兴、宁波等地，几乎户户有水，家家有园。在江苏苏州一城就有近百处，都做得玲珑俏丽，艺术性很强，它们体现了中国私家园林之概貌。

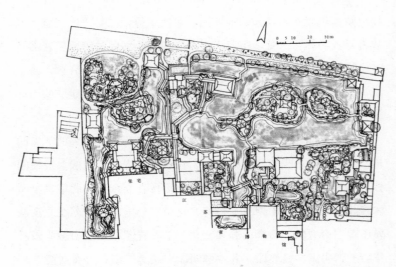

江苏苏州拙政园总平面图（刘敦桢，《苏州古典园林》）

苏州留园一部分

　　东北天气寒冷，而在住宅园林中照常建有园林。吉林省满族合院建筑就有后花园、前花园、东园子等，在牡丹江就有人家建有夏日园林。内蒙古王府大宅都有园林，如阿拉善盟巴音浩特（定远营）达王府的大花园至今犹存，其中建有高亭子、西亭子，山上山下处处为园林。在新疆维吾尔族住宅院内建造的园林就更多了。广东、云南、西藏等地也有很多的园林。

　　在中国的北方，除了住宅园林之外，尚有规模宏大的皇家园林。皇家园林是当年皇帝登基后，在都城之内外建造的大规模园林，作为皇帝自己的享乐之地。例如，保存到今天的北京皇家园林有北京的北海、中南海、后海，这是宫廷内的园林。在北京城外还有三山五园：万寿山颐和园、香山静宜园、玉泉山静明园，外加上圆明园、畅春园。其中圆明园中就有三园：万春（绮春）园、长春园、圆明园。除此之外，清朝皇室还在承德建造避暑山庄、打猎的围场等，这些都属于皇家园林。

此外，在佛教寺院、道教宫观、祠堂庙宇等公共建筑组群中也有寺院园林、宫观园林、祠庙园林，其规模可大可小，有的与自然景致结合起来，这样的园林就更加大了。中国园林中有山石、树林、花草，另外又叠石开湖，建造亭台楼阁，真的将大自然景观移缩于咫尺之间，供人们享受，这是中国人民的创举。每个园子里都体现出诗中有画，画中有诗，是文学艺术的综合。这种将文化与自然有机融合的园林是中国所特有的。

中国人善于经营，炎黄子孙四海为家，凡有人居住之处，必然有园林之建造，这是非常普遍的。

58. 圆明园有怎样的价值?

　　圆明园是我国古典园林中比较精美的一个,是我国古代园林中的一颗明珠。它是由人工根据自然地势建造出来的规模宏大的园林。在平地上叠山理水,进行建筑,这是北方皇家园林平地造园方面所罕见的。

　　圆明园的内容十分丰富,各个景区选地极佳,分组鲜明,而每一景区有其景名,且颇具诗情画意。它的设计多呈中轴对称,兼与自由式的布局综合在一起。同时以平房为主,不建高大的楼阁,仅用亭台、轩馆、斋堂、殿庑、回廊组成建筑群,大小不一、方向有致,体现了我国传统造园艺术风格。

《圆明园四十景图》之"正大光明"

在圆明园的全园中，个体建筑小巧玲珑，千姿百态，构成景点有百余处，式样多，取材广，还模仿江南园林的秀美姿态，正如《圆明园词》所说"谁道江南风景佳，移天缩地在君怀"之句，成为园中有园这一最大特色。

此外，圆明园中还建有西洋式样的楼层，吸取优秀的建筑手法，这是圆明园的又一个特色。

在圆明园中，水系突出，水面以大、中、小互相结合，占全园总面积四成以上，形成一座规制宏伟、优美动人的水乡意境，也是以水景闻名的一种水景园。

圆明园还是一座离宫式皇家园林，它具有平展淡雅的古意，又具有富丽堂皇之壮观，两种设计手法汇聚于一个园子里，是不可多得的。

总之，圆明园造型艺术水平之高，布局之突出，无与伦比，不愧为中国古典园林的艺术典范。三百年来驰名中外。可惜在1856年10月，英法联军侵略中国，将这座名园付之一炬，造成了严重的破坏。

之后，圆明园的遗址，部分被开垦为农田，古树砍伐殆尽，湖水干涸，房基被挖，民房日渐增多，致使该园地形大为改观。在较长一段时期里，人们不仅没有对圆明园进行学术研究，甚至也没有专门机构对其进行管理保护。有鉴于此，1984年成立了圆明园学会。目的就是要从圆明园中吸取名园设计手法、建园的丰富经验，总结民族造园学的菁华。同时建议有关方面从速采取措施，对遗址进行保护规划和整修利用，以保存国家民族文化遗产。

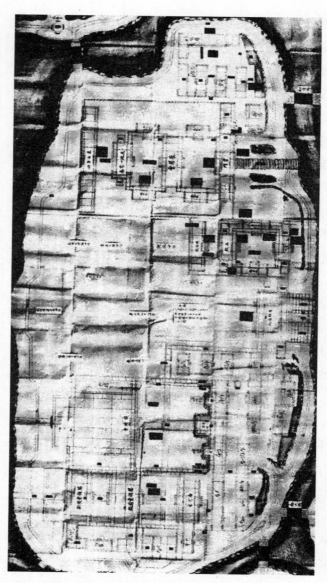

样式雷（圆明园"天地一家春"平面图）

59. 帝王的陵墓有何特点?

中国历代尊孔敬贤,对于先人、祖宗尤其重视,自己的先人逝世之后,以土葬为主,大讲厚葬之风。如何看坟地的风水?何时进祖坟?进到哪一个位置?……皇帝在登基大典之后,便开始建立自己的陵墓。看风水、选地、找墓室、进行建造等,这些事生前就已安排好了。自古以来,历代王朝无不如此。

中国古代建筑陵墓制度很严,《礼记·檀弓》说:"古者墓而不坟。""凡墓而无坟谓之墓。"殷王之墓,在河南洹水南岸,距小屯6公里,侯家庄西北岗上,自墓室而出有墓道。此外还有殉葬之山墓,有百数上千座。

据《易经》说,"古之葬者,厚衣之以薪,葬之中野,不封不树",修建坟墓便开始了。此外,在咸阳北面的草原上,有周文王墓、周康王陵,当时在墓前已开始置有石羊与石虎,这种制度传于后世。

考古人员发掘、清理商周时期的大墓时发现,那时候讲究深挖厚葬,除有大量的随葬品之外,对大墓的建造也是相当考究的。除有棺、椁外,还需埋入地下30米以下。到秦汉时期,修建大墓更为盛行,秦始皇陵在骊山,十分庞大。从汉代开始,在墓的封土上还做建筑,坟前筑有石室作为享堂(四壁刻有生死故事图)。据《西京杂记》说,西汉广川王发掘晋灵公之坟,坟前有男女石人40多个,这说明石象生最迟从汉代就开始有了。西汉时常造大陵,在陵之旁侧起陵邑。汉陵四面有围墙,墙中为阙,汉武帝茂陵就是这个样子。以山东沂南汉墓为例,陵墓都用大石条建造，墓室整齐，大空间的墓室在中心建立独柱，斗拱形制十分新颖。石墓门做得也更加考究，一般在门扇后部刻有自动戗柱，自然支顶，后人无法再开。汉代陵墓以覆斗形为主。汉文帝、汉武帝陵的规模都相当大，至今犹存。西汉陵墓建在汉长安城北垣上，东汉陵墓均建在洛阳北邙山岭上。东汉时期的陵墓建造更加讲究，而且相当坚固。造陵在洛阳北邙山，帝王陵墓亦作正方形，在前门较近处建筑有双阙，有的做单阙，也有的做子阙。东汉石墓最为发展。

据传，秦朝时有一名大力士，名叫阮翁仲，身材高大，异于常人，力大无比，攻克匈奴有功。他死后，秦始皇命人特制翁仲铜像立于咸阳宫司马门外，从此，人们便将宫阙或陵墓前的铜人、石人称为"翁仲"。

陵墓前放置石兽始于汉代的霍去病。霍去病是西汉时期的一位名将，年少有为，战功显著，不幸在24岁时就去世了。为了表彰他，汉武帝将他的墓修在自己的陵旁。石匠们参照祁连山的天然石兽，在霍去病的墓前刻出许多生动的石像，状如祁连山。此后，用石兽装饰陵前的做法被沿袭了下来。

到南北朝时陵墓最多，南朝陵墓不起坟，用石柱与石兽作为标志。

唐代陵墓均建于唐长安城北，以昭陵、顺陵为例，均因山为陵，选地极佳，利用地形进行建筑，十分豪壮。如唐太宗、唐高宗之陵墓均在陕西西安北部，依山凿穴，陵墓石象生成群排列，栩栩如生，使陵墓前气魄宏壮。

秦始皇陵远眺

唐昭陵石兽

唐顺陵石兽

　　宋代陵墓均埋在河南巩义市以南的广大地区，至今每座陵园的石人、石马、石兽均保存完整。北宋陵墓选地均为依山面向平川，陵体亦均做方形，每处陵园四面有墙，四角建有角楼，正中为门阙，正前方排列石象生。虽然整体气魄没有唐代陵墓那样浩大，但是陵墓雕刻十分细致。不过宋代国势衰弱，陵园规制远远不如汉唐时期的规模壮观。

　　元代皇帝死后，不用棺、椁，也无殉葬品，故而后世很难发现元代皇陵了。

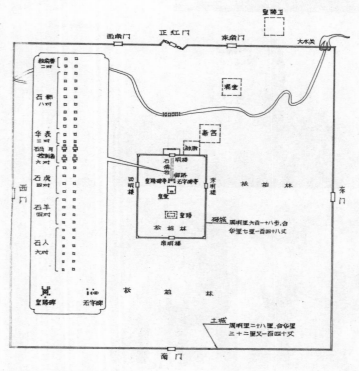

安徽凤阳明皇陵遗址示意图

　　明代选地气势浩大，在陵墓之处凸起大圆形，以中轴线为轴呈对称，在前端之中心起明楼，石象生体型高大，十分壮丽，为明陵之一大特征。陵园分为三处：起初朱元璋在安徽凤阳建都，明祖陵建于凤阳，至今犹存；后来全国统一，建都南京，明代孝陵即建于南京紫金山下，十分雄壮；朱棣迁都北京，即在北京建都。明代连续有十三个皇帝均葬于北京昌平的天寿山下，共计十三座陵寝，俗称十三陵。每个陵园都有成组的建筑群，陪衬圆丘。

明长陵明楼

　　清代满族统治中国，在其东北老家有三大陵，一是北陵，在沈阳城北浑河之畔；二是东陵，在沈阳东部；三是旧老陵，这是祖先第一陵，建在辽宁省新宾县旧老城附近。东北三大陵至今保存完好。

　　清人进关定都北京后，在北京建设的东西两大陵，一在河北易

辽宁永陵（旧老陵）

县，称"清西陵"；二在河北遵化，称"清东陵"，其规模亦甚庞大。

　　清代陵园的规制基本上仿照明代的式样。例如，昭陵为清太宗皇太极及其皇后的永眠之地。陵园为长方形，中轴线上，有山门、隆恩门、隆恩殿、大明楼、月牙城，此外有角楼配殿、华表、九龙台等，陵前有石像6对，正南为牌坊，前后山门，山后亦有牌坊，陵之最后为隆业山。这座陵的总体特征是：以中轴线对称，主要建筑在正中；角楼制度为方形，北部依山为隆业山；甬道极长，宝城模仿明代宫殿建立。殿亭本身屋顶没有曲线，其设计体现出东北地区的民间风格。

清东陵明楼

清东陵裕陵享殿

60. 什么是陪衬建筑?

　　中国是礼仪之邦，提倡忠孝仁爱，礼义廉耻，有主有次，主次分明，有长幼之分，体现在建筑上也必有主次，尊长是主要的，陪衬者是次要的、附属的。例如，大门开在一宅的前边，代表门户，代表一家的经济水平和身份地位，这里以大门为主。在主要大门之前端，东西建有辕门，辕门是表示停车下马之位置，车子不可进入辕门之内，一宅之内有东辕门、西辕门，用它来陪衬大门，使大门更加宏伟壮观，气魄浩荡。另外，还有几种陪衬建筑。

　　乐楼，俗称"古乐"。乐楼一般建在大门的对面，有的人家有一个乐楼，有的有两个乐楼、三个乐楼，特别是举行婚丧仪式时要建乐楼，所以乐楼本身是喜庆建筑，又是一种陪衬建筑。

江西南城乐楼
外观

　　华表，常常建在主要门的前端，似柱非柱，似塔非塔，用它作为一种标识的陪衬建筑，把这一处建筑烘托起来。例如，梁代肖绩墓神柱，就是华表的一种，威龙州墓表也是华表的一种。按照通俗的说法，华表早在尧舜时期就已有之。帝尧为征集民众意见，在一根木柱上安放一块横木，立在交通要道上，称为"诽谤木"，意思就是让老百姓把意见写在上面，以示纳谏的诚意。后来，经过了时代的演变，"诽谤木"因"诽谤"一词的变质而易名，却作为明君纳谏的象征被保留下来，并成为后人所常见的石质"华表"。

　　石狮子，一般在大小建筑组群中，都用石狮子作为守门的象征。狮子是百兽之王，人们相信有狮子守门，百兽邪魔都不敢进入院中，所以在古建筑中处处都用雕刻的狮子作为装饰。例如，北京故宫铜狮、威龙州石狮等。

华表

石狮子

戏台，即用来演戏的舞台，一般建在大门之外。大多数庙宇是公共集合之场所，所以在寺院庙宇之前端建造戏楼，也有一庙建设两座戏楼或者三座戏楼的。这种设计方式在山西更为流行，因为山西人有看戏的习惯，所以在庙宇之前建设戏楼十分普遍。元代戏曲发达，因而元代建设的戏楼更多。在山西保存的元代戏楼还是比较多的。元代戏楼古朴大方，造型粗犷，用料大，给人一种气魄豪放的感觉。到明清时期，戏楼的发展更为普遍，晋陕地区戏楼相当多。不过戏楼也是一种陪衬建筑，如山西临汾元代戏台等。

山西翼城一处老戏台

牌坊，是起标志作用的建筑。它像一个门，但是又不做门扇，比门高大，来往行人都要通过它。一般把它建在大门外轴线之前端或建在大门内部院子中，或左或右，总之是一种有标志作用的建筑小品。在实践中，牌坊有大有小，有带顶的，有不带顶的，从唐宋时期起就越来越多。一座城市里都建有大牌坊，如北京原有东四牌楼、西四牌楼、东单牌楼、西单牌楼等。山西怀仁县城在大街的中心就建有四座牌楼，分别位于东、西、南、北四面的大街上。

一般在大建筑群的前端或陵园中，都有各种不同的牌坊。此外，还用牌坊作为旌表。过去封建社会，男子死去后，年轻的媳妇守寡，若守得好，村中或族中会有人建牌坊加以表扬。一城之内出现大官宰相之类，还建立大牌坊进行旌表。到明清两代，牌坊成为社会上一大重要建筑，牌坊的数目相当多。

大香炉，是在宫廷、佛寺、庙宇、祠堂、会馆中用于供祀佛像、先贤的器具。人们要进香、点烛，使佛、圣贤前光明。烧香是普通常见的，这是对佛的一种礼遇。点香多时，香炉就放不下，香烟弥漫，无法供佛，所以在大雄宝殿大殿之前建立大型香炉，有的还以建筑形式出现。总之，要把殿内的燃香拔出，放入大香炉中再使之燃烧，这样既安全防火，又达到进香的目的。时间久了，香炉便成为一项重要的建筑小品。如北京故宫乾清宫香炉、河南洛阳白马寺院内香炉。

北京白云观
大牌坊

　　双阙，是汉代盛行的标志建筑，一般建在大建筑群或重要建筑群体之前，使过往行人得知阙的附近要出现一组大的或者是重要的建筑群。阙即一座用石块砌筑的建筑，似门，又不是门。既没有门与窗，又没有内室，是一种象征性的建筑。不过它的檐子与顶子仍然采用建筑的式样，在四川保持到今天的尚有十数对，

北京故宫乾清宫铜香炉

在山东、河南等地也均有出现，如东汉平阳府君双阙。

　　角楼，是陪衬建筑的一种，在大型建筑之中，如皇宫、王府、大地主庄园等处都有建造，不过规模都不相同。

　　望楼，楼台做得甚高，约计4层。在必要时登楼远望，以防敌人入村、入院。

　　影壁，南方叫"照墙"，它是一种遮挡建筑，在建筑群中常常出现。它一般都用砖砌。在影壁之内外，雕砖砌得十分精美。

汉双阙中的老人

北京故宫角楼

　　上马石，是在合院住宅及大建筑群的大门前必须要设的小品，号称"将军上马石"，俗称"上马石"。在封建社会中，出外交通就靠骑马，上马下马时腿没有那么长，所以就要用一块石头垫起来。为此，需固定一块石头，将它刻出阶梯式，摆在大门的两旁，当人们出入、上下马时，可以使用。一户人家的上马

门枕石（抱鼓石）

缠龙石柱

石，因与大门之间有一定距离，这样就构成一个大门的空间，也可作为门前的点缀。如宋永裕陵上马石，雕刻着一种艺术性很强的图案。

北京九龙壁
（影壁）

上马石群

在中国，从单体建筑到大的建筑群都有陪衬建筑或景点，其内容十分丰富。上述的几项是比较大的方面。至于小的方面，如石兽、石柱、望柱、台阶等，如果加以注意，随处都可以看到。

61. 为什么在建筑中造廊子?

　　廊子，是中国古代建筑中一项比较重要的内容，既是一种陪衬建筑，又是一种实用建筑。其实廊子也是一种房屋，不过它没有墙壁遮挡，两面或单面可以看通。廊子不住人，也不办公，只是一种交通建筑隔挡，通过它可以走进、走出。它能将各个分散的建筑连接起来，构成一组比较大的建筑群。另外，可借以防止阳光暴晒，躲避倾盆大雨。在廊子里往来行走很舒服，既通风又可观赏外景。最重要的群组建筑由它来做陪衬，可使建筑达到壮观与华丽的程度。最早的廊子是在西周遗址的挖掘过程中发现的，当时在一大组庙宇当中建有中廊。中廊可起到上述的作用。

　　自周朝以后，廊子建设越来越多，唐代在大组建筑群中，常做出回廊式的庭院，把主要建筑的殿阁用廊子包围起来，廊子就成为又分又隔、又围又通的隔挡空间的建筑。如今我们看到的回廊建筑的实例或在石刻、壁画、书刊上看到的这种建筑，基本上都是唐代的式样。唐代以后逐渐形成定式，成为"回廊制度"。

　　此外，唐代还常用斜廊，到宋代、金代常常采用中廊式，特别是两座大殿之间，用的廊子谓之中廊式，后来逐渐演变为"工"字形。所以"工"字形之成功，乃有中廊之渊源也。廊，也是独特的，从我国四川乐山石壁画的雕刻、唐代佛画上的绘画中都可见到它的影像。在两座大佛殿之间，一座高一座低，二者相连终必用廊子，这种廊子即成为斜廊；如果一座大佛殿的台基特别高，由其两侧的平地进入大佛殿，必做斜廊方能登上台基进入佛殿，否则上不去。到明清时期，在建筑上常常用片廊、半廊或曲廊。在园林中常常做圆廊、角廊、高低廊，大佛殿与配殿都做楼阁，使廊子悬起，这叫作"飞廊"。这都是晚期建筑发展的结果，而且花样翻新了。

廊子应用得非常广泛，从合院建筑到大的建筑组群，都有廊子出现。其中有明廊、暗廊、短廊、单廊、片廊、双廊、回廊、飞廊、曲廊等，一般都有小方柱、花牙子、木栏杆、卷棚顶、覆筒瓦等，轻巧华丽，使人留恋。

62. 为什么建牌坊?

原始社会时期，人们为了防备野兽或外来人的袭击，在住房的四周用壕沟围拢起来，以防万一。我们从西安出土的半坡遗址中即可以看到简单的防护设施，如防卫墙等，都是为了防御的目的而建的。

人们出入总有一个缺口，逐步成为出入的大门。若是大门，必然要有一个标志。因而从原始社会到奴隶制时代，即在大门的位置竖立两根柱子，有柱就要做横梁，这样逐步构成古之"衡门"。衡门是中国最简单的大门。它的形式自秦汉开始成熟，一直流传到现在。在木柱上端加上两条横木的衡门还流传到日本，日本便将其用于神社大门的部位，称作"鸟居"，实际就是中国的衡门。

如果将衡门摘出做一个门，或三个门，就成为牌坊，也叫"牌楼"。如果再砌以砖石材料，就成为一种坚固美观的牌坊，这是比较复杂的。

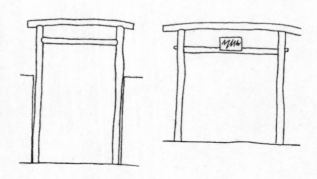

衡门

衡门（光棍大门）

　　牌坊是用于公共场所前端的一种陪衬建筑，既陪衬景物，又是一种礼制象征。其用途有以下几点：

　　第一，为装饰美化环境；

　　第二，为了增加建筑气氛，作为小品建筑在重要建筑的前部，是对正式殿堂的一种陪衬；

　　第三，起标志意义，在街上转弯、端头等主要地点建筑牌坊；

　　第四，也可用于旌表，在封建社会升官、及第、守节等表扬时，建筑大牌坊，以此在百姓中树立榜样。

　　到明清时期，牌坊逐渐发展，用墙砌出牌坊，留出门洞，楼顶施彩画，主要是模仿木结构建筑的一种方式，还有的纯用石制或纯用木制，而在皇家庙宇前的牌坊则用琉璃制作，显得格外光辉华丽。以前在中国，一般的城镇里都有牌坊，如福建泉州、浙江雁荡山这两个城镇中还有牌坊街。安徽黟县也有牌坊街，每一条街的牌坊有20多座，成排建造。

　　公共建筑（如寺院、庙宇、陵园等）中，在大门前或大门内，也都建牌坊。因而牌坊标志着大建筑群的存在，并显示它的威严。中国人有一种习惯，常常在隆重的节日或纪念活动中建设临时性建筑牌坊，也做半永久式的集雕刻、绘画于一体的牌楼，显得金碧辉煌。这种牌楼年年搭建，节日过后马上拆除，用它主要是烘托节日的气氛。因为是临时建筑，所以我们现在就看不到了。凡是具有重要价值的建筑，必须要做正式的牌坊，它可永远存在，不像扎彩那样，用后全部烧毁。临时扎彩从唐宋时期就已开始了，《东京梦华录》及《清明上河图》中都表现了扎彩的欢门，其实，它也算作临时性的牌坊。牌坊所用材料以石材为主，用石材建立牌坊，既美观又坚固耐久。如明代的石牌坊至今已六百多年，仍保存完好。目前我国保存的牌坊主要是石牌坊。如果没有人为的拆除，牌坊的数量就更多。自明代开始以后的牌坊雕刻十分精细、华美。明清两代的牌坊至今尚存不少，是一种具有标识、表彰功能的建筑，因此可以称为"标志建筑"，如山西五台山九龙坊做得就十分精美。

　　一般在孔庙前要建造棂星门，其实棂星门也是牌坊的一种，也是文庙中很普遍的制度。一般将它建立在泮池和影壁之间，泮池和圣门之间，或者是泮池和戟门中间。建棂星门主要是和文庙建筑群总体布局有很大关系。

我国宋、元、明这几个王朝对儒教很重视，建立尊孔制度，如宋代按唐代制度于元符（1098—1100）、崇宁（1102—1106）年间在各圣庙内加圣像，将大殿定名为大成殿，建立文庙；元武宗于曲阜设置宣圣庙进行歌乐；到明朝洪武二年（1369年）下令天下郡县皆设孔庙。到了清代建文庙更为普遍，如河南襄城文庙就是一例。因此，文庙建筑中布局从前至后，规模较大，由许多个体建筑组成。其中分为前后两部分，前半部是作为仪礼部分的陪衬建筑，有影壁、圣门、棂星门、泮池、文昌楼等；后半部是作为祭奠部分的主体建筑，有戟门、大成殿、东西殿庑等。这前后两部分的建筑都由一条中轴线贯穿着。

由圣门进入庙内，有泮池和棂星门，构成一个前院，标示着孔庙的礼制。庙内院子多，门的式样也有变化，也可以说是标示气魄壮丽的装饰性建筑。如同住宅里的垂花二门，这种建筑也常常用在臣子的陵墓前、祠庙和住宅里，它的形象和牌坊非常接近，建造意义也和牌坊有相同之点。但两者有很大区别，无论是形式还是内容都是不同的。棂星门的式样不完全一致，如《龙鱼河图》一书曰："天镇星主得士之庆，其精下为棂星之神。"孔子庙前有棂星门，盖取"得士"之意。

"棂星"即"灵星"，又叫天田星、文昌星、文曲星。汉高祖时祭天先祭灵星；到宋仁宗时，建立了祭天的建筑，并设制了"灵星门"。后因门多为木制，进而改为"棂星门"。将这种祭天的建筑物，放到孔庙等地，足见其尊崇程度。

63. 古代粮仓是什么样的建筑?

　　中国古代粮仓的种类是很多的。从汉代开始已建设粮仓,后逐步拆改。这是在特殊情况下发放粮食用的,如"丰图义仓",这座存放粮食的"义仓"是清末阎敬铭等所建。

　　"义仓"位于渭南地区大荔县东17公里朝邑镇(原朝邑县)南寨村塬上。"义仓"西边还有阎公祠。"义仓"和阎公祠四周有土筑墙围绕,合为一组建筑群,北面正对朝邑东岳庙。所以,"义仓"是一组大型四合院,四壁外墙是用砖砌成的城墙,东西总长约130米,南北宽约80米,高约8米。城墙底部厚13.5米,顶部厚13米,有明显的收分。南面城墙上有垛口,共计62个。南城墙中心两侧设东、西券门两个,北面城墙中部建有望楼,城墙平顶,四面环道,行走方便,又可防卫。为及时排雨水,城墙每隔16米或21米设有一个排水道,利用间隔墙墙顶设计,伸出城墙达3米多,全仓共有排水道10个。仓房全部是利用墙体预留的室面,内部砌券顶。南墙仓房14间,北墙仓房20间,东西墙仓房各为12间,总共58间,包括两个门洞共60间。仓房间大小不一,南面进深较浅,但是大部分仓房面积为50平方米(宽4米,长12.5米),仓门前有3米深的檐廊。仓门为券门,门槛为石制,高0.5米,厚0.6米。室内地平比外边高,对面墙上均开通风用的拱券小窗。平均每间仓房可存粮7.5万公斤,这样便于通风干燥,粮食可存放十几年不坏。"义仓"全部采取砖砌结构,建筑布局非常巧妙,利用城墙墙体作为仓房,节省了材料。中间有一个大院子可供平日晒粮用。这个"义仓"的设计做到了防火、防水、通

风，采光较好，目前保存完好，可以供游人参观。这足以说明我
国古代工匠的聪明与智慧。

中国早期的粮仓也是早期的学校——据考证，帝尧时期的米
廪既是储存粮食的仓库，又是老者颐养天年的场所，还是早期学
校（"庠"）的雏形。那个时候，为了使老者不愁食物，帝尧特
地将他们安置在了粮仓。这些老者都是历尽世事而有经验的人，
平时没有太多杂事。便将小孩子召集起来，请这些老者给予管
教，传授经验知识。这样，粮仓又有了养老和学校的功用。

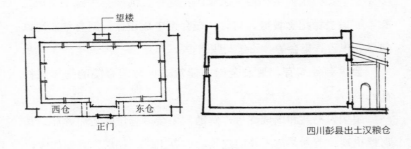

四川彭县出土汉粮仓

陕西丰图
（朝邑）义仓

64. 会馆建筑有什么特色？

　　会馆，实际是同乡会办公的地点。大的会馆有住房，有讲学的地方，也有开会与吃饭的地方，如同现在各机关的招待所。在封建社会，没有官方招待所，只有旅店，旅店住一夜费用比较多，而且十分不安全。因此，各省、市建立同乡会，创办会馆，给本省市进京办事的人员或学生提供食宿等，十分方便。

　　会馆中设一个纪念馆，纪念本乡本土的名人，使子弟不忘乡土。例如，山西会馆做关云长的纪念馆，河南会馆做岳飞纪念馆，安徽会馆纪念曹操。同时，在会馆中还设计一座会堂，用以讲学、报告、集会等，还建一些宿舍。

　　会馆到处都有，遍及全国。建筑式样与四合院的房屋式样相同。

　　中华人民共和国成立后，解散同乡会，会馆随之而解体，其房屋也被改造为其他用途的建筑，如办工厂、住居民等。如今，大部分会馆已没有踪影。

　　目前，在北京还保留数处会馆，外地会馆也有一些，但是没有过去那么多了。例如，北京的安徽会馆、湖广会馆尚保存完好。

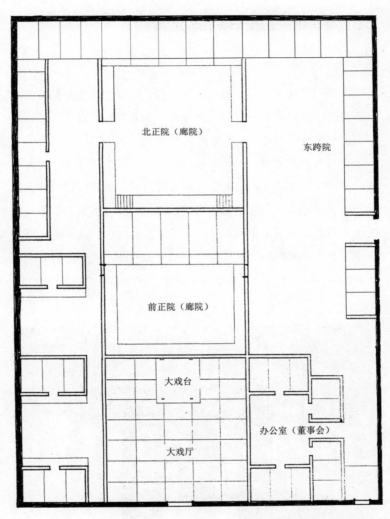

北京安徽会馆平面图

65. 湖南的岳麓书院情况如何？

　　岳麓书院是宋代四大书院之一，建在长沙湘江西岸的岳麓山下，经过千余年来的变迁，始终保持"岳麓书院"这个原名以及原有的一定规模，是历史上遗留下来的一个文化名迹。

　　在封建社会初期，没有学校，只有书院。书院如同一所大学校，集中了文人学士在这里讲学。书院自唐明皇时代建造丽正书院开始发展起来。到了宋代，四大书院已是赫赫有名了。元代书院更加普遍，各州都要设立书院，用以发展文化。到明清时期除维修旧有的书院以外，又重新建立了不少书院，直到清朝末期大量开办学校后，书院才逐步解体关门了。

湖南岳麓书院

　　凡是书院建筑，都分为以下三大部分：

　　一是讲学部分，有讲堂、斋舍，以讲堂为中心；

　　二是藏书的地方，如藏书楼；

　　三是祀神的地方，如文庙、文昌阁等专祠。

　　岳麓书院自北宋时期建立以来，经过元、明、清三个朝代改建，如今的建筑已经不是原来的面貌，总面积尚有6000平方米。用一条中轴线贯穿全院主体建筑。在主院，从前至后有大门、前庭、正殿、后殿、书楼、文昌阁，西部轴线上为文庙。

　　岳麓书院做屋宇式大门三间，两端为粉白墙，门前带廊子，门额上书四个大字——"岳麓书院"。前院亦即前庭，有东西教学斋各8间；正殿名叫"忠孝廉节"堂，共9间；堂后建立文昌阁，阁为两层。文昌阁供奉的帝君名为"梓潼帝君"，本姓张，名亚子，常居住在四川七曲山，生前独自学习，有一定道学，死后人们为他立庙。唐宋时期皇帝封他为"英显王"。道家认为梓潼帝君掌握文昌府之事，择人间禄籍，大权在握，而普天之下的学校常在其中祠祀文昌帝君，期望多出人才，所以书院、学校建立文昌阁。每年农历二月初三为文昌帝君生辰，学校组织祭祀。书楼为方形，为藏书之用，旧时不叫图书馆而叫"书楼"，凡是书院都有书楼。

　　另外，在跨院曾建有文庙，专祀孔圣人。大成门面阔3间，东西廊房各面阔5间；大成殿面阔5间，前有泮池。书院、文庙与城镇里其他庙的建制大体相同。书院建有文庙。长沙岳麓书院为全国最大的书院。

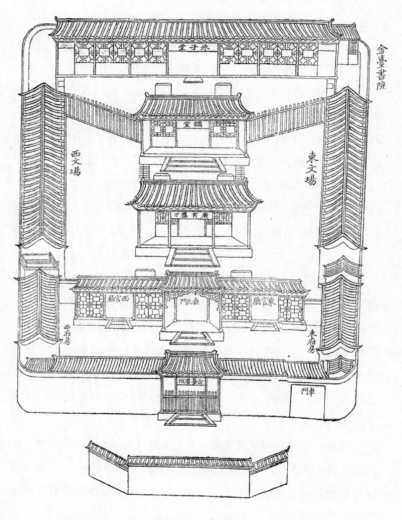

北京金台书院总体图

伍

结构装饰

66. 古建筑中的斗拱有何作用？

　　斗拱，是中国古代建筑上的一种构件，主要用于木结构，是在木结构影响下产生的。先民们从大树的树权受到启发，于是在房屋立柱上做"叉手"，做"叉手"时又在树的影响下开始支撑横木，因此在变体结构产生的影响下，产生出斗拱，越发展越复杂。今天在许多有名的建筑、重要的建筑上仍应用斗拱。

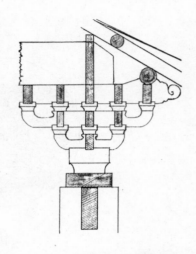

外檐铺作双杪斗拱横剖面图

　　斗拱主要起在立柱之外再承担力量的作用，这是运用了力学的原理。我们做屋顶，要使屋檐的前后伸出很多，所以要在檐下用斗拱来承担，使其越伸长越理想，但是檐下不能加立柱，"斗拱"就是在这种情况下产生出来的。

　　斗拱由小到大，由简单到烦琐，由少到多，由粗糙到细致，由没有花纹到带花纹，由一跳到两跳到三跳乃至七跳，

山西洪洞广胜寺上寺转角斗拱

由伸出的檐子短而到伸出的搪子长度决定大小，由承重功能到装饰功能，由一般结构到具有民族特色的装饰题材，经历了漫长的演变发展过程。

中国古代建筑在增强整体性的同时，突出对地震力的消解，具有较强的抗震功效，其中的斗拱和榫卯在一定意义上甚至起到了关键性的作用。

斗拱本身不仅具有"减震器"的作用，而且水平连接起来的斗拱层还能够形成一个整体，将地震力传递给有抗震能力的柱子，大大提高了整体结构的安全性。我们祖先早在七千年前就开始使用榫卯，使建筑在不使用钉子的情况下相互连接，整体建筑构架因此形成特殊的柔性结构体，不但可以承受较大的负荷，而且允许产生一定的变形。当地震力作用时，建筑结构便通过变形吸收一定的地震能量，减少了对建筑物的破坏。天津蓟县的观音阁（唐代）和山西应县的木塔（辽代）等木结构建筑，虽经多次地震却依然屹立不倒，主要就是归功于斗拱和榫卯的巧妙设计。

斗拱达到成熟状态之后，一般运用在重要的殿宇上。例如，越是规模大、豪华的宫殿建筑、佛殿建筑、神殿建筑、园林殿阁建筑，越多运用斗拱。一个好的木匠师傅，能做出几十种斗拱，尽力使之变化，以符合当时主人的要求。

一般平民、老百姓的房子上不能用斗拱，第一，用不起，没有那么多的木料；第二，老百姓的房子没有那么豪华，根本就不需要。过去统治者规定，凡是皇宫、宫廷建筑才可以用斗拱，平民百姓建筑房屋都不能用斗拱。只有王府大宅可以略用，但是主要的是用在皇家建筑、装饰建筑、佛寺建筑、神祠建筑等重要建筑上。

斗拱的变化随着时代发生变化，在每个时代都有不同的风格，因而，我们在研究过程中，可以用斗拱的式样及做法，作为判断各地古建筑年代的标准之一。清代官式建筑，凡是大式建筑都用斗拱，小式建筑就不用斗拱。斗拱这一构件是中国古代建筑中特有的，是外国没有的。

67. 中国古建筑有哪些特殊建造式样?

中国古建筑中有升起、卷刹、侧脚、弧身及倾壁等,都是中国古建筑的几项特殊做法,也可以说是特征或手法之一。

升起。平直的檐子过于呆板、死硬,看起来不舒服,因此,在设计与施工外檐部位时,就使两端向上挑出少许,使平直的檐子出现一种曲线。这样一来使人们观之有一种柔和的感觉,这叫"檐子升起""檐角升起",也叫"檐口升起"。

卷刹。将圆而平的柱头棱角砍去,成为圆和的形状,也叫作"刹柱头"。当木柱要做成梭柱时,也做出圆和的卷刹,这个部位叫作"柱头卷刹"。

侧脚。一座房屋的墙壁,砌成由下向上的直线,叫"直壁",直壁过高,感觉不稳定,所以做成向内倾斜的斜坡,给人十分稳定的感觉。这种稳定的斜壁就叫"侧脚"。

弧身。一座房屋,如三间或五开间,前端外壁(外檐)应该是直线的,如做"弧身式样"时,就出现如同前边直线改为曲线。这一样式的做法始于唐代,流传到明代。今天在新的公共建筑大楼中常常出现"弧身式样",大家不了解它的来历,说是仿效西方摩登式样,其实不然,中国一千多年前,就已在建筑上运用了这种手法。

倾壁。中国古代房屋常常将一个直壁体做成向外倾斜的壁面,这是一种表现手法,使呆板的建筑有所变化。但是,倾壁的倾斜角度是有一定限度的,一般为15至20度,不然墙壁会倒塌的。这样做法给人一种体形的变化,看起来也很舒服。这种做法从汉代开始至今已有两千多年的历史，在中国古代各个时期的建筑上常常出现。我们应不忘祖业，把它总结出来并在新的建筑上应用，既要表现时代性，又要体现中华民族的建筑特色，从而达到二者的完美结合。试观今天外国新建筑中也常常出现这一手法，这也许是人们的共识，也可能是仿效中国的。

除此之外，还有后部处理方法，但没有确切的词语表示，有物件而没有名称。这个问题在调查古建筑时也常常出现，最主要的是古代建筑专业书甚少，当时不能一一记录下来。

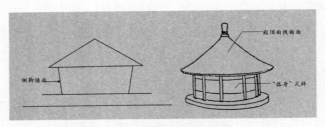

横向民居之式样侧脚墙面　"弧身"式样殿顶曲线曲面

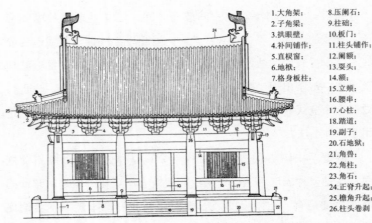

1. 大角架；　　8. 压阑石；
2. 子角梁；　　9. 柱础；
3. 拱眼壁；　　10. 板门；
4. 补间铺作；　11. 柱头铺作；
5. 直棂窗；　　12. 阑额；
6. 地栿；　　　13. 耍头；
7. 格身板柱；　14. 额；
　　　　　　　15. 立颊；
　　　　　　　16. 腰串；
　　　　　　　17. 心柱；
　　　　　　　18. 踏道；
　　　　　　　19. 副子；
　　　　　　　20. 石地狱；
　　　　　　　21. 角兽；
　　　　　　　22. 角柱；
　　　　　　　23. 角石；
　　　　　　　24. 正脊升起；
　　　　　　　25. 檐角升起；
　　　　　　　26. 柱头卷刹

清式佛殿

68. 塔是如何施工的？

　　中国古代建筑，包括古塔、城墙在内，全都用脚手架施工。脚手架发展很早，在战国时期建设土墙的城墙时即用脚手架。从河南一些古城墙中可以看出古代建筑的脚手架的痕迹，在一些墙体中尚保存着脚手架插杆洞眼，洞眼里存有木杆的遗留物，而洞眼距离就是杆距，正好如同人体的高度，这样，在架子上施跳板，板上供人行走施工、运料等。古代城墙、土墙（包括万里长城），全都用插杆脚手架施工，这是根据墙壁上的洞眼分析出来的。

塔身插竿洞眼

　　至于平房、楼阁、佛殿、大堂、经堂等大型殿堂的施工也都用脚手架，但这种脚手架为顶杆式脚手架。脚手架用在屋檐施工时，架子本身再绑扎外插杆，外挑杆，杆子随墙往上插，这样才能对屋檐顶予以施工。

　　关于中国古代的砖石塔，高度一般在30多米，最高的达到80米，对这样高度的塔进行施工，仍靠脚手架施工。因为在砖塔的塔身上都有方形洞眼，大小在10厘米×15厘米左右，洞眼遍布塔身，每层每面4个或6个，砖塔修建完毕时，将洞眼用砖塞住，而砌体砖与堵塞砖，不是一个整体，时间一久，这个堵塞砖必然脱落，因而露出原来的插杆洞眼。我们根据插杆洞眼来分析脚手架的结构方法，完全可以推测出原来施工时脚手架的图样。

　　修塔的脚手架分为两种：一种为插杆单排式。每面的立杆只有一排，一头绑入插杆，另一端插入洞眼，这样就能固定了，层层都是如此。另外一种为顶杆式。不过，顶杆式的脚手架要使用双排立杆，一排贴于墙壁表面，一排独立，这样也可以施工。

古塔脚手架

　　过去有人讲，高塔施工采用堆土法。建一层塔，堆一层土，建造13层塔，就堆土13层，如建52米的高塔，那么要堆52米长宽高的土台，试想，塔建成时，再剥去土，这要有25万立方米的土，去何处找？又如何运输？这种建塔方式是没有根据的。

　　在大的佛殿内部再建塔，也可以说是房子里的塔，叫作"内塔"。浙江宁波天童寺阿育王大殿之内确有阿育王塔（舍利塔）来供奉舍利，表示对塔的尊敬，也可以说是对佛的尊敬，所以将塔建于殿内。五台山、九华山寺院均有这种情况，在大雄宝殿里再做木结构佛塔，这也是有很多的例子的。在建筑之中再做建筑，是表示对佛的一种真诚敬仰，这在建筑上名曰"佛道帐"，宋代的一部建筑专著《营造法式》中就有这项内容。佛道帐是用木结构做出来的，安装在大雄宝殿里，这样就对佛的敬仰更加隆重与尊重，从而达到进一步敬佛、礼佛的方式。其实就是用木材经过能工巧匠做出的小型建筑，把它安放在佛殿里。

　　还有佛殿里再建造小型佛殿，小型楼阁1至3座或1至7座，如河北应县净土寺的大雄宝殿建造的天宫楼阁，有正殿、配殿、廊子等，都做得十分华丽。中国的佛寺、庙宇常常这样做，这叫作"殿内塔""殿内龛""殿内仙山楼阁"等。而有的寺庙大殿之中还做塑壁鳌山，其中山水树木、亭台楼阁及各种房屋甚多。

69. 唐代的木结构建筑目前是什么状况?

中国现在遗留的唐代木结构建筑仅有四处。

第一处,南禅寺。在山西五台县阳白乡李家庄村,有一座"南禅寺正殿",建于唐建中三年(782年)。它是山区中的一座小型佛殿,平面、广深各3间,单檐歇山顶,主要构架及斗拱全部都是唐代原物,其余房屋不是唐代的。大殿残破状况严重,国家文物局发现之后及时维修,按原料修缮,能不动的材料就不动,尽量保持原样、原材料,这座大殿规模还不算太大,但是木构梁架做得极为适宜,用料尺度、大小规模均为精巧构造,这是唐代原物。

山西五台县南禅寺大殿

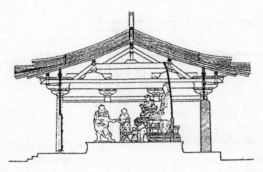

山西五台县南禅寺大殿梁架

第二处，佛光寺东大殿。此殿在山西五台山豆村镇，当年佛光寺规制更完整，至今还保持原来式样与面貌。东大殿是唐代建筑，右侧的文殊殿是金代所建。唐代佛光寺东大殿面阔7间，进深10架椽，单层歇山顶，没有廊檐，柱子宏伟，斗拱硕大，出檐深远，内部布局为金箱斗底槽式样，实际是用两圈柱子，上部梁架做得极其复杂，椽、木擦、异形拱、驼峰等都简练大方，这些都是唐代原物。虽经数次整修，主体建筑均按原样未做改变，这是唐大中十一年（857年）的作品，至今有1100多年历史，木料犹新，没有填补与修改，唐代原物能够保存得这样完好，是非常宝贵的。

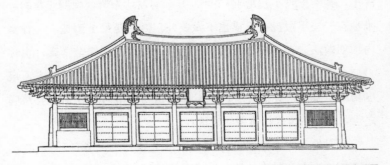

山西五台山佛光寺大殿立面图

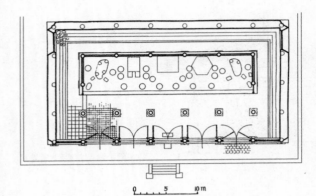

山西五台山佛光寺
大殿平面图

0　　5　　10 m

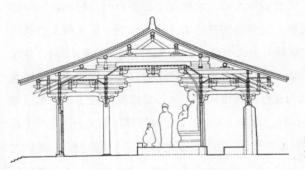

山西五台山佛光寺
大殿剖面图

　　第三处，五龙庙。地处山西南部芮城县城以北一个不太大的院子，其中正殿（五龙庙）3间，其余房屋均为唐代晚期修建的，唯独有一座小殿没有平棋也不做藻井，做的是彻上明造（一种室内顶部做法，天花板不做装饰，让屋顶梁架结构完全暴露，也称"彻上露明造"），一进入殿内即看见木构梁架，材料整齐，尺度精确，做法古朴而优美，一看即知这与明清时代建筑没有共同之点。这也是唐代较典型的建筑。

　　第四处，大云院。在山西晋东南平顺县，也造有3间正殿，该殿开始鉴定为五代时期，后来在维修时，经过详细勘察方知是

山西芮城五龙庙

唐代建筑，结构特点明显。总的来看，唐代木结构建筑遗留就这么多，仅在五台山附近就有两座唐代的殿，从中可知唐代木构建筑之式样及其特点。这些唐代木结构的建筑，距今已有一千多年了，能保存下来十分不易。当年唐代版图大，建筑数量多，那么为什么都保存不到今天？其中最主要的一个原因是战争频繁，损坏多，无法保存；其次是长江以南气候潮湿，木结构建筑易于腐蚀，很快就破坏了，因此木结构建筑不易保持更多的年代。

山西平顺大云院

70. 元代的木结构建筑在什么地方最多？

在陕西韩城，至今保存有30多座元代建筑。这是一个重要发现，说明我国古代建筑十分丰富。我国有名的元代木结构建筑是山西芮城永乐宫、洪洞广胜寺，虽然韩城元代建筑规模没有那样大，但其做法、式样与尺度都有特色。

韩城元代木结构建筑从构造特征来分析，分为传统式和大额式两种类型。

传统式梁架结构方法，主要是根据唐宋两代的木结构建筑的结构式样而建的，代代相传且不断发展，而元代传统式梁架结构却没有多少创新，也没采用新的结构方法。

大额式梁架结构方法，是元代木结构梁架中大量采用的一种结构方法，是元代创造出来的一种新的形式。大额就是在一座殿宇里按面阔方向纵向架设的一根粗壮的大圆木，实际就是一棵大树干，用它来承担上部梁架的一切重量。宋《营造法式》中记述结构有"檐额"和"内额"的制度，但是在宋代建筑实物中，还未发现这种例子。这种檐额和内额我们统称为大额式。大额式的做法，除辽、金可见孤例外，大量建设在元代。它是元代木结构建筑的一种新方法。这种方法在山西地区有五种不同的式样，韩城则只见前檐架设大额的方法。

前檐架设大额的做法是在前檐处不使用普拍枋（平板枋），不使用阑额，而用一根粗大的圆形木梁，顺着房屋的长度架设在檐下，下部支撑木柱，非常简洁，上部排列斗拱。采用这种方法可使檐下平柱向左右移动，不受间架位置的限制，或者减去不必要的平柱。大额上排列斗拱自由，也不受固定位置的限制。在外观上有一条粗壮的檐额横亘在柱头之上，使殿宇建筑更显得宏伟壮观。

　　配合大额的做法还常使用绰幕枋（雀替），它与大额不可分离，把它放在大额下面与大额紧密相连，特别是在大额与柱头相交处必然使用它。使用绰幕枋的主要作用是补充大额的抗压力，同时，用它增强大额与柱头连接点处的抗剪应力，因而绰幕枋是过渡力量的一个构件。

陕西扶风县元代木结构大殿"大额式结构"

　　另外，山西临汾还有一些戏台也为元代建筑。

71. 中国古代为什么很少盖楼房和木板屋？

中国古代建造房屋以木结构为主体，木结构也能盖数层，但因木结构构造不坚固，到一定的时间房屋即腐烂，因而用木结构来建造楼房十分不易。公共建筑为什么极少建成高楼呢？最主要的原因是没有承重构件。例如，古代建造佛塔、文峰塔等高层建筑时，因为其平面的面积小，间距承重最多是6至8米，这样间距一方面可以用木梁来承重；另一方面也可以用砖做承重层。又如，八角叠梁井、六角或八角攒尖顶、筒券顶、穹隆式，用这些方法来解决楼板承重问题，可以建造多层，其高度甚至可以达到13层，有70至85米，但只能在小面积的情况下才能盖出多层建筑。如果是建造一所较大的空间，或者大跨度的建筑，是办不到的，主要是没有承重梁材，中国早年承重材料没有过关，就不可能建设大面积的高层建筑。如果早年就有钢筋混凝土之类的梁的话，很早就建高楼大厦了。

因此，中国古代不建高楼最主要的原因，就是没有大跨度的材料，至于地震，并非主要原因。

中国古代建筑，是以木结构建筑为主流向前发展的，但建筑过程中并不全部使用木材，而只在其中的木构架（柱、梁柱、屋顶以及门窗用木材）上使用，还要大量地用到砖墙，构成砖木结合的建筑。一座房屋也不是全部用木板做成的，内外墙壁用木板是很少的，其中只有内部隔墙用木板，其他各种墙面全部用砖做。

中国的民间居住房屋之所以不单独用木板材料来做，是因为使用木板做房屋不防寒、不防热、不坚固，易于腐烂——用木板做房屋只是一时之计，不会建成永久性建筑。

清朝末期，因为吉林地区有长白山原始森林，所以在建筑房屋时常常用木板，如木板大门、木板雨搭、木板影壁、木板外围院墙、木板廊子，甚至大街上的臭水沟（下水道）等也是用木板做的，成为"木板世界"。结果这些为一时之需而搭建的房屋，不到三十年全部腐烂，歪斜倒塌，所以到后来全部拆除了。用木板做房屋是经不起大自然的风霜雨雪的侵袭的。

此外，还有一些小建筑也是用木板做的，如大房屋的一些附属建筑，农村里的小仓库，为了临时应用，都用木板做成小屋。长江以南的民居建筑，尽量不砌砖墙，而用木板外墙，但是只限定在前檐部位。前檐之装修全用木板，表面用木板做成许多花纹。古代佛寺、庙宇等一些建筑，在前檐部位也用木板做成木装修，如障日板以及大片的木板装修。障日板就是将木板板缝对接，在板缝之处再压上一个木板，既挡缝，又坚固美观，这种做法在大佛殿前檐部位可大面积使用。此外，在门窗上部及门窗之两旁，也用木板来作为隔挡壁体，用北方官话讲就是"高照眼笼板"。在佛殿及庙宇里的佛像、神龛及比较大型的木建筑都使用木板，唐宋以来十分流行而普遍。北宋建筑专著《营造法式》中，把这种房屋称为"佛道小帐"，实际上就是木板房屋。

72. 古建筑的屋顶式样有哪些?

　　一座建筑都分为三部分:一曰"屋基"或"殿基";二曰"屋身"或"殿身";三曰"屋顶"或"殿顶"。屋顶也好,殿顶也好,都是房屋的一个部分。为了使雨水顺流,不使屋顶存水漏雨,所以做尖顶,即双坡顶。这样的屋顶落上雨水之后,水马上会从房屋顶部流下,不会渗漏到房子里边去,可以保证人们生活的安全,延长房屋的寿命,这种屋顶通称为坡顶。

　　坡顶房屋能使房屋增加高度,从外观上给人以高大宏伟的感觉,特别是如果做得精巧,会使房屋更加美观。

　　中国古代房屋的屋顶特别大,也特别重,因为中国的房屋多是殿阁楼台,都用粗壮的木料来盖房子,这样才能坚固耐久,在屋架顶端再加上一定的重量,房屋结构才能扛得住,也更加安全、坚固,这是中国房屋建筑都做大屋顶的主要原因。

　　中国古代社会等级森严,古建筑的屋顶样式也分别代表一定的等级。

　　等级最高的是庑殿顶,它的前后左右共有四个坡面,一共交出五道脊,所以又称五脊殿。这种屋顶只有皇宫的朝仪大殿、太庙正殿或建的寺、庙才能使用。

　　其次是歇山顶,前后左右也是四个坡面,左右坡面上又各有一个垂直面,所以交出九道脊,又称九脊殿或汉殿、曹殿。这种屋顶多用在体量较大的建筑上。

　　再次一级的有悬山顶(前后共两个坡面,左右两端挑出山墙外)、硬山顶(前后两个坡面,左右两端不挑出山墙,按清朝时的规定，六品以下官吏及平民只能用悬山顶或硬山顶）、卷棚顶（又名元宝顶，外形很像悬山顶和硬山顶，只是没有明显的正脊）、攒尖顶（所有坡面交出的脊均攒于一点）。

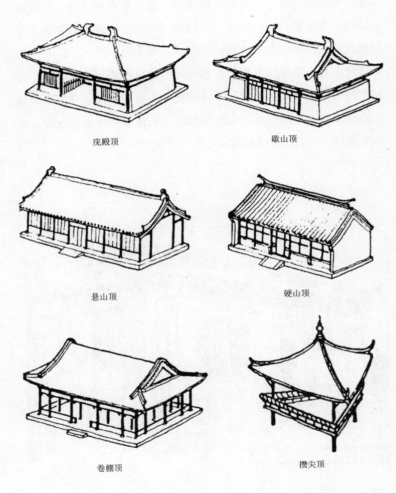

庑殿顶　　　　　　　　　　　　　　歇山顶

悬山顶　　　　　　　　　　　　　　硬山顶

卷棚顶　　　　　　　　　　　　　　攒尖顶

中国古代屋顶部分式样

另外，中国的屋顶简单区分，有单坡顶、双坡顶、四坡顶、庑殿顶、歇山顶、八角攒尖顶、扇面顶、圆顶、四面歇山顶，以及勾连搭式顶。单坡顶，用于民间的一般房屋，单坡一面高，一面低，使水流方便。双坡顶，即尖顶，屋顶水向两边流，一般民房、四合院都做这样的屋顶。双坡顶的房屋十分普遍。盝顶是小庇檐式屋顶，基本是平顶房屋，在女儿墙上做一个屋顶，使人们从外观上看不是单纯平顶，很多平矮的屋顶都采用这种做法。元代宫廷里皇帝喜欢盝顶房屋，因此在元大都（北京前身）里做盝顶的房屋相当多，一直影响到明清时代。在吉林扶余县境内民屋也做盝顶房，当地乡民们都叫它为"虎头房"。

吉林扶余县虎头房外观

73. 屋顶的构造方式有哪些？

中国古代建筑做屋顶是十分普遍的，总体来看，做平顶房屋还是比较少的。屋顶在屋子的墙壁上高出来，主要是用屋架来支顶。屋架分为三种不同的式样，即北方的房屋以梁柱式屋架为结构体，南方的房屋则用穿斗式屋架为主，也有的地方用混合式。

中国房屋的屋架坡度在35至45度，一般都是这个标准，不像美国房屋的屋顶坡度由20至70度不等。无论哪一种屋架式样，都在屋架之顶用檩木顺搭，檩木上挂椽子，一般檩木直径比较大，在6至10厘米。在檩木上钉屋面板、望板，板子厚度有2至5厘米，板上抹大泥，泥土厚度为15至35厘米，有的房屋做45厘米，泥上再铺瓦。屋顶转角部位及顶部折角部位则要做屋脊，都用青瓦，严丝合缝，以抗雨水。这是屋顶的基本构造方式。

至于檐部，分为挑檐、防火檐两种式样：

挑檐，将椽木加长，向外伸出，伸出多少要根据设计决定；

防火檐，即将椽木不伸出外墙口面，用砖砌叠梁式，逐层向外伸出，全与屋顶交合于一起，把木梁椽木等包于内部，这种防火檐的防火效果非常好。

屋顶用瓦，在当时是进步的、文明的、普遍的做法。还有在山区、林区的一些房屋，采用木板瓦，即方形木板，一块搭一块，用以防雨。吉林长白山井干式房屋的瓦就是这个样子。有的山区石片特别多，所以盖房子即用石片作瓦，这就更坚固、耐久，更防雨水了。

中国的古代建筑以木结构为主体，于是柱网林立，为了使大空间内部没有柱子或减少立柱，也想尽了办法，实行减柱法，创造移柱法，用大额的架空方式、勾连搭结构等进行试验，仍然解决不了，所以又采用大穹隆，才能做出大的空间。例如，新疆维吾尔自治区土质密实，坚固异常，人们常常做出直径比较大的穹隆构成大的空间。又如，在吐鲁番唐高昌故城有一处非常大的土穹隆，直径为16米，全部用土做成，非常壮观。再如，香妃玛扎也是一个地上穹隆，用土做成。其他如伊斯兰教清真寺及玛扎也做比较大的穹隆顶。

除此之外，还有土窑洞，也做出大的直径筒券顶、穹隆顶。如在甘肃省陇东地区灵台县的土窑洞为人工挖出来的，内部可以放置300辆三轮车，大约有1500平方米。制作穹隆顶始于汉代。有人说穹隆顶是从西方传来的，其实不然，中国人很早以前就会做，至今已有数千年的历史。在建筑方面，西方人会做的，东方人也会做，并非什么都是学西方的，有很多方面是东西方不约而同产生的。因为社会的发展，人们的思维方式有相同的方面，从不懂到懂，从不会用到会用，从不会做到会做，是一个发展的过程。现代建筑用钢架或钢筋混凝土建造出大的穹隆顶，大薄壳体，都是受到古代大型穹隆顶的启发，逐步发展与建造而成的。

中国南方的建筑设计更加合理，不仅做工精细，施工质量也高。还常常在公共的庙宇、佛寺、园林厅堂中做出重顶，一层是轩顶，另一层是屋顶。例如，一座厅堂，前廊子从下向上看，是斜檐顶，不美观，没有艺术性，所以下边都加一层轩顶，屋内各间也如此。北方的殿宇按间计算，3间或5间。一般南方的房屋廊子都要起一个名，叫"某某轩"。

　　这样，从殿宇内部向上看去，一轩接一轩非常对称、整齐，特别是屋架的排列，都是一样的，上部梁架之草架也都是一样的。

　　轩，按江苏苏州的叫法有"厅轩""抬头轩""廊轩""鹤胫轩""船篷轩""副檐轩""三界回顶轩"等。做轩还有一个优点，凡是轩厅内部的梁架均用好料，精工细做，都是彻上明造，人们抬头就可以望见，所以必须要好看、美观。轩顶上的梁架即为"草架"，人们看不见，可以不用好料也不必雕刻，只起到架起屋顶、防雨防水的功能，所以称为"草架"。在草架顶部做望砖、铺瓦，这是正规的做法。这种轩顶，一般用于南方的木构殿阁，尤其是在苏州、杭州等地非常普遍，但是在北方没有这种轩顶的做法。

74. 古建筑的屋顶为什么会有凹曲面？

根据构造的方式，屋顶本来是横平竖直的几何形，都是直线的。但是中国的宫殿、庙寺、佛寺等的主要殿阁，屋顶都做出曲线，就连四合院平房，屋顶也多多少少带有曲线。这是中国古代建筑艺术的一个特点。

曲线当然比直线美，在房屋上运用曲线，能达到增加建筑美观的效果。例如，"檐平脊正"是对建筑的要求，而装饰艺术则在这个基础上开始运用。檐宇的线条应该是笔直的，但若做起两端必然运用曲线使它翘起，构成一种曲线美；屋脊本来也是又平又直，但是运用曲线的结果，是将两端也尽量升起，翘起来，成为曲线美；庑殿顶和歇山式顶四个面的转角脊，也做出曲线，构成所谓"推山"；在屋面双坡或四坡本来也是应当做得平而且直，但实际上这些都运用了曲面，将平直的坡度做成曲坡屋顶的四个角，还运用曲线，将四个角尽力向上翘起，构成曲坡翘角。

总的来看，这样做可使一座房屋显得轻快而美观，柔和，有韵律感，不仅生动活泼、美观大方，而且还可以表现出很强的艺术性。同样，如果用一个直角的房屋来对比，就会觉得直角的房屋既生硬又呆板，没有什么美可言。

善于运用曲线达到美的效果，是中国古代建筑的特点之一。除此之外，曲线还表现在圆柱、斗拱、梁枋、墩柱、彩画、壁画等方面。所以说，中国古代建筑是一门艺术性很强的学问。如果单纯用直线条，或单纯用曲线条，都会存在一定的缺憾，只有二者互相结合，互相表现，才是成功的。中国古代建筑上的曲线美，对曲线之运用是大胆的，哪个国家也比不上。

　　"钩心斗角"一词最早是用来形容建筑的。中国古代建筑檐角高高翘起，诸角直指宫室的中心，叫作"钩心"，所谓"心"即宫室的中心；诸角彼此相向，像戈相斗，叫作"斗角"。原出唐代杜牧《阿房宫赋》："五步一楼，十步一阁，廊腰缦回，檐牙高啄。各抱地势，钩心斗角。"清代吴楚材、吴调侯注："或楼或阁，各因地势而环抱其间。屋心聚处如钩，屋角相凑若斗。"其本意指宫室建筑内外结构精巧严整，后来才渐渐衍生出各用心机、明争暗斗的意思来。

75. 平顶房屋是怎样做的?

　　中国古代建筑以尖屋顶为主，占80%。平顶房屋以喇嘛寺院的建筑为最多，除此而外，则多见于民居。喇嘛教是中国佛教的一支，它从西藏开始，影响青海、甘肃、宁夏、内蒙古、山西北半部、北京、河北及东北三省。在这些地区都有喇嘛庙，而且在大的喇嘛教寺建筑中出现许多平顶式的殿宇，式样仿照汉代建筑，在平屋顶上中心部位再凸出一个阁楼，建造一个尖屋顶。而其他各部位全部做成平顶。

　　在民间居住房屋当中，由于北方雨量少，也做成平顶，风力大的地方也喜欢做平顶。如河北从邯郸经石家庄、保定一直到冀东地区，辽宁锦州、黑山、沈阳以西至白城子等一带全部做平顶。另外，在宁夏，大部分房屋也做平顶，如银川全城房屋都是平顶，甘肃、青海、新疆地区的平顶房屋甚多。平顶房屋有的做女儿墙将平顶挡住，有的地方平顶伸出为檐，说是"平顶"却没有真正平的，多少都有些坡度，以利排流雨水。

　　中国的古代平顶房屋以北方居多，北方雨水较少，所以适合做平顶。不过平顶房屋不甚美观，特别是外观没有什么变化，显得有些呆板。平顶房屋能够节省材料，从而节省造价，比尖屋顶要便宜多了。吉林西部地区的广大城乡，碱性特别大，种地不生长作物，当地人用这样的碱土来造房屋，人们称为"碱土平顶平房"。屋顶上的泥土均用碱土，用碱土可以防水。新疆许多地区都比较干旱，风沙甚大，而且雨水稀少，所以许多地方建设房屋时都做平顶，用黄土抹顶。黄土坚固密实，雨水冲上去，土不流失，据了解这种土具有黏性，可以防雨水。

关于平顶房屋屋顶的做法，各地不同，做法也有很大的区别。现在将一般做法介绍如下：

一座房屋，将檩木架上之后铺平椽，椽木上再铺望板，上部堆砌大泥25至30厘米厚，待略干之后拍实。望板用柳条者，砸杂土，待干后抹细泥加白灰，拍实；望板用劈柴者，铺土坯，坯上再抹泥；望板用竹束者，仍然堆砌大泥20至30厘米厚；望板用板条者，其上可铺碱土，砸实，打平，抹细泥。总之式样很多。

76. 为什么建造"藻井"?

天棚中心部分向上凸出,在建筑术语中叫作"藻井"。藻井是中国古代建筑中最重要的一种具有装饰功能的做法。天棚在古代建筑中叫作"平棊",是平的,把房屋内部梁架部分的阁楼用天棚遮挡住,使屋内空间方整(如在寺庙)。人们在这个空间活动,拜佛或供奉佛像时,供佛的局部天棚上方高度不够,佛像头部上面的空间过小,显得压抑,在这个局限的部位处,若将天棚自水平面再向上凸起,凸出的部分,就叫作藻井。一般来看,大的佛殿中主体佛像部位都要做藻井,这样显得佛像更加庄严。从另一个意义上说,屋顶阁楼这个大的空间,如果不去利用,就白白地浪费掉了。做成藻井,也使佛的顶部不再压抑了。

藻井多用于宗教或皇家的建筑之中。明代以后,藻井的构造和样式有了较大的发展,除规模增大以外,顶心使用了象征天国的明镜,周围配置莲瓣,中心绘有云龙图案。到清代,这一装饰为一团生动的蟠龙所取代,并成为流行的式样,藻井也因此被命名为"龙井"。

古人对藻井大做文章,进行装饰、美化。一般都用木材,采取木结构的方式做出方形、圆形、八角形,以不同层次向上凸出,每一层的边沿处都做出斗拱,并做成木构建筑的真实式样,做得极其精细,斗拱承托梁枋,再支撑拱顶,最中心部位的垂莲柱为二龙戏珠,图案极为丰富。

我们现在举出中国的佛寺大殿中藻井的真实例证:

第一为河北承德普乐寺旭光阁大殿,做正圆形藻井,向上凸出达3米。第一圈十分精美；第二圈砌到斗拱；第三圈做出宽约1米的平棋，分出方格；第四圈、第五圈均做斗拱，与第二圈斗拱相同；第六圈为藻井的顶部，做出二龙戏珠，龙为蟠龙。数个藻井直径大约10米，十分庞大，全部贴金，为金色藻井，非常豪华。

河北承德普乐寺旭光阁大藻井（天津大学建筑系、承德文物局编著，《承德古建筑》）

河北承德普乐寺旭光阁（天津大学建筑系、承德文物局编著，《承德古建筑》）

第二为**北京雍和宫万福阁**，在阁内弥勒佛头部向上做出一个大方形藻井。向上凸入三折：第一折为仰莲佛像，上部用斗拱承担；第二折做平棋；第三折用斗拱支撑；最顶部为八角形图案。

使弥勒佛像自胸部即进入藻井中，阁内光线较暗，有意造出神秘的气氛，使弥勒佛更加严肃，显示其神威。

第三为**山西芮城永乐宫三清殿**。藻井做大方形，向上共凸进三层：第一层为斗拱层，每朵斗拱做出外拱四跳，四周交圈；第二层为八角形，在每个角内再用斗拱会合，每朵五跳；第三层做圆形，再划分10条斜梁支撑，在10条斜梁底面全部做斗拱，一直交到中心部位——藻井顶部，再雕塑出二龙戏珠。

第四为**山西应县净土寺大雄宝殿**。这个殿宇3间，大殿的天花分为9块，全部做出藻井，这9个藻井，做出九种式样。中间一个大的做方角形，与八角形相结合。第一层用斗拱层来支撑天宫楼阁，也就是说在大方形藻井中，每面向上凸进天宫楼阁。

除此之外，在山西大同华严寺大雄宝殿内部，做出壁藏，即楼阁，其实天宫楼阁供佛同时还为藏经之用，也做得十分细致。另外，在山西应县净土寺大雄宝殿里仍然做满满的天宫楼阁，这些均为辽金时代的建筑，是十分宝贵的。天宫楼阁也有佛道小帐。

一般看来，这种佛道小帐始于宋朝，盛行于辽、金、元历朝，实例甚多。特别在辽代，天宫楼阁不只做在大殿里。

77. 古建筑中的门窗样式有哪些?

　　中国古代居住房屋中使用的大木板门叫板门,从古庙到佛寺,从皇宫到一切公共建筑,都有板门,即双扇板门。双扇板门在住宅民居中应用得更早,我们今日到中国乡下还可以看到,在乡村的农民房屋中大都做这样的门,而且十分普遍。这种门在安装时,必以门枕石为轴,门上安装连楹,用门替固定在大门框上,开门十分自由。这种门大约用6厘米厚的木板,开起来很重,这样才有防御性,一般来说,将大门扇关闭之后,从外部打不开。双扇板门看起来平淡,但是它伴随着中国人生活已有两千多年的历史。

　　在南方,用双扇板门的也不少。不过从宋代开始就有槅扇门了,关于槅扇,南方叫作"长窗",可以说又是窗又是门,是门与窗的结合。槅扇分为两种:一种为短槅扇,安装在槛墙上,或叫槛窗,这纯粹是窗子,而不是门;另一种是安装在屋子中间并做成落地式长窗,可以拆卸,这就是一对可关闭的槅扇了。

　　在中国的北方,民间居住房屋从来不做槅扇,槅扇全部用于佛堂庙宇及公共大型房屋上。从宋、金以后的庙宇绝大部分都用槅扇了,通常一间用四扇。在用槅扇时,在立柱之间,贴柱安门框,上部安横穿,中间安槅扇,每扇高宽之差大约为45厘米,槅扇上部加上横披后,窗格的式样最多,几乎每房一个样式。以南方为例,如冰纹、葵纹、八角纹、垂鱼、如意、海棠、菱角、菱花、回纹卍字、软角卍字、十字长方、宫式等,数不尽数。

　　比较来看，在南方的房屋用槅扇的比较多，北方的民居用得少，西北地区用板门就更多了。所以中国各地的门窗是不一样的。

　　中国的古建筑，各种房屋净空都要高。净空高才能内部空间通透、敞亮，梁柱高，屋架必然要高，因此，前檐梁枋就要高，只用门窗来做前檐之围护结构是远远不够高的，所以在窗子板门之上安横框，其上再加窗子，这种窗子叫"高照眼笼窗"，北京清代官式叫"横披"。如果还不够高，就要再加板子，名曰"高照板"。

　　横披窗是从汉代开始的，经过唐、宋、元，到明代、清代就逐渐多起来。

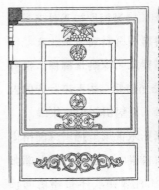

带窗花的窗子
[（明）计成，《园冶》]

山西洪洞文庙长窗、门等纹样

　　中国民间住宅的宅门，除大门（即院子当中出人的门）外，还有出入的便门。大门，用于家人及来往客人出入，代表住宅之冠。一般分为屋宇式大门、墙垣式大门、衡门等，有三至四种。

78. 窗口的大小依据什么标准？

关于窗子，窗口开得大与小是相对而言的。在寒冷的地方，窗子开得大，冷气透入多，屋内寒冷。但窗子开得大也有好处，即阳光射入量大，屋内明亮而且温暖。在南方，窗子开得大，屋内反而过于热，所以窗子开得比较小，但是天热时为了透风或多进入凉风，还要将窗子开得大些，这些不是固定的标准，有时根据当地习惯而定。

中国古代窗子的式样很多，一般住宅房屋的窗子都用当地最喜欢的、最高级的材料。最简单的结构形式，可以是方格的、直条的、带图案式的，其中有盘长、梅花、冰纹、大桃子、圆圈、卐字、寿字等，都用支摘窗。有的地方情况不同，使用四条槅扇。中国从民间到宫殿、庙宇，窗子做得十分复杂，做花纹的也特别多，如做菱花式的图案就有十几种。花纹图案做得多了，窗子木棂特别密集，致使屋内光线不足，那些繁杂的窗子棂把光线都挡住了。

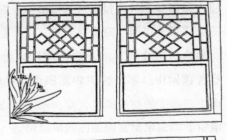

辽宁营口城隍庙大厢房支摘窗

木槅扇菱花雕

唐代和唐代以前常常用直棂窗，以直棂窗为代表。到宋代、辽代也做直棂窗，但是带图案的装纹窗逐渐地多起来了，在3间房中两进间的窗子即用直棂窗，下部修筑槛墙。金代大力发展槅扇窗。

清代，除方格窗子之外还有槛格窗。横披窗用在檐下，它发展甚早，汉代已有。普遍用于民间的是地方性的方格窗和当地的吉祥如意窗。例如陕北窑洞及山西平遥合院，其正房做窑洞式，同样做一个大花窗，每家如此。图案为樱桃、双钱、麒麟钱等，主要是古钱等各种纹饰。中国人对于门与窗很下功夫，把它当作重点装饰的地方，往往在一座房屋上，把雕琢功夫都用于窗子和门上，所以窗户与门成为装饰的主要艺术点。

　　窗子是采光与通风的主要部位，十分明亮，人们来看房子，一眼便看到了窗子的大小及纹样，所以在当地，窗子十分重要。

　　中国是多民族的国家，居住范围广。房屋式样不尽相同，因此它的门与窗子也不完全相同，花样与种类特别多。

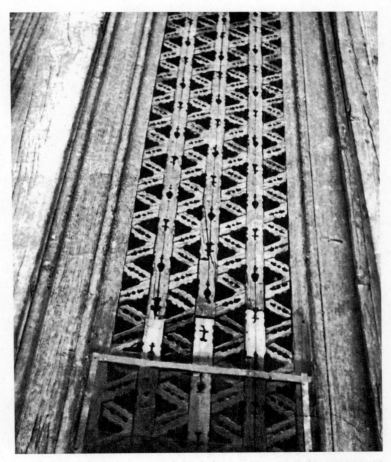

某大宅眼笼窗（也叫扇门）

79. 古代窗户的采光、防寒效果如何?

　　自从有了房屋，就有了窗子，其面积根据屋子里的空间大小来决定。窗子用来通风与换气，这样人们住着才健康、卫生。古代房屋依人们的需求逐步形成，窗子开的大小也十分合适。

　　百叶窗是窗子的一种式样，在中国的新建筑上使用百叶窗还是不少的。百叶窗的好处是不用玻璃，采光好，可以通风，又可兼顾私密性，是一种非常实用的窗子。广东潮州有很多百叶窗，也有其他许多地方将百叶窗作为真的窗子来使用。但是在广东南部地区，习惯用百叶窗作为一座建筑的墙面装饰，如潮汕地区，一些房屋在窗口处，开启明朗的窗子，可是在窗口的外部，即窗口的两侧，做上固定的百叶窗，没有悬空，只是墙面上的装饰，是假窗。用百叶窗做装饰，倒是很别致，显见在南方是非常喜欢百叶窗的。

　　百叶窗源自中国。中国古代建筑中，直条的叫作"直棂窗"，横条的叫作"卧棂窗"。卧棂窗即百叶窗的一种原始式样。严格来说，卧棂窗与百叶窗有一点不同，就是卧棂窗平列而空隙透明。百叶窗窗棂做斜棂，垂直于窗的方向内外看不见，只有与窗棂缝隙方向一致时才可看到。

　　在没有纸的年代里，窗子的部位用"吊搭"，即用木板做成的窗扇，也就是一大木板，正和窗口那样大，夜里关上，使野兽等都不能进入，白天将"吊搭"吊起来，人们活动不受影响，这是一种防卫性设施。后来发明了纸，白纸甚薄，用白纸糊窗子，把窗扇划分成花格，在这些格上糊满白纸，待干透之后特别平

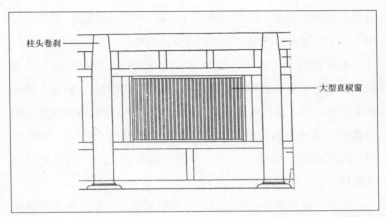

大型直棂窗

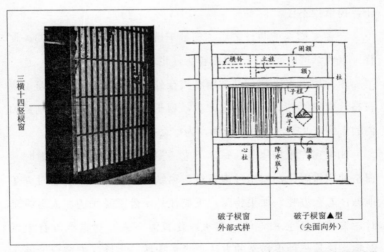

北京文庙大殿破子棂窗外部式样

整，纸窗有一定的透光性，使屋内达到一定的明亮程度。其特征
即从外面看不到屋内，从屋内看不到外面景物，又亮又挡，效果
犹如现代建筑中的磨砂玻璃以及花玻璃。中国近千年来居住房屋

用纸窗已成为习惯。我们现在居住房屋，装上玻璃窗，再装上窗帘，其实在屋内的感觉与纸窗是同样的效果。

古时糊窗户用的纸，最常用的是桃花纸。桃花纸的质地薄且韧，较之于普通的白纸更为洁白，呈半透明状，民间常在桃花纸上涂油，做成油纸来糊窗户。清代宫廷中多用高丽纸糊窗，用的是棉、茧或桑树皮制造的白色绵纸，色泽洁白净透，质地坚韧，经久耐用，这样做一直延续到清朝晚期，窗户纸逐渐被玻璃所代替。

以前，在东北等寒冷地区，家家糊窗子。一般在秋季糊窗户纸，秋天不冷不热，宜于糨糊干透，否则冬天天寒地冻，糨糊不干，窗纸糊不住。

在窗子糊完一两日之后，窗纸干透，马上向窗纸喷菜油，这样一来使纸透明而坚韧，风雨再大，也不会破损。

东北地区家家户户都把窗纸糊在外部，从外部看不见窗子棂花格，有窗纸挡着，从屋里来看，窗子花格一清二楚。特别是关内的人到东北去，觉得很奇怪，为什么把窗户纸糊在外面？

如果窗户纸糊屋里，每年下大雪窗格积雪，当阳光照射时，窗格的积雪融化，雪水浸泡窗纸，窗纸很快会掉下来，这时天寒地冻，怎么办呢？如果将窗户纸糊在外，外部是平的，大雪纷飞时，窗格是不会积雪的，雪水融化直流下去，对窗纸没有半点影响。这是一种很科学的方法。"关东城三大怪，把窗户纸糊在外。"这是可理解的。到北京及华北地区，将窗纸糊在窗格的内部，窗子花格都露在外部，使人们观之美观大方，具有一定艺术性。因为关内冬日雪少，雪积在窗棂上不会有太大影响，所以，将窗纸裱糊在窗子里边。

80. 冬天在房屋里是如何取暖的?

一般情况下，南方不需取暖，只有北方需要采暖。在中国北方，冬天寒冷，夏日酷热，每年到秋后就要准备过冬。从建筑方面主要考虑的是采暖问题，中国各地的房屋采暖，其方式各不相同。

东北乡村用火炕采暖。住宅中每间房屋都做土坯炕，用它来代替木床。火炕自古以来即被人们应用，炕下烧木柴，或者烧煤使炕面温热，人们睡在其上十分舒服。当地的人们流行一句话："炕热屋子暖"，即火炕热，屋内空间的温度就升高了。火炕一方面可以使屋子暖和，另一方面可以使劳作一天的人们晚上休息时烘暖身体，舒解一天的疲劳。如果睡在凉炕上，不能缓解人们的疲劳，时间长了身体会受不了，反而要得病，所以火炕取暖在北方几乎占80%以上。其他取暖辅助方法，有用火盆、火墙、火地、砖砌火炉、铁火炉等，否则屋内将会结冰。中国的北方采暖完全用土法。

明清时期的民间火炕，按房屋单间的面阔宽度来定尺寸，如东北地区常言"一间屋两铺炕，三间房四铺炕"，炕的尺寸一般是1.8米×3.54米，这样可以多睡人。炕由炕洞组成，炕洞炕垅宽10厘米，长度按间宽，顺长的方向炕洞宽12厘米，一洞一垅，用砖抹灰泥砌成，然后铺火炕的表面，在火炕洞口顶上放上砖块或者石板，其上再用泥抹实，大约10厘米的厚度，待干透时表面再抹一层细泥使其平坦，最后铺芦苇。从中堂间的锅台灶眼生火，烧柴、烧煤，使火炕沿洞传热，这样夜晚睡觉时相当温暖，这是

北方一般火炕的施工方式。若是旅店的火炕则叫"顺山大炕"，
是按房屋进深尺度建设的，这样的火炕长，可以居住较多的人。

　　关于在火炕上睡眠，是头向外脚向里，一个挨一个，这是比
较正常的睡法。如果家里人口少，只有夫妇二人，则可以顺炕休
息，顺炕就是南北方向的火炕，东西方向睡觉。

火炕剖面图

北方火炕

在北方，建造房屋时特别重视防寒，因为北方一些地区冬季的温度常达到零下40℃，所以，人们不仅在住房内部采取防寒保暖措施，还在建筑设计时就考虑防寒这个问题。例如，在地面防潮，使之保持干燥状态，就能起到一定的防寒作用。天棚，即屋顶支起的空间（阁楼），使房屋必然起防寒的作用，屋内上部做天棚，在天棚的顶部放置锯末，平铺一层，大约20厘米厚度，就能起到保暖的作用。在窗子方面，窗子用双层窗扇，玻璃与玻璃之间有一个10毫米宽度的空间，这样即能起到防寒的作用。在门的部位防寒是在门的边缘处钉上一条毛毡，用以阻挡门缝的风，门扇之外又加建一个木板小屋，这叫作"门斗"，在严冬之前建起来，冬日过后即拆除。门前建造"门斗"是为挡风，当人们进出时，有一个过渡空间，不使寒风直接吹入屋内。门缝与屋子的缝隙，也要在冬日之前用纸糊上。关于外墙壁防寒方式，在寒冷地区采用将外墙加厚的方法，一般房屋外墙厚度有37厘米即可，但也有外墙厚度加到75厘米左右的地方，黑龙江省哈尔滨地区就是这样。外壁加厚，是北方地区通常采用的一种防寒的方法。

关于屋外防风防寒方面，建院墙可以减小风力，院子为四面围合，还有厢房遮挡，这也更好地起到防风防寒的作用。在正房与厢房的缺口处可建筑拐角墙，中间开门，隔风很好，故名谓之"风叉"。

81. 房屋如何防潮?

如何使房屋防潮,这是在建造房屋时要考虑的一个大问题。因为一座房屋过于潮湿,人们居住时会极不舒适。过去,造房时十分注意地下水,唯恐地下水位高,房屋易于潮湿,因此在建筑房屋时都寻找高爽之地,不可在地下水位高处造房。而这仅仅是寻找、躲避,还不是一种积极有效的处理方法。

中国各地方为解决房屋防潮问题都想尽办法,采取了不同的措施。若先做地面,地面与地下直接接触,易于吸水,当做房屋地基时,地槽挖开土之后,为防止落雨水,加紧施工,或在地面上部架起一个临时性棚子,以防雨水落入;土层打夯打紧固之后,用石块两度打夯打实,使之牢固,在石缝中灌入水泥白灰浆,以期固定,然后铺防潮油毡,再涂以白灰层。另外,古建筑中的木柱,在柱下有柱础石,可防止水浸入柱中。若砌外墙,在木柱处做八字柱门防潮通风,或者对木柱安装一个砌雕透龙的花片,用以给木柱通风,否则木柱易于腐朽;屋檐之下,则用砖石块砌出斜坡,名为"返水",以防雨水流入墙基。一所房屋的各个方向都得进行防水防潮处理,这样才居之干爽舒适。

地面防潮,应当做灰土地面,即夯筑灰土层,表面拌细白灰、青灰混合砂浆,干涸之后相当坚固,这样可以防止潮气上升,外墙防潮也如此法。中国的"三七灰土",即最佳的石灰和土的体积比为3∶7,用青灰浆砸平之后十分防潮。在北京地区有一种煤矿,出产青灰料,用水混合,合灰之后系一种具有黏性的灰浆,在平顶处、在大面积或缝隙处涂抹,待干涸之后可以防水。它的特征是，第一色调美观；第二有一种黏着力，是一种防水防潮的好材料。

外墙壁防潮，应在外墙壁之下半部，从地基地面上1.2米处，用石块砌筑，这一段石壁墙即等于防水防潮墙壁，地下水不会渗透。如果做砖墙壁，则从地基开始砌砖一直砌到屋檐檐口，那么将常常发生墙壁的下半部被地下水浸润湿透，逐步地粉蚀砖墙壁体。人们居住的房屋内，部分墙壁是潮湿的，当阴天下雨之后墙壁更湿，使屋内裱糊的壁纸全部脱落下来。同时砖壁长期潮湿，砖壁返碱，变成粉末，不要几年，房屋即有倒塌的危险。在中国，无论大西北还是江南，凡是旧日建造的砖壁住宅有60％以上都存在着这个问题。这归咎于一点：当初建造房屋时，没有注意房屋的防水与防潮的问题。

在建造房屋时，大面积的地基、房场（即房基）要选取高处、向阳、地下水深的位置。中国的古代建筑为何有"高台榭，美宫室"之称呢？那就是造房子，要在地基上下功夫，多花钱做好地基，往往要选择一个比较高的土台上建屋，就是这个道理。中国房屋分三段式，即地基、屋身、屋顶，其中台基即用土垫起来或用天然土台子使之加高，其目的即在于防水与防潮。

82. 古建筑的采光、通风问题是 如何解决的?

总体来看,中国古建筑在设计时就已经考虑过如何采光,怎样使房屋里能够明亮,这是盖房子的前提。

从佛寺、道观等的殿阁来看,尤其是大雄宝殿,就觉得光线不足,不只是一个殿,基本上所有的殿阁采光亮度都不足。究其原因,最主要的是只有前窗,前面面阔5间时,就有4个窗子,中间是大门。窗子为2米×1.5米的直棂窗,窗子小且窗棂密集遮挡阳光进入,当然对佛堂来说不必那么明亮,殿内光线暗淡给人一种神秘感。进入殿内之后,给人一种庄严、肃穆之感,使人们对佛更加敬仰。宗教界的各式房屋都如此,但无论怎样来分析,光线都是不足的。例如,在石窟中光线不足,即用空窗采光。寺院、庙宇殿堂的光度不足还有一个原因,就是这种殿宇进深比较大,靠天然采光达不到应有的亮度。特别是北方的房屋到了冬日下午4时之后,几乎在室内看不见东西,无法活动。尤其是阴天下雨更加黑暗。

在很多民间居住房屋中,窗子开得小。在北方,窗子越大,冬天室内越冷;在南方,窗子越大,夏日室内越热,所以要开小窗子,开小窗子屋内必然要黑暗的。

中国古代建筑还把方向作为重要设计方式之一。盖房子时,讲究朝向,无论建设任何房屋都要讲究朝向,那就是向阳,凡是造房时,主要房屋必须要向阳,即向南,向阳当然房屋内部就明亮。虽然将房屋窗子的方向朝南,但是房屋内部光线仍然可能是不足的，这是因为窗子小，而且窗格太密，影响亮度，所以西北地区一些土窑洞中也用高窗来作为采光窗。另外，古时生活简单，在房间内部居住，主要是睡觉、休息，所以对光线的要求就没有那样强烈，对光度要求也就没有那么高了。

敦煌石窟254号窟内空窗

　　通风对房屋建筑来说是十分重要的，没有通风，房屋内得不到良好的空气，人们会患病，或者身体不能保持健康。中国人的祖先在设计与建设房屋时首先考虑窗子通风。各种窗子窗扇都可支开与摘下来，到冬日用窗子通风比较寒冷，即用通风孔，在建筑的墙壁上设计通风孔，由通风孔间接进风。在墙壁上做通风洞，洞口用铁制的花格网堵住，并用以作为装饰。地板下通风，是干阑式建筑常常用的。窑洞民居在洞边缘有通风口，蒙古包顶部之天孔，即为通风之用。例如，在砖墙上有窗（花格窗）漏光等，这些都为通风而用。又如，门栅、窗栅、廊栅等都用于遮挡、通风之用。在民居中，南北方向与东西方向之间的窗子相对，这叫"过堂风""穿堂风"，这也是通风的一种方法。有许多地方做硬山墙时，在山尖做通风窗，这也是通风的方法，特别是阁楼内部做梁架以通风。

墙壁通风孔

83. 中国古建筑怎样划分室内、户外活动空间?

　　中国古代建筑处理室内与户外的活动空间的办法很多,室内一般设有花地罩、拉门、屏风、花纸窗、帷幔等,以下分别介绍这五种形式。

　　花地罩,设在一定位置,如隔墙、火炕、敬神的地方,分间之部位常做二层格,半透明,用这个"罩"来区分空间,可大可小,可拆可装,既能隔挡,又能沟通,所以是居住建筑当中最好的一种活动空间分隔方式。

　　拉门,在一个个大的房间里,空间过大居住不舒适,同时与儿女居住也不方便,所以要将大的空间划分成比较小的空间。用砖隔墙等于用实墙(死墙),封隔之后,再需大空间就不好办了。采用拉门是比较灵活的,而且易于摘掉,把轻盈的拉门摘下来,那就是一个大的空间。

　　屏风,是房屋内部划分空间的一个好方式。它相当于2至4扇折门,可以搬动,不用时就搬到其他地方,可挡、可折,这种办法更加灵活。例如,在屋里宴客时,用屏风围挡,屏风之外可以安放东西。既可以支床住人,又可以分间,还可以随时拆卸。

　　花纸窗,在屋内一个大的空间部位,在大花窗上裱白纸,这是一种隔挡,必要时可将大花窗摘下来。

　　帷幔,是把布吊挂起来以遮挡其他景物。在一个房间里再要分隔时,可用帷幔,如古人读书、书法、绘画,不希望他人打扰。如果没有单间屋子,则用帷幔,故有"读书须下帷""做工用帷幔"一说。用它作为临时性的隔档。

在户外有门栅、窗栅、廊栅，三者的作用都是一样的。用栅栏进行分隔空间，又分又挡又隔，起到一定的作用。另外，外罩挑廊、檐箱的做法也是一种扩大、划分空间的方式，既适用又可以达到美观的效果。还有木桩、木柱、影壁界墙、上马石、辕门等，都是划分空间的有力的小品建筑。

如果在户外有效地利用外部空间，则有很多的方法，如廊子、外廊，可以通行、休息、游览。关于院内的各种门制，如垂花门、配门、角门、衡门，都是划分与构成外部空间的方式，其他如影壁、牌坊、旗杆、石柱等也都是划分与构成外部空间的好方法。人们善于利用这些空间，进行各种的活动。

苏州丁宅房内雕花罩

苏州一宅屋门外观及细部

84. 古代砌砖用什么灰浆？

中国的砌砖技术十分巧妙，能够砌筑各种式样的砖壁体，有薄有厚，有高的墙壁有低的砖墙，有侧脚墙（向内倾），也有倾壁式样（壁体为外倾），同时还有弧墙，砌成圆弧状的，还有更古的如万里长城，以及很大的石墙，等等。

那么这些壁体在没有水泥的年代里，用什么灰浆可以黏住呢？

中国在唐代或唐代以前，没有石灰，仅有白灰，砌砖壁体则用黏性黄土灰浆，如唐朝的砖墙，全部用黄色黏土来砌筑，至今砖墙坚固而不倒塌。这个做法，已成为鉴定与分析砖塔的建造年代的一个有力的证据，如用纯黄黏土做砂浆的塔就是唐代的塔。

到宋代，砌砖技术更进一步成熟，有石灰生产，用石灰和黄黏土和水之后成为一种白灰黏土浆，这样用灰浆砌塔，就更加坚固耐久了。试观宋代建造的大量的楼阁式塔，其砖形体用的全部是白灰黄土浆。

宋代以后，到元明时代砌体则用纯的"白灰灰浆"，这样更加坚固耐久，如全国各地的城墙、万里长城、砖墙等，凡是各种壁体全部都用纯粹的白灰灰浆，在灰浆里再不加入黏土。

尤其是明清时期的一些大的砖石建筑，都大量使用白灰灰浆。白石灰的生产，解决了大量的砖石砌体的一个大问题。

　　后来到清代，在官式建筑及个别的重要建筑之中，往往用糯米煮浆加在石灰里，用它来砌砖缝，这样使灰浆干涸之后非常坚硬，用铁镐也敲不碎。不管怎样，皇家的建筑数量还是少数的，在个别工程中用糯米浆还是可以的，如果大量地使用那就太浪费了。

85. 传统房屋的构造及承重结构状况如何?

中国古代建筑以木构架结构为主,基本上都采用梁柱作为骨架的构造方式,这种结构方式主要由立柱、横梁等构件组成,构件之间使用榫卯连接,构成了富有弹性的构架。

其形式主要有三种:第一种是"井干式",就是用圆木或方木四边重叠,结构如井字开明,这种结构原始而简单;第二种是"穿斗式",用穿枋、柱子相互穿通接斗而成,我国南方民居及较小的殿堂楼阁多采用这种形式;第三种是"抬梁式",也称"叠梁式",其形式是在柱上抬梁,梁上安柱,柱上又抬梁,这种结构可使建筑的面阔和进深加大,因而成为大型壮观的建筑物所采取的主要结构形式。还有些采用穿斗与抬梁相结合的方式,形式更为灵活。

骨架,即用木柱梁架承担的,也就是用木材组成的梁柱式的结构方式。做木柱承担横梁,梁上再立矮柱支撑斜梁,然后架与架连接起来,纵横交叉组合成为构架体,然后用墙壁来作为围护构造,所以人们讲,中国的房屋"墙倒屋不塌"。这不像国外,用墙作为承重,墙倒了当然房屋也就倒塌了。中国则不然,即使一座房屋四面的墙都倒塌完了,房屋也照样竖立,其主要因为木柱梁架没有倒塌,实际上这就是梁柱式。

中国南方的房屋以穿斗式结构作为梁架结构方式,溯本求源,穿斗式结构是仿自干阑式房屋,干阑式又仿自巢居。穿斗式屋架主要用立柱排列,再用檩穿枋横向穿插,以使立柱稳固。

南方的房屋梁架,重要的殿宇在中间两排或四排缝中的梁架则用梁柱式,两侧之尽间、梢间用穿斗式,成为混合式结构。

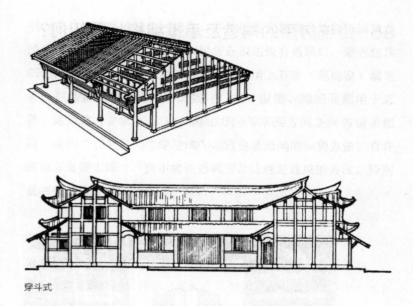

穿斗式

　　北方则用梁柱式构架，它是由穴居、半穴居的构架逐步发展而来的。梁柱式其实就是用柱支承梁，梁上有檩木，檩木上用椽，纵横搭接。中国房屋是分间的，在每一间的缝隙之中有一排梁架，每排梁架的立柱、矮柱重重叠起，架设两三条梁。

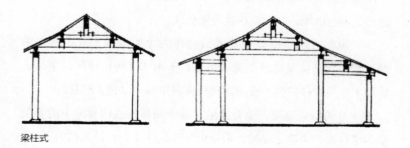

梁柱式

盖房子之前要打地基，立石，截柱，夯土做台墙壁，或用土坯以及砖砌内外墙，主要是外墙，再做屋顶铺瓦，然后再做内外装修、装饰，这样使得房屋很快地建造起来。一般内部隔墙不用板，必要的部位仍然加砌砖墙。中国的建筑以木结构为主体，所以很多部位都要安装，建一座房子两三个月即可完成。

在民居的构造中，最主要的有以下几个部分：

地基、基础，非常关键，我们建造一所房屋对地基、基础处理不当时，房屋要下沉或歪倒。

立柱、梁架，要一步步地安装牢固。

砌体，是主要的砌筑围护结构，内外墙都要砌得坚固耐久。

屋面瓦，要对它进行处理，这样才能使房屋不漏雨。主要的处理方法是，在屋面板上抹泥，要加厚一点，上部抹平再铺瓦，瓦面整齐，使仰合瓦铺砌甚紧，这样才可以保证不漏雨水。

上梁与下梁，都是中国古建筑中的建筑部件。上梁，就是脊檩、正梁，架在屋架或山墙上最高的一根横木，也就是人们常说的"栋梁之材"，它起着承载屋脊重量的任务。下梁，民间也叫"随梁"，其作用在于稳固正梁。由于上梁的重要性，人们通常会选择粗而结实的木材来制作，而下梁的选材则要求配合上梁，并最终取决于上梁的形状，也正因此，才有"上梁不正下梁歪"的说法。

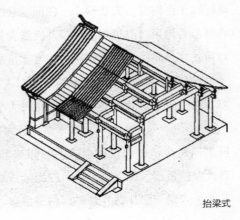

抬梁式

86. 古建筑中都有哪些柱式?

中国古代建筑向来以木结构为主,房屋用立柱支撑,木构架承重力强。"立柱顶千斤",说明中国古代建筑的"柱"十分重要,立柱是承梁,同时也是支撑梁枋,使梁柱不倒塌下来。立柱也是分间的标志,因位置不同而名称各异。

最前排的为"廊柱",外檐的叫"檐柱"或"前檐柱",后面的叫"后檐柱",中间的叫"金柱",围成一圈的叫"前槽金柱",后部的叫"后槽金柱",梁架上的叫"瓜柱""短柱"或"矮柱"。木料不足时,用零碎材料拼合组成的叫"拼帮柱"。带棱的叫"瓜楞柱",圆的叫"圆柱",方的叫"方柱",还有八角柱、小抹角柱、双柱等。梭柱即上下细中间粗,直柱中间分段,有莲花朵的叫作"莲节柱",上细下粗叫"大收分柱",柱头很圆的叫作"卷刹柱",式样不同,其名称也不同。

拼包围型木柱式样

　　每一根立柱都用于每间房屋的四角，一间房屋4根立柱，如果3间房屋就有8根立柱，如果3间房屋进深也做3间，这就有16根立柱，柱是按间的尺度设立的。

拼帮木柱及铁箍式样

河南鲁山文庙中柱
（内柱）穿梁结构图

　　中国古代建筑以木结构为主，木结构中必然要做柱，柱子再承担梁，被称为梁柱式结构体系。中国的南方用穿斗式梁架结构，这种做法也用柱，在柱子与柱子之间进行横向穿插，南方的房屋用柱则更多。

1间房4根立柱，从一般房屋来看，若建5间房间，至少需要12根立柱。如果这间房子进深大，中间再加一排柱时，就有18根立柱。再加大进深，中间还得加一排立柱，这叫"前槽柱""后槽柱"，这样房子可以达到24根立柱。如果这座房屋很重要，前面还要加廊子（前廊），这时就要达到30根立柱。由于古代没有承重材料，盖房子必须要加立柱，否则房屋是盖不起来的。在浙江东阳县有一家房屋盖的间数多，立柱多达1000根，主人自己标榜，这住宅房屋面积大，号称"千柱落地宅"。按1000根立柱算，500间房就要1200根立柱，所以这家的房屋可多达500间。在大型佛寺里，如果建造100间大经堂，就要400根立柱，所以说中国的古代建筑柱子是相当多的。一根立柱，基本是一棵大树，盖100间房子就需要400棵大树。

在一些古代建筑中，柱子有时也被赋予一定的文化内涵，通过一定的象征性手法表现出来。比如，明、清两代祭祈天地的天坛，在其主体建筑——祈年殿里，分布着3层柱网，中央承托屋顶的4根金龙木柱象征着一年的四季，支撑中层屋檐的12根金柱象征着一年的十二个月，支撑底层屋檐的12根檐柱象征一天的十二个时辰，金柱和檐柱加在一起又象征着一年的二十四个节气。类似的表现手法，在别的地方同样可以看到。

那么，柱子是否可以减少？由于在当时社会中没有大跨度的承重梁材，立柱当然是不能减少的，如果一旦减去立柱，房屋就建立不起来了。元代在建筑上进行了改革与创造。因为一个建筑空间，柱子林立的话影响视线，如何将大雄宝殿内部的柱子减掉，这是一个大问题。后来，工匠们用大额或横向架上大额，大额即"大梁"，躯干粗大，也就是用几棵大树干材连接起来，把它架在立柱之上，再将中间的一些立柱减掉，由此产生了"减柱法"。但这也是有一定限度的。若是5间屋，只能减去4根柱，否则就很危险了。匠师们还采用"移柱法"，用大额架上之后，有些柱子因为遮挡视线，就不立在原来的位置上，而是将柱子移到附近，这样可以灵活一些，无论怎样改造，没有大跨度的承重梁是不能解决问题的。什么是大跨度的承重梁呢？那就是现代的钢筋混凝土大过梁，有它才可以不要柱，构成大的空间，在古代以木材为结构方式，想什么办法也不可能构成大的内部空间。元代虽然出现了大额式结构法以及减柱或移柱法，但最后还是无济于事，也不可能得到大的发展，减柱与移柱都是有一定限度的。

在梁架结构中，如果没有大额承担重量，对于移柱和减柱都不可能实现。由于大额也不能做得过分粗长，有一定的局限性，因此移柱与减柱一直不能得到大的发展。

圆柱、直柱、方柱、八角柱、小抹角柱、大收分柱、缠龙柱、莲节柱、梭柱、瓜楞柱、拼帮柱、束竹柱、都柱、双柱、垂莲柱、吊柱、半截柱、悬空柱等，都是中国古建筑中常用的柱子类型。

前卷棚为元代
大额式结构

87. 传统建筑中为何流行小檐子？

传统建筑如民屋大门、楼阁、寺院、庙宇等，在其重点突出的部位，如墙壁上、大门之顶端、窗口之顶端、进门的地方，常常使用小檐子，专业术语叫作"庇檐"。做庇檐的目的有二：

第一，可以使建筑的外观增加装饰之美感。增加装饰是由于光平的墙面太单调，没有阴影，没有什么突出的东西，所以在门窗的顶部，构成门楣、窗楣的效果，不但增加阴影效果，同时它与大的屋顶十分调和。

第二，因为壁面很平，如果增加较长的庇檐，使壁面又多出一条檐子，就既可以将雨水引向墙面以外，以保护墙体、门、窗结构，又比较有趣味，从绘画的角度来欣赏它是很有味道的。而且它又有下檐及重檐的效果——其实它不是重檐，更非下檐。中国江南地区一些建筑上更多采用小庇檐，既显得壮观，又可增强艺术性。我们平时所说的在一所建筑上做的"庇檐""小庇檐""门罩"，其实指的都是一类东西。

庇檐分为几种做法：

第一种为**贴壁庇檐**，只在墙壁的表面突出一个檐子，下部用简单的斗拱，距门大约在30厘米。

第二种为用**丁头拱挑出的庇檐**，它比贴壁庇檐要倾出来些，但尺度并不大。

第三种为**垂柱**，庇檐挑出更多，更有味道。像一个房子似的突出，但是立柱截去，即为垂莲柱，这个效果更好，常常用在重要建筑上。

　　第四种为**立柱支撑的庇檐**，这常用于大门或便于入口处，具有雨棚的效果。这种庇檐乃为贴墙，但是挑悬出来的尺度大，不可承受，所以增加两根立柱来支撑它。

　　也有的庇檐，在壁面下不做什么孔洞与门窗的部位，只做庇檐。这种纯粹为了装饰而做的庇檐，表示这块壁面是重要的。

　　许多住宅也加庇檐，而且做得十分明确。这种传统建筑手法在各地的建筑中都比较流行。庇檐在中国的南方为多，北方比较少，这种状况是随着庇檐的不断发展而形成的。

88. 古代建筑中为什么用文字或图案做装饰?

中国自古以来就是一个重视教育、诗书礼仪传家的国度，崇尚"耕读传家久，诗书继世长"。因而在建筑住宅时，在大门内外、院子前后、室内室外都悬挂对联、匾额。例如，家中进门处有"抬头见喜""出门见喜"，门榜之对联常用"不觉春来，但见青山点翠；何知岁月，只听黄鸟声喧""向阳门第春来到；积善人家庆有余""诗书报国；耕耘之家""万般皆下品；唯有读书高""克勤克俭家能富；百忍堂中有泰和""文章华国"等，大门左右的对联十分高雅，不仅要求内容意义深远，同时要求书法写得有功夫，"字"经得起推敲，也要经得起评论。这样一来，才显出这户人家有学识、品位高雅。有的人家在建造房屋宅院时，就在砖墙上雕刻出对联，将雕刻砖砌于墙之表面，也有许多人家用木板雕刻书法文字对联，用木漆涂上颜色，显得高雅而别致，常年挂于大门的两侧，或二门的两侧。这实质上就是一种装饰。

每逢新年佳节，或举办红白喜事时，人们习惯都用红纸（喜事）或黄纸（或白纸，丧事），再以黑墨书写对联，十分鲜明。但经过风吹日晒，十天半月后，对联逐渐剥落。于是这种文字、书法被普遍雕刻在建筑上，继续发展成为建筑装饰艺术的一种风格。所以，以文字作为建筑装饰是别具特色的。

在过去，大户人家流行一种"堂名"。因为人有名，大街小巷也有名，那么一个家、一大组房屋，也要有名字，所以产生了"堂名"，如"福和堂""东和堂""百忍堂""庆春堂""天一堂"等。有堂名，就得挂匾，先用木板做成雏形，再书写和雕刻上堂名，悬挂于房屋正中间梁柱上，或大门之上端。遇有达官贵人送匾都挂于门上。建筑用文字进行艺术装饰，这是中国古代建筑所特有的。

中国古建筑中，还常常会看到一些雕塑和纹样，有的利用这些雕塑及纹样名称的谐音来表征一定的文化意义。例如，最常见的狮子形象，"狮"是"事"的谐音，以此来象征事事如意，佩有彩带的狮子象征好事不断，将狮子与花瓶放一起象征事事平安，将狮子与铜钱放在一起，则象征"财事茂盛"。再如，古建筑中"鱼"的饰样，取"鱼"与"裕"或"余"谐音，象征丰裕有余。又如，"蝠"与"福"谐音，"鹿"与"禄"谐音，"扇"与"善"谐音，等等。人们借助这些带有象征意义的装饰，来传达美好的意愿和祝福。

89. "雕梁画栋"是什么意思？

　　中国古代建筑，特别是统治阶级的建筑，从来都是以雕梁画栋著称，一座建筑设计得好与坏、华丽与否，主要看它的雕刻与彩画的华丽与细致程度如何。雕梁，是将梁头或重点部位予以雕刻，雕琢出各种花纹供人们欣赏。无论南方、北方，各式的建筑都或多或少地施以雕刻与彩画。例如，在大梁及梁头部位进行雕刻，还有在门窗部位、外檐梁的中心及端部、端头、垂莲柱、屋脊、脊头垂鱼、惹草、腰花、门边与床罩、地罩等部位施以雕刻。

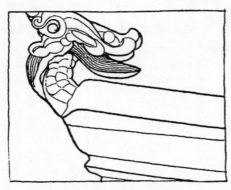

吉林蛟河民居动物脊头

吉林蛟河民居莲花脊头

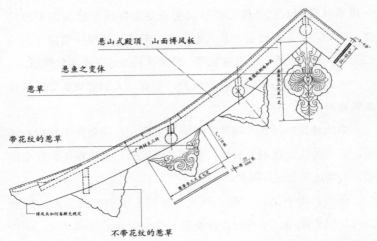

悬山式殿顶、山面博风板

悬鱼之变体

惹草

带花纹的惹草

不带花纹的惹草

北京大高殿之山面博风板

东北民居中的山墙腰花

　　雕刻在南方的建筑上更为盛行，福州、潮州等地连同整个木梁架全部制成雕刻品。有的人家大门口的结构，不论什么材质，一律予以雕刻。把外檐的斗拱及梁柱端部雕琢出极其俊美的纹样。例如，广东潮州有一户人家，在门的四扇槅扇中雕出《三国演义》。大体来看，南方建筑雕刻玲珑而精细，风格柔软细腻。

北方以山西为代表，雕刻粗犷、豪放，大都效果良好，以写意风格为主体。

古代建筑中，在木构件上雕刻为木雕，在砖构件上雕刻为砖雕，在石构件上雕刻为石雕，也有在博风板、正房探头、住宅门楣、石牌坊等处进行雕刻。

画栋，即彩画，一般在横梁与横枋之墙面绘制彩画，彩画的部位以大额枋、平板枋、垫板老三件为主体，连成一气，画也形成一个整体，其内容主要是固定程式的花纹。清代，彩画分为"和玺彩画""旋子彩画"和"苏式彩画"三种。另外，在椽子头、椽子及望板底、柁头、梁头等部位都画彩画，尤其是檐下部位全面绘制。如果一座建筑的檐下素而无花，则十分不雅，更谈不上什么华丽可言，所以好的建筑都要做彩画。南方气候潮湿，常常阴雨连绵，湿度非常大，对彩画有很大的影响，彩画的色与粉受潮，易于变色、退色，甚至使彩画脱落。

吉林民居中的山墙悬鱼

彩画鲜明华丽，达到防护与美观的效果。但是每隔几年就要重新绘制，否则，经过风雨剥蚀，容易变旧。

自古以来，有人总结经验，说"雕梁画栋"之雕梁在南方流行，因为彩画怕天气湿度大，所以南方普遍施以雕刻。北方干燥，绘制彩画较少受气候的影响，绘制得比较多，故有"南雕北画"之说。在彩画的核心部位，人们常是绘出双龙或六龙，总之，皇家喜双龙与凤，以龙凤流云为主的题材比较多。一般的人家喜欢花卉图案，以吉祥画面为主。

北京故宫内一大殿内部梁枋彩画

90. 民间房屋的外墙一般用什么颜色？

唐代以前，建筑呈现材料的自然本色，没有其他的颜色，自唐代以来，色彩在建筑上的运用开始普及，并体现出一定的等级，比如，黄色成为皇室特用的颜色，皇宫寺院多用黄色和朱红色；红、青、蓝等为官宦府邸的颜色，民宅只能使用黑、灰、白。其后宋、元、明、清均沿袭唐朝对色彩的规划，只是在风格上各显特色。比如，宋代更为清丽高雅；元代受藏传佛教等因素的影响，色彩更为绚烂；明代用色较为浓重；到了清代，由于突出油漆彩画，着色也更为细腻丰富。

中国的民间房屋，也可以说是农民大众住的房子，都用土与木两种天然材料，所以在大学里的建筑系有"土木工程"这一学科。农民大众经济情况不好，特别在封建社会，贫富相差悬殊，有钱、有势之人盖房子随心所欲，房屋装修时，由乡民、乡亲协助，利用现有的材料，如土、木、砖、石、瓦、草等。百姓建房时，建筑材料本身是什么颜色，房屋建成之后就是什么颜色，再不可能出钱来油饰与彩绘，因此，广大农民大众的房屋色调是朴素的，没有什么特殊的颜色。

例如，土是"土"色，浅米黄颜色木材也是土黄颜色，砖是青灰色，瓦也是青灰色，二者十分协调。例如，北京市区、郊区民间居住的房屋，墙、屋顶、青砖、瓦片、筒瓦都是青灰色，为了保持本色，各种房屋呈现一片青灰色，这种色调人们称为"青堂瓦舍"；山西、陕西等北方的砖瓦房也都是这种色调；在山东、河南、东北三省等地，将门与窗子的框套涂以黑色。因为黑色涂料便宜，容易获得，又稳重大方，所以他们均涂黑色，没有奇异古怪的效果。人们生活在穷困之地，房屋色调暗淡，不招惹人注意，居住安宁。中国南方，由于天气炎热，民间居住的房屋都粉刷白灰，使墙面均成为白色墙面。如江西民居多是白色的外墙面，这样既干净、明亮、朴实，又显得凉爽，江南乡民们称为"粉白墙"，四川巴中白塔的白色壁面也是粉白墙。

91. 有些房屋前为什么要挂匾？

中国的古代建筑建成后，如果没有匾联，会给人感觉缺少点东西。名不正，言不顺，对建筑无法欣赏。其实匾联对建筑物起画龙点睛的作用，是古代建筑本身的一种装饰，二者有着密切的联系，如明代璎珞宝塔的匾额。

人出生后都有一个名字，古代建筑也要有一个名称，作为代号。常常在一座房屋、一座殿堂房檐之下、门口之上挂上一块牌子，直立者叫作"华带牌"，横向者则称为"匾"。在上面写字，注明什么堂、什么厅等，在比较重要的建筑前端横匾两侧挂上诗文条幅，叫作"对联"，所以人们将这一套方式统称为"匾联"。

中国古代，经学传流，将经史文字在建筑上展现，运用匾联这一席之地大做文章。借助它既可发扬孔孟之道，又可以体现书法之魅力。

为什么要在建筑上做这些东西？一方面说明殿堂名称及其作用；另一方面也为人们提供精神上的享受，要人们振奋精神，大展宏图；同时也体现出中华之文明，通过它可用名人事迹教育人们及后代子孙。

那么这些匾联一般用于何处呢？常常用在大门、二门、大佛殿、佛堂、牌坊上。有一种四对联、八对联，挂在五门大堂中柱的门上，真是琳琅满目。对于对联的要求，一要文字美，二要寓意深，三要书法水平高，四要雕刻手法精，主要要求设计妥当，大小、长短统一，色调一致，对尺度、比例等要进行通盘考虑。

从历史上看，唐宋以后匾联很多，尤其是明清时期的建筑，处处为诗，各个成联。在庙宇、宫廷、佛寺、古塔、园林等大建筑群中，在木板上刻上匾联，或用石材雕出匾联的字样，已成为建筑所独有的一道景观。

北京雍和宫华带牌

陆　保护修复

92. 一般的民间房屋能保存多少年？

　　中国民间的房屋，以合院住宅为主体，一般人家还得住单座房屋而没有什么院墙。由于贫富之差别，在建造居住房屋时，情况也是不相同的。有钱的人家，财力大，盖房子要购置高级材料，而且做工精细、当然年限久、寿命长。这与人一样，条件好，有财力，住得好，吃得好，玩得好，精神愉快，自然寿命要长。建造王府房屋就是这样。在古代有些地区建造房屋时，十分考究。在造房子上不吝金钱，如在建设庙宇时，同样的大佛殿，使用材料比较高级，做工精致，而且在屋顶方面用料尺度大，屋顶加厚，因此可以使用八百年左右。

　　建造房屋要使用大量木材，有经验的木匠会因材施用，在木料的搭配上常有一些讲究，如山东的梁山等地认为，檩子应该用杉木，房梁应该用榆木，这样建造出来的房子更坚固耐久。所以我们常听到这样的说法——"盖瓦屋，杉木檩，榆木梁"。不过有些木材即使坚硬且不易变形，人们也多不取用，如一些地方不会用槐木来做门和窗，这是因为"槐"字中带"鬼"，当地居民认为用槐木做门窗，有"鬼把门、鬼把窗"之嫌，这是居家置业的大忌。

　　我国民居建筑很多，不过这些年来由于我国城市规划和建设，对旧的民宅拆除很多，遗留下来的老房屋，由于年久失修，也到了破烂不堪的地步。现在北京东城、西城、北城还保存一部分四合院，经过维修已经开放供游人参观。目前全国各地保留的时间比较早的民居，一般是在清代建造的，至今有三百多年的历

北京大府之一"恭王府"

史。再早一点的有明代民居，到现在有五百多年的历史了。例如，山西襄汾县丁村、山西赵城、安徽休宁、黟县西递、浙江慈城等，这些应当是比较早的民居实物了。

93. 木构建筑的房屋保存最久的是多少年？

中国的房屋建筑，以佛寺、庙宇等各种殿宇建筑保存时间最长，因为当时在建造这些建筑时，不受经济条件的限制，材料用得高级，构造方法坚牢，技术精巧，有些地区干燥，不受潮湿的影响，所以保存时间久。例如：山西五台山佛光寺东大殿、南禅寺正殿、芮城五龙庙，等等，都是唐代大中年间（847—859）前后所建的，至今已1100多年。这些建筑现在都没有坍塌，可以说它们都是木构建筑中最大、最早的建筑。

那么，如何使一座古建筑寿命长，使其年代久远呢？

首先，应该选用粗大的材料，选用技术水平比较高的工匠来施工，材料的质量比较好，这样才能达到寿命长的目的。

其次，地基要打得牢，一座房屋四面的墙壁（外壁）要砌筑得很厚。墙壁厚重，可使建筑的地基、基础随之加强坚固与厚重。

最后，屋顶要用粗大的材料，才能扛住屋顶层的重量。在屋顶层除椽木之外，上加较厚的望板，板上加席，席上加铺泥土层，其上再铺以灰瓦。瓦铺得细致，每隔几年再窜瓦、补泥，年年修理屋顶草丛等。

东北三省，一年中有半年的时间，大地、树木、建筑的民居房屋都普遍地被大雪覆盖。每到春初，温度转暖，路面、屋顶上的雪开始溶化，一片温润，大雪溶化一部分又停了，就这样停停化化，时间有3至4个月，屋顶漏水就是在这个时候。因为一年中，夏日水流急，屋顶不会渗漏，就怕化雪又冻冰。久而久之，瓦块松动，瓦片下部渗水。特别是用合瓦的房子，有瓦垅，垅沟冰雪在半溶半化的状态下，最容易把瓦垅冻裂。所以东北各地民居平房普遍使用仰瓦，这样不会高低不平，也没有瓦垅之不利因素，大雪消融，积水很快地流下来，再也不会被挡住。因此当地屋顶均以仰瓦为主体，就是这个道理。

这种做法的特征，主要是屋顶的厚度与墙壁的厚度基本相仿，这样才能保持房屋寿命，使这座房屋的使用年限长久。如果不这样做，人们为了节省材料，把房屋盖起就算了。虽然不是偷工减料，但也马马虎虎，把屋顶做得甚薄，这样下雨时便会漏水。漏水多了，屋顶会首先腐烂、破坏，然后房屋逐步坍塌，这样的例子有很多。

94. 关于古代建筑研究的状况如何？

中华人民共和国成立初期，梁思成先生主持清华大学建筑系的工作，与此同时，还担任中国科学院与清华大学合办的建筑历史研究室主任。当时该研究室有十数人进行研究。刘敦桢先生在江苏南京任南京大学、南京工学院（现东南大学）建筑系教授兼古建筑研究室主任，与他一起的也有十数人进行研究。后来双方都开始合并，这些研究并入建工部下属的建筑科学院，建立建筑历史与理论研究室，成立北京总室、南京分室，研究人员发展到100人左右，后因种种原因解散了。以后梁思成、刘敦桢两位先生相继过世，建筑科学院的建筑历史与理论研究室仅余十数人。

20世纪50年代，国家文物局成立古建筑修整所，专门为了研究古建筑进行维修和设计。后来各省的文化部门也都有一部分人专门从事这方面的工作。

1966年，在中国科学院自然科学史研究所设立建筑史专业，开辟了对中国古代建筑史的研究工作。其他如文化部、考古所、各大学之建筑系等也都有人研究。

几十年来，从事建筑史研究方面的人员虽不是很多，但从未间断。近年来，各大学培养的硕士、博士研究生，陆陆续续招考，补充了不少新鲜血液，人才也就多起来了。这些年来，无论是老年的、中年的还是青年的建筑工作者、专家，都在努力写作、出书、讲学、考察研究，有民居、宫殿、园林、施工、城市规划、古塔、佛寺、庙宇、长城、考古等各方面的专门论述，内容丰富，成绩显著。

95. 怎样处理城市建设与古城保存的关系?

古代城市是历史遗留下来的文化遗产，它不是一座单纯、死寂的老城，因为目前仍有许多人生活在那里。所以对一座旧城进行改造是一件非常困难的事情。在中华人民共和国成立之初，梁思成先生本想保留北京旧城，让旧城原封不动，当作一个历史博物馆。后来学习苏联城市建设的经验，要在城市里进行改造，旧城中许多老房子被拆除，在老房子基础上再建楼房。先在旧郊区试验，建楼房，经过几十年，旧郊区建得差不多了，便进入城中。先在城内的中央各机关、部队驻地进行建设，拆除一片，建设一片，建起了一片楼房。这样一来，旧城城内逐步形成"钉子"式的发展状况。

近几十年，开始对北京城内的宅院成片地拆除，再建新楼，它的进度很快，使城内的旧居民住宅几乎被全部拆除。城内与郊区境遇相同。北京城的故宫，是清代的皇宫，基本上都是平房，相当于两三层楼房的高度。北京城市规划将故宫四周的房屋逐步升高。现在您如果到北京登上西山顶端再看，北京已经是高楼林立了。北京以这样的方式建设，对全国城市有很大的影响，全国其他城市也竞相效仿，在旧城中拆旧房建新楼，老房子越来越少了。如果建设工厂、工业区，那就在城市远郊建设，时间久了，楼房密集，远郊与近郊也就没有什么大的区别了。

在处理城市规划与古城关系时要处理好以下几个问题:

第一，对古代重要建筑、古代文物，例如大庙、道观、佛寺、塔幢、书院、教堂、牌楼、商行等建筑要进行保护。这样的建筑，依据国家的文物保护法规定，基本上是不能动的。这样，在规定建设新楼时，要保留这些古建筑和文物，并按照要求保持一定限度的用地并离开一定的距离。

第二，在规划建设区域时，如确实有价值的老房子也要予以保留，如北京锣鼓巷、北新桥地区的四合院建筑至今仍然保留完好。

第三，在城市建设中，碰上重要的古代文化要地，同样要保护。如河南郑州商城，就在郑州城里，四周都是重要的古建筑，把商城的夯土城墙保留下来，对一个新的城市建设是没有什么大的影响的。

总之，在新的城市规划与古代旧城保护上应该没有大的矛盾。在进行城市规划时，要与旧城市有机地衔接，没有什么具体的要求，只将旧日街道延伸过来，拉长或转弯，沿地势较平坦的地方发展，不分什么方向，也不拘泥于什么形状，完全可采用一种新的手法和思路。特别是从事城市规划的设计师和专家，在对古代城市规划时，应将保存与发展结合起来。从我个人的角度来看，凡从事城市规划的人员，应当学一点中国古代建筑，学习中国古代建城的理念和规划方法。历史为我们留下了千千万万座古城，每座城市都有许许多多的经验、规划设计的理论和方法、指导思想与原则等，相当丰富，我们要予以总结、挖掘、探索、研究、运用，因为它们是取之不尽、用之不竭的宝库。

目前，中国关于古代城市理论、规划、设计手法（如分区、道路、公共建筑、街坊、住宅区、防御性工程，以及对水和山的利用、绿化和景观、景点的布置等）方面的学术及普及性的读物太少，对古代城市建设的理论和经验的发掘和研究远远不够，这是一个应引起重视的问题。

96. 地震对古建筑的破坏情况如何?

中国是一个多地震的国家,据历史记载,地震将许多古代建筑在刹那间震毁。如北魏洛阳城,本来寺塔林立,寺院相连,但在一次大地震中全城建筑毁灭殆尽。从全国来看,古代建筑在施工时,建造得非常坚固、耐久,可惜地震无情,不论怎样坚固的建筑,遇到地震都会遭到不同程度的破坏。

在全国有许多高塔,据估计曾有数万座,而至今毁于地震者占大半。其中震坏的砖塔成了半截塔,为数也不少。我们在考察中发现的单层塔、三层塔、半截塔都是地震时震坏的。还有的是整个塔被震坏,有的被震为歪塔,特别是在1976年唐山大地震时,北京周围的建筑都遭到破坏。以唐山为中心的塔的塔尖被震掉了,砖塔在震动下开裂,形成大的裂缝。有的塔刹有铜球,铜球在地震中被甩到很远的地方,铜刹杆也甩出甚远。据了解,砖造及石造建筑墙体还是比较坚固的,然而这些坚硬的构筑,也全部震倒或遭到严重破坏。

但是,木结构的建筑,诸如大佛殿等反而未塌倒,其主要原因,是因为木结构的交接处用榫卯做结合点,木构的榫卯有弹性,在剧烈的震动中,榫卯可活动,所以它具有抗震的性能。比起砖石结构,木构建是抗震的,在无数次大的地震中所保留下来的大多数建筑都是木构或以木结构为主体的。

97. 塔能矗立多少年不倒？

中国的高塔被称为"中国古代的多层建筑"，又称为"高层建筑"。因为中国古代除塔之外就没有高层建筑了，以平房为主体，向横平方向发展，偶然看到的高层建筑就是塔，因而塔是高层建筑的代表。例如，北魏时期建造的洛阳永宁寺塔，当时所用的材料是木材。用木材能造二十七八层大楼那么高的塔，这说明当时已经有相当高的工程技术水平了。

中国早期用木材建造木塔，同时也用砖建造塔，这两种材料同时运用。用砖材最多能建造80多米高的塔。

中国早期建造材料简单，一直延续了七千多年，极少用金属，而始终用被后世称作"秦砖汉瓦"的土、木、砖、石。可就是这些材料，建成了无数的各种式样的宏大建筑，这足以说明中国人民的勤劳与智慧。

在大西北地区则用土建塔。用木材造塔，十分困难，而且需要大量的木材，所以木塔不是很多，而且也不容易保护。木塔既不防水也不防火，腐蚀、破坏之后易于倒塌。砖塔坚固耐久，中国至今保存最多的还是砖塔，如果不遇上地震，砖塔是不会倒塌的。保留至今的砖塔，以河南登封县嵩山嵩岳寺塔最为完好，至今有一千五百多年。因为早期建塔，对地基十分注意。有的地基用夯打实后，上面即造十数层的砖塔，因地基完好而不会下沉。另外，中国建塔用砖砌筑必然要用砂浆（早年没有水泥，没有黏性连接材料，因而以磨砖对缝砌筑）。砌筑砖塔用的砂浆，早期以黏土为主，夹杂少量石灰。还有的许多砖塔是用纯粹的黄泥浆砌筑的。

　　唐代的塔砌砖全部用黄泥浆，没有一点白灰，一直到宋代砌筑砖塔时才用黄土中夹杂石灰浆，这样的塔建筑坚固，不会自己倒塌。

　　有少量的塔用铁筑，称为铁塔。还有用琉璃贴面的塔，但是也大都为砖塔，在砖塔上贴琉璃，以防雨水，更美观，使塔华丽，不过琉璃塔为数更少，也不过千分之一而已。

　　中国的塔，长期以来多为砖木混合的楼阁式塔。由于砖块硬度大，木材软，不耐久，两种材料结合在一起时，一遇火烧或潮湿影响，木材首先遭到破坏。砖塔上常用木材做檐子，做斗拱，时间久了，木材腐蚀了，出现一层一层的洞眼，一层一层的空缺部分，每年风吹雨淋，易生草，生小树，这样一来就使一座塔显得破破烂烂的。有时还因为地震将塔震歪，亦无法扶正，或震掉一半，成为半截塔，所以很多塔都是破的。在北方的塔，年久失修，塔刹毁掉，门窗洞口常常遭到破坏，风风土土的，也有破烂不堪的感觉。

　　最主要的一个原因是，中国塔是一种多层建筑，若按楼阁式塔分析乃是一种高层建筑，按一层为4米计算，13层塔应当高为52米左右，建塔时搭脚手架，维修时重搭脚手架，加上塔的数量又多，很难及时维护。年久失修，塔就破烂了。

　　中国塔的分布，主要是根据各地区佛教发展及分布情况的不同而不同。一般来说有塔必有佛寺，但也有的寺院不建塔。

　　塔的形状不同，大小不同，高低不同，时代不同，因此塔的做法就有差异，塔的保存情况也不一样。

　　中国的木塔没有得到大的发展。因为木结构的建筑，无论木塔、房屋还是楼阁，都有一个问题，就是不防火。每遇大火，必然烧光。中国历史建筑饱经"天火""失火""炮火"之苦。建筑遭到破坏，火灾为主要因素。所以木塔是不耐久的。建造木塔工程很大，如多层木塔，则用木料相当多。中国古建筑中，早期木塔是相当多的，到后来逐步减少。例如，北魏时期洛阳的永宁寺塔就相当高大，它是一座平面方形的木塔，每面9间36米，高度9层，每层按8米计算，高达72米，再加上塔刹高70多米，整座塔高至140多米。这是历史上的奇迹。可惜此塔于修建成后十五年，由于比丘尼诵经点燃香支失火烧得尽光。据记载，此塔从第8层起火，大火烧了三个多月，这座塔是中国历史上第一座高大的木塔。

　　至于其他各地的木塔也不少，但是都没有北魏洛阳永宁寺的木塔那样大。其他的木塔虽然小，但是也多被烧毁了。山西应县的释迦寺的辽代木塔还十分完整，可以说是中国现存木塔之冠，是中国现存最高最古的一座木构塔式建筑，也是唯一一座木结构楼阁式塔。

　　那么用这些材料建造的塔，寿命有多少

山西应县木塔

年？或者说，能矗立多少年？

假如没有地震发生，砖塔可保存两千年，但是要有计划地每隔一段时间进行保养、清理、防水等维护工作。另外，一旦发现局部破裂，就要及时进行维修，砖塔抗更多的年限是没有问题的。此外，更主要的是不要登塔，若登塔的人多，则对塔有损坏。

在建塔时，如果对塔投资甚少，外墙甚薄，直径过小，施工时不仔细，偷工减料，那么这样的塔，最多也就抗几年，然后逐渐塌毁。少则五十年，多至一百年，再也不能延长了。建塔时督工、主持、耗资、塔的大小等诸多因素决定塔的寿命。

98. 古建筑中的屋顶如何防水？

中国古建筑中，一般是用瓦来防水。瓦是用泥土做坯子然后焙烧，烧成浇水之后变为灰色。瓦是从西周时期开始出现的，到现在已有近三千年的历史。在陕西周原地区出土的瓦有筒瓦，有板瓦，瓦上还带有瓦钉，是拴绳用的，以固定瓦。

从那时就流传下来各种式样的瓦。瓦在开始的时候比较大，到后来瓦块逐渐缩小，也就是由大块变为小块。到后期，瓦中又发现筒瓦、长筒瓦、小瓦，一直到明清时代的小青瓦，即青灰色小瓦，也就是现在还能看到的一些老房屋上用的。

小青瓦长20厘米，宽15厘米，厚度有1厘米，从南方到北方所用的瓦都是这样。中国的小青瓦是古代建筑上的重要材料，除了个别的地区由于习惯与经济实力不行而用草屋顶之外，从城市到乡村的房屋多采用它。南方用小青瓦时，屋顶用扁的木条做檩子，将瓦搭在檩条空当处，然后再用小青瓦一仰一合地铺盖，这种房屋不需防寒，不用灰泥，所以屋顶瓦面上不能上人，否则将瓦踩坏，瓦块会落下。北方瓦屋面是将小青瓦铺在泥的背上，也用一仰一合的做法。

合瓦在北方单独烧制圆筒形，直径较短，将它扣在仰瓦的接缝处以防雨水，再用灰泥抹缝隙，十分紧固。东北地区不能用筒瓦，因为冬日寒冷雪大，易于冻冰，灰泥易于酥化，对建筑的影响极大，所以那些地方都用小青瓦面，全部用仰瓦的方式，这样，在屋顶瓦面上不会出现冻冰现象，使房屋保持长久。这也反映了瓦面做法是与当地气候相结合的。在皇宫、庙宇、寺院等的房屋多采用琉璃瓦，琉璃瓦有明丽的光泽与色彩。

中国古代建筑房屋的屋顶都做得很厚，既防寒又防热，最主要的是防雨。

"秦砖汉瓦"这个词，听起来虽然与建筑有关，但它其实本源于金石学。根据考古发现，西周时已有瓦，东周时已有砖，所谓"秦砖汉瓦"绝不是说秦始有砖而汉始有瓦。从金石学的角度来看，"秦砖汉瓦"指的是秦代的画像砖和汉代的瓦。砖瓦的出现虽早于秦汉，但秦汉两代的砖瓦，因其上多刻有文字和图案而具有相当的艺术价值和文物价值，也因此具有一定的代表性。

99. 如何保护已有古建筑?

　　如何对已建好房屋进行保护，是一个很重要的问题。为了延长建筑的寿命，屋顶不漏水，要予以经常性的保护与维修。这与我们所穿的衣服一样，衣服要勤洗勤换，勤整理。对衣服如果保护好，本可以穿两年；不保护不清理，一年就要坏掉了。而一座房屋建成，是"百年大计"，因为它不是临时性建筑，而是持久性的，长期的，所以要保护与维修。

　　如何保护？从屋顶到基础，要经常勘察——有没有裂缝，瓦片是否脱落、破损。有裂缝时，要及时用灰泥抹住，不让其裂开大口，以防雨水渗透。脱落、破损的瓦片要及时补上。每年秋季要苫瓦一次。"苫瓦"就是把瓦取下来，把瓦泥砍下去，在望板上重新铺泥、铺灰、铺瓦，这样会使房屋不漏水。房屋寿命长不长，房屋破不破，关键问题是看房屋的防水防漏如何。砖墙开裂口，要抹补灰泥；地基积水，要及时疏通排水，要做防水坡；门窗破了，及时修补；油漆掉了，及时刷油……这些都是对建筑本身的基本防护。一座房子施工完毕要及时住人，经常住人，有人居住的房屋不易损坏，因为有人即有烟火，房屋总是干燥的。如果一座房子不住人，空着时间久了，房屋返潮，房屋很快就会破坏。总之，也就是说哪个部位出了问题，要及时修补，否则，它很快会被破坏。由于宫廷里房屋多，所以专门设立管理与维修部门。在王府大宅里都有几个专门修房子的技术工人，必要时来修房子。小破小修，大破大修，要及时维修。

　　一般看来，对一所房屋刷浆、抹灰、修地面等，是要经常做的。在农村，乡民的泥土房每年秋天少雨季节，要和泥抹泥墙，抹土墙，整修草房的草顶，重新苫草，重新和泥。屋内的土炕也要拆掉重砌，这样保证过冬时灶炕好用。房屋要年年维修，一年一小修，三年一大修，10至20年要彻底大翻修，这样才是使房屋长久矗立的好方法。

100. 中国古建筑如何古为今用？

中国古代文化的内涵很广泛，古代建筑文化作为与建筑本身相关的文化，是中国古代文化的一个重要的组成部分。因为一座建筑不仅仅涉及工程技术、建筑材料，它的建成还经过了人们的思考——它体现了一种意识形态、思维方式，是具有美学、文学、艺术、历史、文化等价值的综合艺术，所以说建筑展示着一定的工程技术，还蕴含着一定的意识形态。建筑对人们的生活有直接意义，与中国传统文化有直接的渊源。因此，若从文化的角度来研究古建筑，那就有十分重大的意义。近年来，建筑与文化方面的文章、专著在世界上非常多，已成为一项热门话题。

中国古建筑的精华体现在各个方面，无论是从设计与施工，还是从总体布局到艺术装修等都有其特色。像古代建筑上的构造、装饰、装修、处理手法都有一些精彩之处。古为今用，就是对建筑特点的运用。

那么，当今进行建筑设计时，如何运用古代建筑的精华呢？这确是一件很难的事情。前些年，一些大型建筑单纯追求形式，只运用了大屋顶、斗拱等，其实大屋顶与斗拱只是古建筑中的一部分。

我认为，下列一些东西可以运用，也就是古代建筑的特色。如大收分柱、直棂窗、明廊、敞厅、月梁、丁头拱、一斗三升、庇檐、搭子、美人靠、廊板、短桩式基座、雀替、垂莲柱、双扇板门、彻上明造、悬山顶、博风板、镜牌、替木、缴背、藻井、穹隆、叠涩式、覆斗式、影壁、碑刻廊院、中轴线对称式、屏门、扇、八卦门、小亭子、小楼阁、乌头门、台阶、莲节柱、檐顶、眼笼窗、平棋、天宫楼阁、长廊、飞廊、斜廊、栏杆、大过梁等。这些不一定都做清式，还可以采用一些汉、宋、辽、金及明代的建筑风格和特征，这样就更加丰富多彩了。

在设计中要注意这些建筑元素在古建筑的什么部位，起什么作用与意义。当我们将那些元素单独地引用到新建筑上，应如何处理？放在哪儿？如何变化？怎样改变它？这些，建筑师都应该考虑到。

我们要继续学习古建筑，学习建筑历史。虽然古建筑内容繁复，但经过学习仍然是可以掌握的，而当代的建筑师应当在设计中抓住主题，运用古建筑手法和艺术风格来做文章。

我们再以内蒙古建筑为例，其中在喇嘛庙的设计方法上就不是保守的。在设计时充分运用西藏式喇嘛庙式样和内地汉式寺庙的样子，然后使汉藏两种式样相结合，即成为"内蒙古建筑风格"。那么到底是怎样结合的呢？

一方面，是在单座建筑上结合运用，成为汉藏混合式；另一方面，是在一座寺庙的总体上结合，其中几个殿做汉式的，还有几个殿用藏式的，至于总平面布局还是以汉式的或者藏式为主。

这些经过绘草图、构思运用、设计，创造性地实践，是可以做成功的。据我的设想，将来中国新建筑的方向还是要体现出民族古代建筑式样的。

| 参考文献 |

· （宋）聂崇义.新定三礼图.上海：上海古籍出版社，1985.

· （明）计成.园冶.北京：中国建筑工业出版社，2009.

· 张驭寰.中国古代建筑史.北京：科学出版社，1985.

· 张驭寰.中国古建筑分类图说.郑州：河南科学技术出版社，2005.

· 张驭寰.中国建筑源流新探.天津：天津大学出版社，2010.

· 刘敦桢.苏州古典园林.北京：中国建筑工业出版社，1979.

· 刘敦桢.中国古代建筑史.北京：中国建筑工业出版社，1984.

· 王其明.北京四合院.北京：中国书店，1999.

· 天津大学建筑系，承德文物局.承德古建筑.北京：中国建筑工业出版社，1982.

☆说明：本文所收入的图片，若无特别标注，均系作者本人拍摄、描绘。

工伤预防培训实务

常州市人力资源和社会保障局　组织编写

汪龙生　主编

中国劳动社会保障出版社

图书在版编目（CIP）数据

工伤预防培训实务/汪龙生主编. —— 北京：中国劳动社会保障出版社，2023

ISBN 978-7-5167-6128-1

Ⅰ.①工… Ⅱ.①汪… Ⅲ.①工伤事故 – 事故预防 – 安全培训 – 教材 Ⅳ.① X928.03

中国国家版本馆 CIP 数据核字（2023）第 211063 号

中国劳动社会保障出版社出版发行

（北京市惠新东街 1 号　邮政编码：100029）

*

保定市中画美凯印刷有限公司印刷装订　　　新华书店经销

880 毫米 × 1230 毫米　32 开本　8.625 印张　203 千字

2023 年 11 月第 1 版　　2023 年 11 月第 1 次印刷

定价：32.00 元

营销中心电话：400-606-6496

出版社网址：http://www.class.com.cn

版权专有　　　侵权必究

如有印装差错，请与本社联系调换：（010）81211666

我社将与版权执法机关配合，大力打击盗印、销售和使用盗版图书活动，敬请广大读者协助举报，经查实将给予举报者奖励。

举报电话：（010）64954652

《工伤预防培训实务》编委会

委　员：薛建忠　汤莉洁　唐晓霞　方　谦　汪龙生
　　　　丁　怡　庄　菁　胡卫锋　周启明
主　编：汪龙生
副主编：丁　怡　庄　菁　胡卫锋　周启明

前言

　　工伤事故时有发生，威胁广大职工生命安全和身体健康，因此一定要从根本上避免和减少工伤事故发生。工伤预防是工伤保险的重要组成部分，尤其要体现"以人为本"的宗旨。虽说工伤事故的发生受很多不确定因素的影响，但"工伤事故无小事"，要防止工伤事故发生，必须深入辨析和控制导致工伤事故发生的根本原因，增强广大职工工伤预防责任意识，做到权责到位。企业应规范职工操作流程，做好班组管理，降低工伤事故发生率。

　　做好工伤预防培训与宣传工作，进一步拓宽工伤预防培训与宣传渠道，是工伤预防培训项目的重要内容。工伤预防培训能够加强政策法规的宣传教育，强化工伤预防理论和技术的普及，有效遏制工伤事故发生。然而，在工伤预防培训工作方面，目前培训教材单一，特组织编写了本教材。本教材内容包括工伤预防管理、工伤事故预防、职业病危害防治、工伤预防工作实践及附录五部分，既可用于工伤预防培训工作指导，也可作为工伤预防宣传材料和培训教材。

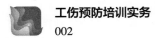
　　在本书编写过程中参阅了大量工伤预防和安全生产方面的书籍和资料，在此对相关作者表示感谢。限于编者水平，内容可能不甚完善，敬请广大读者在阅读和使用中提出宝贵意见，以便进一步丰富和完善。

目录

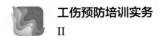

第一章
工伤预防管理

　　工伤保险是社会保险的一个重要分支。工伤保险是一种社会保障制度，为因工作遭受事故伤害或患职业病的职工提供医疗救治和经济补偿。工伤保险的保障对象是职业人群。工伤事故对个人、家庭甚至社会的影响往往远大于事故本身，是引发劳动争议和冲突的重要原因之一。因此，在大多数国家，工伤保险是最早建立的社会保险之一。

　　《工伤保险条例》强调工伤预防、工伤补偿和工伤康复三位一体的原则，将工伤预防摆在了与工伤补偿和工伤康复同等的地位。2017年9月，人力资源社会保障部、财政部、国家卫生计生委、国家安全监管总局下发《关于印发工伤预防费使用管理暂行办法的通知》（人社部规〔2017〕13号），对工伤预防工作开展和费用使用进行了明确的规定。2020年12月，人力资源社会保障部等八部门联合下发《工伤预防五年行动计划（2021—2025年）》

（人社部发〔2020〕90号），部署"十四五"期间全国工伤预防工作。

工伤预防可以降低工伤事故和职业病的发生率，保障职工的安全健康，分散用人单位风险，强化安全责任，降低社会成本。随着社会的进步，应从源头上减少和避免工伤事故和职业病的发生，因此需要加强工伤预防体系建设。

通过本章的介绍，读者可了解工伤预防的概念、工伤预防在工伤保险中的地位和作用、工伤预防工作的管理机制和管理模式等。

第一节　工伤预防概述

随着经济的快速发展，工业化程度不断提高，工伤保险对工伤事故和职业病的保障作用愈加重要。我国的工伤保险制度是工伤预防、工伤补偿和工伤康复三位一体的保险制度，除保障工伤职工得到医疗救治和经济补偿之外，还包括促进工伤预防工作，避免和减少工伤事故和职业病的发生，并通过医疗康复和职业康复，使工伤职工回归社会和重返工作岗位，促进社会和谐稳定。

一、工伤预防的概念和目标

工伤预防是指采用经济、管理和技术等手段，事先防范工伤事故以及职业病，改善和创造有利于安全和健康的劳动条件，减少工伤事故及职业病隐患，保护职工在劳动过程中的安全和健康。工伤预防的目的是从源头上减少和避免工伤事故和职业病的发生，实现"零工伤"的最终目标。建立工伤保险制度的目的是保护职工和分散用人单位风险。保护职工的基本目标是保障职工因工作受到事故伤害或患职业病后，获得医疗救治和经济补偿，保障其基本生活，最高目标是"无伤害"；分散用人单位风险的基本目标是保障用人单位不会因工伤事故导致经营困难，最高目标是"无风险"。因此，工伤保险制度的最终目标是实现"零工伤"，应将工伤预防放在首位。

二、工伤预防的地位和作用

1. 工伤预防的地位

国际劳工组织第 121 号公约《工伤事故和职业病津贴公约》要求其成员必须把制定的工业安全与职业病预防条例写入工伤保险条款，要求实施工伤保险制度的国家必须采取工伤预防措施，并将工伤预防作为政府的重要职责。

《中华人民共和国安全生产法》第三条明确提出安全生产工作"坚持安全第一、预防为主、综合治理的方针"。2003 年 4 月，国务院颁布的《工伤保险条例》第一条提出了"促进工伤预防"的立法宗旨，第四条提出"用人单位和职工应当遵守有关安全生产和职业病防治的法律法规，执行安全卫生规程和标准，预防工伤事故发生，避免和减少职业病危害"。2010 年修订的《工伤保险条例》明确规定工伤预防的宣传、培训等费用可从工伤保险基金中列支，奠定了工伤预防功能的法律地位和制度基础，也表明我国政府对工伤预防工作的一贯重视。

2. 工伤预防的作用

（1）降低工伤事故和职业病的发生率。工伤预防是用人单位安全生产工作的一项重要内容。用人单位要进行生产活动，就存在发生伤亡事故和职业病的可能。据统计，我国每年认定（视同）工伤人数超 100 万人，评定伤残等级人数超 50 万人，新患职业病人数超 1 万人。减少工伤事故和职业病的发生，保障职工在生产过程中的安全和健康，需要做好工伤预防工作。据统计，现有的事故 80% 以上是可以通过加强安全生产工作而避免的，由

此说明工伤预防工作的迫切性和重要性。

（2）有利于用人单位发展。近几年来，我国工伤事故和职业病对职工生命安全和健康的损害及其所造成的重大经济损失，已经引起各级政府和社会各个方面的广泛关注。随着工伤保险制度的改革，将工伤预防引入工伤保险制度，可使用人单位了解工伤保险不只有补偿功能，也是分散用人单位风险，强化安全责任，改善作业环境，保护职工安全和健康的重要手段。一方面，工伤预防可提高用人单位安全管理水平，消除事故隐患，减少和避免事故的发生，从而提升用人单位形象，减少用人单位的经济损失，保障用人单位生产经营顺利进行，有助于用人单位的良性发展，进而推动经济社会的发展进步。另一方面，用人单位工伤事故减少，将大大减少由此引发的劳动争议，有利于建立和谐的劳动关系，促进社会的和谐稳定。

（3）减少工伤保险基金支出。国际通行的"损失控制"理论表明，在前期投入少量资金开展工伤预防工作，事后可减少大量的赔偿支出。据国际劳工组织测算，一个国家职业伤害造成的经济损失通常占该国国内生产总值（GDP）的 2% 左右。按国家统计局《中华人民共和国 2022 年国民经济和社会发展统计年报》公布的 2022 年我国 121 万亿元的 GDP 计算，我国一年中各种职业伤害造成的经济损失约为 2.42 万亿元。工伤预防工作既能减少职业伤害，也是减少工伤保险基金支出的重要手段。实践证明，加强工伤预防工作，是控制工伤保险基金支出的有效办法。同时，工伤事故和工伤人数减少，还可减少工伤认定、劳动能力鉴定和待遇支付等一系列工作量和管理费用，从而降低行政成本。

三、工伤预防管理机制

国际工伤保险制度已走过被动补偿的消极工伤保险阶段，工伤预防、工伤补偿和工伤康复相结合是国际工伤保险制度发展的主流。大多数的工业化国家已开始把"控制损失"作为工伤保险的主要目标，很多国家已将工伤预防作为工伤保险的首要职责和主要内容。

1. 世界各国关于工伤预防的法律规定

为了确保职工的生命安全，德国制定了劳动保护法规，由政府部门对各行各业的安全生产、劳动保护、职工工伤亡依法行使监察的职能，实行行业管理。协会或公会制定行业的技术标准、规范，各企业认真贯彻执行。同时，这些技术标准、规范也是法院判定企业是否正确遵守行业规范的法定依据。各企业依据这些技术标准、规范制定各自的安全规章制度和工作条例。德国的《社会法典》规定了"预防优先"和"康复先于赔付"的原则，并把"预防为主"作为工伤保险工作的首要目标，赋予工伤保险管理机构"使用所有适用手段防止事故和职业病发生"的责任。德国同业公会每年从工伤保险基金中提取5%~7%的资金，用于开展工伤预防工作，取得了很好的经济效益和社会效益。

法国、澳大利亚、加拿大、美国、巴西、意大利和日本等国家在工伤保险立法中均有事故预防优先的条款。

法国《关于就业伤亡的补偿》中写入了伤亡事故预防与工伤保险补偿计划相联系的条款。工伤保险基金由国家级、省级、地方级社会保险机构负责，与其他基金一同管理，每年提取7%~8%作为事故预防基金。此外，社会保险机构还收取相当于工资收入1.5%的保险费，由雇主缴纳。该保险费与对那些不遵守职业安全的雇主的罚款，一同作为事故预防基金。

澳大利亚的社会保障立法明确规定，建立事故保险基金的目的首先在于工伤预防，其次才是伤亡事故处理、职业康复和发放

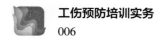

补偿金。该国法律还规定，除雇主外，私人保险机构也必须为事故预防提供资金。澳大利亚的许多保险机构都雇用检查员及安全调研员，为事故预防提供意见和建议。工伤保险机构还为企业提供咨询服务并组织安全教育工作。

加拿大的省级保险法要求雇主必须在企业内建立安全委员会。加拿大哥伦比亚省工人赔偿委员会每年安排 3.48% 的事故预防费，用于安全宣传教育和管理。

美国的马萨诸塞州早在 1912 年就开始将部分职工补偿基金用于工伤预防。俄亥俄州的保险计划委员会成立了安全和健康基金会，该基金会每年拿出其财政收入的 1% 作为工伤预防基金，以实施工伤预防计划。虽然美国政府并未规定私人保险人缴纳预防费用，但他们仍以每年保额 1.1% 的资金资助工伤预防工作。

巴西社会保障法规定，社会保险机构必须向工业安全、健康及医药卫生基金会缴纳一定费用。社会保险机构的一部分收入必须用于安全措施的建立或事故预防工作。

意大利的《工伤事故与职业病条例》赋予国家工伤保险局（INAIL）的主要职责：预防工伤事故，为从事危险工作的职工提供保险，使工伤事故的受害者重回劳动力市场和社会生活。为了减少事故发生，INAIL 采用了许多重要的手段持续监测事故倾向，向中小企业提供预防性培训与建议，并向改善安全条件的企业提供资金，鼓励企业对预防措施进行技术革新。意大利每年利用工伤保险基金的 5%~10% 开展工伤预防工作。

日本的社会保障制度规定，社会保险基金除用于正常的补偿外，有责任支持并推动工伤预防工作，资助工业安全与卫生领域的各类科研与实验活动，资助职工的职业病普查等。日本劳动福利事业团负责办理具体的业务，开展与工伤保险有关的改善劳动环境、预防事故、工伤职工疗养康复及援助因工死亡家属等工作。

2. 世界各地工伤预防的管理模式

一般来说，工伤预防从立法、执行、监察到提供预防服务，往往需要国家多个部门或机构的共同参与，协作实施。

在工伤预防的管理机构方面，国外工伤预防的管理模式分为3种：第一种是工伤预防工作由政府或专门机构承担，如英联邦国家和东欧一些国家的工伤保险立法中没有工伤预防的内容，国家实施工伤保险并负责赔付，而工伤预防工作则由政府专设部门或者委托专门机构管理；第二种是工伤保险和工伤预防由两个相关机构分别管理，如日本在劳动省基准局下设两个机构分别管理；第三种是工伤保险和工伤预防由同一个机构管理，如德国同业公会在管理工伤保险的同时兼顾了预防、补偿和康复等职能。

在工伤预防机制方面，各国实践经验表明，工伤预防必须与本国国情相结合，必须将工伤预防与其他主体预防手段相结合。由于各国工伤保险制度的具体实施差异较大，并没有一套普遍适用的工伤预防机制，但一些基本的方法与手段可供借鉴。一般来说，大多数国家工伤预防机制主要由两部分组成：一种是运用费率机制来实现事故预防；另一种是建立专门的工伤预防基金。

3. 世界各地工伤预防的措施与经验

工伤预防在全球范围内广泛开展，取得了较好的经济效益和社会效益。例如，作为工伤保险制度发源地的德国，是工伤预防、工伤补偿和工伤康复三位一体的工伤保险制度比较完善的国家，由于重视工伤预防工作，从1970年到2008年，工伤事故发生率下降了约60%，工亡事故发生率更是下降了约75%，同时工伤保险平均缴费费率从1.51%下降到了1.26%。各国的工伤预防

措施主要包括以下几个方面。

（1）工伤保险与安全生产工作紧密结合。日本的这两项工作统一由劳动省基准局管理，并设立劳动福利事业团办理具体业务。劳动福利事业团提出计划，申请经费，独立经营，建立工伤保险医院、疗养院、康复中心等工伤福利设施；向中小企业提供低息贷款，帮助其改善劳动条件；工伤保险工作做到了人、钱、事统一管理。日本允许社会保障部门开展预防工作，其中最重要的是对不同的工伤预防组织给予财政权力。日本实行三级机构垂直管理模式，第一级是劳动省基准局，第二级是各都道府县设劳动基准局（47个），第三级是厂（矿）区劳动基准监督署（340多个），全国共有安全监督官3 000多名。为防止事故，日本安全监督管理部门加大了事故预防投入的比例，主要用于安全科学技术研究、宣传培训、检测检验等方面。

为了保障企业的生产安全，减少工伤事故，德国各工伤保险同业公会在全国自上而下设立了安全技术监察部门，配备专职安全监督员，一直深入到厂（矿）密集的工业区，形成了能够对每个企业进行有效监督检查的管理网络体系。安全监督员在工作中发现企业存在安全生产问题时，一是能够及时提出指导性意见并督促企业整改，二是可提请安全技术监察部门监督企业整改。此外，同业公会内还设有技术支援机构、医院和研究机构。技术支援机构可帮助企业培训和检测分析，指导企业改进工作；医院可医治一些非严重性伤员和职业病患者；研究机构可针对影响职工安全与健康的危害因素做一些前瞻性的专题研究。

（2）设立专门的工伤预防基金。法国的社会保险机构建立专门的工伤预防基金，配备专职的安全监督员。工伤预防基金主要用于为企业提供安全方面的咨询，提供安全技术和安全专家，监督实施安全条例和开展工伤统计分析等工作。社会保险机构负责的工伤预防基金会，资助职业安全与职业病预防研究所，主要用于研究并发布有关的职业安全与卫生信息，培训事故预防专家。社会保险工作者的预防工作包括提供安全技术，并将研究成果提交给负责职业安全与卫生的劳动管理人员。同时，政府的劳动部门也有一支职业安全和卫生方面的专职监察队伍。

在美国，俄亥俄州的保险计划委员会拿出其收入的 1% 作为工伤预防基金。虽然美国政府并未规定私人保险人缴纳预防费用，但他们仍以每年保额 1.1% 的资金资助工伤预防工作，主要工作内容包括建立预防数据库，开展教育、指导与培训，以及财政支持等。

（3）调整费率，促进工伤预防。日本工伤保险费按行业差别划分，共分八大产业 53 个行业，最高费率为 14.8%，最低费率为 0.5%。另外，各行业附加 0.1% 的通勤事故保险费率。为促进工伤预防，行业差别费率每 3 年调整 1 次，根据企业的收支比例计算，上下浮动幅度最高达 40%。

德国根据行业的不同特点设立了 35 个同业公会，形成不同的费率。平均费率最低为 0.71%，最高为 14.58%。德国还根据企业的安全生产状况上下浮动保险费，浮动幅度最高达 30%。

实践表明，这些做法有效地提高了企业安全生产的积极性。

（4）加强劳动保护工作。德国在劳动保护监察方面实行双轨制。

德国在制定劳动保护规范方面的具体工作：国家制定劳动保护规范的框架，德国同业公会按照此规范制定劳动保护方面的规程与规定。这些规程与规定，涉及劳动保护的各个方面，既包括机器安全设置方面的规范，也包括使用机器时的劳动防护用品方面的规范。德国劳动保护方面的规程与规定总计约 130 个。所有

制定、公布、出版劳动保护规程与规定的费用，都由工伤预防经费承担。

德国同业公会中的技术监督机构（TAD）负责对企业进行劳动保护监察和咨询服务。该技术监督机构约有 3 000 名监察员，其工作重点在于就劳动保护方面与企业会谈。监察员在工矿企业检查安全条件和职业危险程度，有权要求企业安全工程师积极配合。检查结束后，监察员要将检查结果通知雇主。如果发现雇主有违反安全卫生规定的情况，而雇主又不整改的，监察员将报告政府有关监督人员，对其进行处罚。此外，同业公会还建立了 20 多个检测检查站，免费为中小企业提供服务。

（5）开展安全教育培训和提供劳动医疗服务。开展安全教育培训是德国同业公会预防工伤事故的又一个重要手段。同业公会设立了 36 个培训中心，通过电视、互联网等工具，对学员进行劳动安全教育培训。学员在培训期间的食、宿、培训、交通一律免费，由工伤预防经费列支。另外，为尽早发现职业病，同业公会还积极提供劳动医疗服务。劳动医疗由同业公会所属的 170 个检查中心进行。检查中心的医生不是治疗医生，仅负责健康检查。根据规定，在一般情况下，雇主招收新工人要进行劳动健康检查，对于特殊工种的工人，必须定期进行检查，其他工种工人也应定期检查。

第二节　工伤预防管理模式

工伤保险制度下的工伤预防，一般随着工伤保险覆盖面的扩大和统筹层次的提高而得以加强，体现在工伤保险基金的收支等方面。从工伤保险基金方面来看，工伤预防的管理措施主要有两类：一是费率机制的预防措施，即在收取工伤保险费时通过费率调整（对风险大、事故多的行业企业提高费率，反之则降低费率）达到工伤预防的目的，是工伤保险制度内在的预防措施；二是使用工伤保险基金开展的预防措施，就是从工伤保险基金中支出工伤预防费，是工伤保险制度外在的预防措施。

一、扩大工伤保险覆盖面

工伤保险作为一种社会保险，大数法则是其十分重要的原则，即参加保险者必须有较大的人群才能共同应对风险，才能较好地开展工伤预防等工作。以我国工伤保险发展历史为例，自中华人民共和国成立以来，我国工伤保险制度的覆盖面逐渐扩大，这也是我国工伤预防工作不断深入开展的基础。

1951 年，政务院公布《中华人民共和国劳动保险条例》。1953 年，政务院公布修正后的《中华人民共和国劳动保险条例》。其第二条规定，本条例的实施，采取逐步推广办法，实施范围暂定如下：

甲、有工人职员一百人以上的国营、公私合营、私营及合作社经营的工厂、矿场及其附属单位。

乙、铁路、航运、邮电的各企业单位与附属单位。

丙、工、矿、交通事业的基本建设单位。

丁、国营建筑公司。

关于本条例的实施范围继续推广办法由中央人民政府劳动部根据实际情况随时提出意见，报请中央人民政府政务院决定之。

第三条规定，不实行本条例的企业及季节性的企业，其有关劳动保险事项，得由各企业或其所属产业或行业的行政方面或资方与工会组织，根据本条例的原则及本企业、本产业或本行业的

实际情况协商，订立集体合同规定之。

第四条规定，凡在实行劳动保险的企业内工作的工人与职员（包括学徒），不分民族、年龄、性别和国籍，均适用本条例，但被剥夺政治权利者除外。

1996年施行的《企业职工工伤保险试行办法》对工伤保险参保范围的规定："中华人民共和国境内的企业及其职工必须遵照本办法的规定执行。"

2004年施行的《工伤保险条例》对工伤保险参保范围的规定："中华人民共和国境内的各类企业、有雇工的个体工商户（以下称用人单位）应当依照本条例规定参加工伤保险，为本单位全部职工或者雇工（以下称职工）缴纳工伤保险费。中华人民共和国境内的各类企业的职工和个体工商户的雇工，均有依照本条例的规定享受工伤保险待遇的权利。有雇工的个体工商户参加工伤保险的具体步骤和实施办法，由省、自治区、直辖市人民政府规定。"

2010年，《国务院关于修改〈工伤保险条例〉的决定》对《工伤保险条例》进行修订，修订后的《工伤保险条例》对工伤保险参保范围的规定："中华人民共和国境内的企业、事业单位、社会团体、民办非企业单位、基金会、律师事务所、会计师事务所等组织和有雇工的个体工商户（以下称用人单位）应当依照本条例规定参加工伤保险，为本单位全部职工或者雇工（以下称职工）缴纳工伤保险费。中华人民共和国境内的企业、事业单位、社会团体、民办非企业单位、基金会、律师事务所、会计师事务所等组织的职工和个体工商户的雇工，均有依照本条例的规定享受工伤保险待遇的权利。"

由以上规定可以看出，我国工伤保险覆盖面在不断扩大。截至 2022 年年底，工伤保险参保人数达 2.9 亿人，并将继续增加。覆盖面扩大意味着工伤保险抵御风险的能力不断加强，功能逐渐完备，工伤预防作为工伤保险的一个重要功能，也在不断得到重视和加强。

二、工伤保险费率调整

《中华人民共和国社会保险法》第三十四条、《工伤保险条例》第八条规定，国家根据不同行业的工伤风险程度确定行业的差别费率，并根据使用工伤保险基金、工伤发生率等情况在每个行业内确定费率档次。根据这些规定，在实际操作中，社会保险经办机构根据用人单位使用工伤保险基金、工伤发生率和所属行业费率档次等情况，确定用人单位缴费费率。即在筹集工伤保险基金的过程中，采取工伤保险行业差别费率和浮动费率机制，根据用人单位的工伤风险和工伤事故发生情况，调整用人单位的缴费费率，对安全生产状况差、使用工伤保险基金多的用人单位提高缴费比例，对安全生产状况好、使用工伤保险基金少的用人单位降低缴费比例。这实质上是对两种不同情况用人单位的奖惩措施，可以引导用人单位做好工伤预防，利用经济杠杆作用激励和督促用人单位加强安全管理和工伤预防工作。

1. 行业差别费率机制

（1）行业差别费率机制的概念。行业差别费率机制是指根据不同行业不同工作环境可能发生伤亡事故的风险和职业的危险程度，分别确定不同比例的工伤保险费率的机制。行业差别费率是工伤保险特有的费率模式。

行业差别费率是工伤保险费率确定的基础。差别费率是国际比较通用的一种筹资方法。世界上建立工伤保险制度的国家大多实行行业差别费率，即用人单位的缴费费率与所属行业风险程度、事故发生频率挂钩。例如，对工伤事故发生频率高的煤炭开采业、建筑业等企业，确定较高的行业基准费率；反之，对银行业、证券业、商业等企业，确定较低的行业基准费率。差别费率使工伤保险费的征缴更加趋于合理化。行业差别费率的确定，首先按照不同行业的工伤风险程度在每个行业确定一个基准费率，然后在基准费率的基础上，再根据不同行业具体用人单位的安全生产状况、工伤保险基金使用等情况，在每个行业内确定若干费率档次。实行行业差别费率机制，在一定程度上使工伤保险的互助互济原则和雇主责任制原则有机结合，使工伤保险和工伤预防紧密结合，既保护了工伤职工合法权益，又分散了用人单位风险。

不同的行业，其工伤事故或者职业病的发生率是不一样的。反映不同工伤风险的行业划分，一方面要参照国民经济行业分类，另一方面要依据职业安全健康的经验数据。经验数据根据事故和职业病统计数据分析得出，这些数据不是单独的事故发生率、职业病发生率等，还要考虑事故造成的损失。用人单位费率的确定主要依据企业的规模和所从属的行业，其中企业所从属的行业是考虑费率水平的重要条件，各个企业风险程度是确定费率过程中的重要因素。

（2）行业差别费率的确定依据。确定行业差别费率所依据的评价指标主要有以下几种：

1）工伤事故发生次数。工伤事故发生次数是指单位时间内某行业发生工伤事故的次数总和。本指标说明工伤事故的发生频率和劳动保护安全制度的总效应。

2）因工伤亡总人数。因工伤亡总人数是指某行业单位时间内因工伤残、死亡的人数之和。

3）因工伤亡总人次数。因工伤亡总人次数是指某行业单位时间内因工负伤、致残乃至死亡的累积人数与次数之和。这一指标反映行业工伤事故的总体规模，是确定差别费率的重要指标。

4）工伤事故频率。工伤事故频率是指某行业单位时间内每千名职工因工负伤的总人次数。这一指标反映行业或企业内职业伤害发生的程度，说明在职工总体中工伤事故发生的概率。

5）工伤死亡率。工伤死亡率是指某行业单位时间内因工死亡的职工占工伤总人数的比例。这一指标反映工伤事故对职工的伤害程度，说明行业工伤事故的严重程度。

2. 浮动费率机制

浮动费率机制是指在差别费率的基础上，根据企业在一定时期内安全生产状况和工伤保险费使用情况，在评估的基础上，定期对企业缴费费率予以浮动的办法。浮动费率的目的是利用经济杠杆促进企业重视安全生产，强化工伤预防工作，降低企业工伤事故率。

浮动费率是与企业的工伤事故率直接挂钩的，企业上一年的事故越多，其第二年的缴费就越多，这就体现出浮动费率的经济杠杆作用。为了发挥好浮动费率这个经济杠杆作用，必须制定规范的浮动费率机制，科学地统计分析和评估行业企业的工伤事故率、工伤保险支缴率，调整企业的工伤保险费率。

3. 我国费率机制的运行情况

《工伤保险条例》第八条规定，工伤保险费根据以支定收、收支平衡的原则，确定费率。国家根据不同行业的工伤风险程度确定行业的差别费率，并根据工伤保险费使用、工伤发生率等情况在每个行业内确定若干费率档次。行业差别费率及行业内费率

档次由国务院社会保险行政部门制定，报国务院批准后公布施行。统筹地区经办机构根据用人单位工伤保险费使用、工伤发生率等情况，适用所属行业内相应的费率档次确定单位缴费费率。

自 2004 年《工伤保险条例》实施以来，我国的工伤保险费率机制已初步建立，并对企业加强安全管理、开展工伤预防起到一定的促进作用。但是，我国工伤保险行业差别费率划分较粗，行业基准费率差距较小，浮动档次较少。因此，我国的工伤保险费率机制还需不断改革和完善，从而使工伤保险制度的预防功能得以充分发挥。

我国现阶段工伤保险费率政策依据 2015 年 7 月人力资源社会保障部、财政部共同发布的《关于调整工伤保险费率政策的通知》（人社部发〔2015〕71 号），主要规定如下。

（1）关于行业工伤风险类别划分。按照《国民经济行业分类》对行业的划分，根据不同行业的工伤风险程度，由低到高，依次将行业工伤风险类别划分为一类至八类。

第一类：软件和信息技术服务业，货币金融服务，资本市场服务，保险业，其他金融业，科技推广和应用服务业，社会工作，广播、电视、电影和影视录音制作业，中国共产党机关，国家机构，人民政协、民主党派，社会保障，群众团体、社会团体和其他成员组织，基层群众自治组织，国际组织。

第二类：批发业，零售业，仓储业，邮政业，住宿业，餐饮业，电信、广播电视和卫星传输服务，互联网和相关服务，房地产业，租赁业，商务服务业，研究和试验发展，专业技术服务业，居民服务业，其他服务业，教育，卫生，新闻和出版业，文化艺术业。

第三类：农副食品加工业，食品制造业，酒、饮料和精制茶制造业，烟草制品业，纺织业，木材加工和木、竹、藤、棕、草制品业，文教、工美、体育和娱乐用品制造业，计算机、通信和其他电子设备制造业，仪器仪表制造业，其他制造业，水的生产和供应业，机动车、电子产品和日用产品修理业，水利管理业，生态保护和环境治理业，公共设施管理业，娱乐业。

第四类：农业，畜牧业，农、林、牧、渔服务业，纺织服装、服饰业，皮革、毛皮、羽毛及其制品和制鞋业，印刷和记录媒介复制业，医药制造业，化学纤维制造业，橡胶和塑料制品业，金属制品业，通用设备制造业，专用设备制造业，汽车制造业，铁路、船舶、航空航天和其他运输设备制造业，电气机械和器材制造业，废弃资源综合利用业，金属制品、机械和设备修理业，电力、热力生产和供应业，燃气生产和供应业，铁路运输业，航空运输业，管道运输业，体育。

第五类：林业、开采辅助活动、家具制造业、造纸和纸制品业、建筑安装业、建筑装饰和其他建筑业、道路运输业、水上运输业、装卸搬运和运输代理业。

第六类：渔业、化学原料和化学制品制造业、非金属矿物制品业、黑色金属冶炼和压延加工业、有色金属冶炼和压延加工业、房屋建筑业、土木工程建筑业。

第七类：石油和天然气开采业，其他采矿业，石油加工、炼焦和核燃料加工业。

第八类：煤炭开采和洗选业、黑色金属矿采选业、有色金属矿采选业、非金属矿采选业。

（2）关于行业差别费率及其档次确定。不同工伤风险类别的行业执行不同的工伤保险行业基准费率。各行业工伤风险类别对应的全国工伤保险行业基准费率：一类至八类分别控制在该行

业用人单位职工工资总额的 0.2%、0.4%、0.7%、0.9%、1.1%、1.3%、1.6%、1.9% 左右。

通过费率浮动的办法确定每个行业内的费率档次。一类行业分为 3 个档次，即在基准费率的基础上，可向上浮动至 120%、150%；二类至八类行业分为 5 个档次，即在基准费率的基础上，可分别向上浮动至 120%、150% 或向下浮动至 80%、50%。

各统筹地区人力资源社会保障部门会同财政部门，按照"以支定收、收支平衡"的原则，合理确定本地区工伤保险行业基准费率具体标准，并征求工会组织、用人单位代表的意见，报统筹地区人民政府批准后实施。基准费率的具体标准可根据统筹地区经济产业结构变动、工伤保险费使用等情况适时调整。

（3）关于单位费率的确定与浮动。统筹地区社会保险经办机构根据用人单位工伤保险费使用、工伤发生率、职业病危害程度等因素，确定用人单位工伤保险费率，并可依据上述因素变化情况，每 1~3 年确定其在所属行业不同费率档次间是否浮动。对符合浮动条件的用人单位，每次可上下浮动一档或两档。统筹地区工伤保险最低费率不低于本地区一类风险行业基准费率。费率浮动的具体办法由统筹地区人力资源社会保障部门商财政部门制定，并征求工会组织、用人单位代表的意见。

需要指出的是，行业差别费率和浮动费率虽然对促进工伤预防工作有一定作用，但是这种作用是有条件、有限度的，必须综合采取多种措施，才能搞好工伤预防工作。

三、其他综合性预防措施

其他综合性预防措施主要是指采取教育培训、技术和经济等措施，提高用人单位和职工的工伤预防意识，改善企业职业安全健康状况，促进企业加强安全生产，减少工伤事故和职业病的发生。

1. 教育培训措施

教育培训措施是指开展工伤预防的宣传、教育与培训等活动，是贯彻"安全第一，预防为主，综合治理"方针，普及安全生产和工伤保险知识，提高用人单位和职工工伤预防意识，增强工伤预防能力，减少和避免工伤事故和职业病发生的重要措施。

开展工伤预防的宣传、教育与培训工作，在安全生产和工伤保险中有着非常重要的意义，也是国内外工伤预防工作普遍采取的基本措施。开展工伤预防的宣传、教育与培训工作，一方面，可以提高用人单位和职工做好安全生产工作的责任感和自觉性，帮助其正确认识安全生产和工伤预防的重要性，树立"安全第一"的安全价值观和"预防优先"的预防理念；另一方面，能够普及工伤预防和职业安全健康方面的法律法规、基本知识，增强职工安全操作技能，做到工作中不伤害自己，不伤害他人，不被他人伤害，保护他人不受伤害，从而保护自己和他人的安全与健康。

工伤预防的宣传主要包括：媒体宣传活动、政策咨询活动和知识竞赛，制作公益广告和标志，印制和发放宣传资料等。教育培训针对培训内容和培训对象，灵活选择多种方式方法，可采用讲授法、情景模拟演练法、案例研讨法和宣传娱乐法，还可以通过网络视频开展网上培训等。

2. 技术措施

技术措施是指企业开展的预防工伤事故和职业病的技术活动，以及企业对其设备、设施和生产工艺等从工伤预防和职业安全健康的角度进行的设计、改造、检测和维护，从而改善其职业安全健康状况，减少工伤事故和职业病的发生。

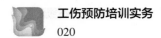
另外，技术措施还包括对工伤预防新技术、新产品的开发等科研活动，以提高工伤预防的技术水平。

（1）工伤事故预防的技术措施。防止工伤事故发生的技术措施是指约束、限制能量或危险物质，防止其意外释放的技术措施。常用的技术措施有消除危险源、限制能量或危险物质、隔离、故障－安全设计、减少故障和失误、个体防护、设置薄弱环节、避难与救援等。

1）消除危险源。消除系统中的危险源，可以从根本上防止事故发生。但是，按照现代安全管理理论，彻底消除所有危险源是不可能的，因此，人们往往选择现实中危险性较大、在现有技术条件下可以消除的危险源作为优先考虑的对象。可以通过选择合适的工艺、技术、设备、设施，采用合理的结构形式，选择无害、无毒或不会使人受到伤害的物料来彻底消除某种危险源。

2）限制能量或危险物质。限制能量或危险物质可以防止事故发生，如减少能量或危险物质的量，防止能量蓄积，安全地释放能量等。

3）隔离。隔离是一种常用的控制能量或危险物质的事故预防技术措施。采取隔离技术，既可以防止事故发生，也可以防止事故扩大，减少事故损失。

4）故障－安全设计。在系统、设备、设施的一部分发生故障或被破坏的情况下，在一定时间内也能保障安全的技术措施称为故障－安全设计。该类设计可使系统、设备、设施发生故障或事故时处于低能状态，防止能量意外释放。

5）减少故障和失误。通过增加安全系数、提高可靠性或设置安全监控系统等来减少物的不安全状态，从而减少物的故障或事故。

6）个体防护。个体防护是把人体与可能意外释放的能量或危险物质隔离开，是一种不得已的隔离措施，但却是保护人身安全的最后一道防线。

7）设置薄弱环节。利用事先设计好的薄弱环节，使事故能量按照人们的意图释放，防止能量作用于被保护的人或物，如锅炉上的易熔塞、电路中的熔断器等。

8）避难与救援。设置避难场所，当事故发生时人员可暂时躲避，免遭伤害或赢得救援的时间。事先选择撤退路线，当事故发生时，人员按照撤退路线迅速撤离。事故发生后，组织有效的应急救援力量，迅速地实施救援，是减少人员伤亡和财产损失的有效措施。

（2）职业病预防的技术措施。通过预防性健康检查，早期发现职业病，有利于及时采取措施，防止职业病危害因素所致疾病的发生和发展，还可以为评价劳动条件及职业病危害因素对健康的影响提供资料，并有助于发现新的职业病危害因素，这是保护职工相关权益所不可缺少的。职业病预防的内容包括职业健康检查、建立健康监护档案、健康监护资料分析等几个方面。

1）职业健康检查。职业健康检查可分为就业前健康检查和就业后的定期健康检查两种形式。

①就业前健康检查是指对准备从事某种作业的职工进行的健康检查。就业前健康检查目的之一在于检查受检者的体质和健康状况是否适合从事该作业，是否有职业禁忌证，是否有危及他人的疾患和传染病、精神病等。根据检查结果决定该受检者可否从事该作业或安排其他适当工作。就业前健康检查目的之二是取得基础健康状况资料，可供定期检查和动态观察时进行自身对比之用。

②就业后的定期健康检查是依据《职业健康监护技术规范》（GBZ 188—2014）的规定，按一定时间间隔对接触职业病危害因素作业职工进行的定期健康检查。其目的是及时发现职业病危害因素对健康的早期影响和可疑征象；早期诊断和治疗职业病患者和观察对象及其他疾病患者，防止其病情发展和恶化；检出高危人群，将对危害因素易感的人群，作为重点监护对象；发现具有职业禁忌证的职工，以便调离或安排其他适当工作；采取措施防止其他职工健康受损。

另外，职业病普查也是一种健康检查，主要是对接触某种职业病危害因素的人群，普遍地进行一次健康检查。通过普查发现职业病，还可检出有职业禁忌证的人和高危人群。

2）建立健康监护档案。健康监护档案的内容有职业史和疾病史、职业病危害因素的监测结果及接触水平、职业健康检查结果及处理情况、个人健康基础资料等。

3）健康监护资料分析。对接触有害因素职工的健康监护资料进行统计分析，对指导职业病防治工作有重要意义，可作为职业病防治工作的重要信息资源。

3. 经济措施

经济措施是指除利用费率机制的经济杠杆作用外，对违反国家安全生产规定或工伤预防工作做得较差的企业给予处罚，从而引导企业重视工伤预防，进入工伤预防和安全生产的良性轨道。

在经济措施中，一般综合考虑企业的安全生产情况、工伤事故和职业病发生率、工伤保险基金收支率等指标，对企业进行奖励和处罚。

综上所述，工伤预防是一项综合性很强的工作，需要有关方面协同配合。

四、我国工伤预防机制的运行情况

我国目前采取从工伤保险基金提取工伤预防费开展工伤预防工作的预防机制，这种预防机制还处在改革探索阶段，还需在制度建设和改革实践中不断完善，加以统一和规范。

2009 年，人力资源社会保障部办公厅下发《关于开展工伤预防试点工作有关问题的通知》（人社厅发〔2009〕108 号），选择广东、海南和河南 3 省的 11 个城市作为试点城市，正式启动工伤预防试点工作。

2013 年 4 月，人力资源社会保障部印发《关于进一步做好工伤预防试点工作的通知》（人社部发〔2013〕32 号），决定在 2009 年初步试点的基础上，再选择一部分具备条件的城市扩大试点，并进一步规范了工作原则和程序。2013 年 10 月，人力资源社会保障部办公厅印发《关于确认工伤预防试点城市的通知》（人社厅发〔2013〕111 号），确认了天津市等 50 个工伤预防试点城市（统筹地区），要求各试点城市积极探索建立科学、规范的工伤预防工作模式，为在全国范围内开展工伤预防工作积累经验，完善我国工伤预防制度体系。

2016 年 8 月，人力资源社会保障部工伤保险司下发《关于选择部分地区开展工伤预防专项试点工作的函》，2017—2020 年，选定天津市、河南省郑州市以及广东省广州市、东莞市、中山市作为工伤预防专项试点城市。根据试点工作要求，试点城市要选择工伤事故高发的行业、工种、岗位等作为工伤预防专项试点的重点。试点期间，针对选定的行业、工种、岗位等，持续采取宣传、培训等工伤预防措施，跟踪选定行业、工种、岗位的预防效果，每年进行评估。

2017 年 8 月，人力资源社会保障部、财政部、国家卫生计生委、国家安全监管总局联合下发《关于印发工伤预防费使用管理暂行办法的通知》（人社部规〔2017〕13 号），规定工伤预防费用于工伤事故和职业病预防宣传及培训。在保证工伤保险待遇支付能力和储备金留存的前提下，工伤预防费的使用原则上不得超过统筹地区上年度工伤保险基金征缴收入的 3%。因工伤预防工作需要，经省级人力资源社会保障部门和财政部门同意，可以适当提高工伤预防费的使用比例。工伤预防费使用实行预算管理。统筹地区社会保险经办机构按照上年度预算执行情况，根据工伤预防工作需要，将工伤预防费列入下一年度工伤保险基金支出预算。具体预算编制按照预算法和社会保险基金预算有关规定执行。具体执行中，统筹地区人力资源社会保障部门应会同财政、卫生计生、安全监管部门以及本辖区内负有安全生产监督管理职责的部门，根据工伤事故伤害、职业病高发的行业、企业、工种、岗位等情况，统筹确定工伤预防的重点领域，并通过适当方式告知社会。

2021 年 1 月，人力资源社会保障部、工业和信息化部、财政部、住房城乡建设部、交通运输部、国家卫生健康委、应急管理部、中华全国总工会联合印发了《工伤预防五年行动计划（2021—2025 年）》（人社部发〔2020〕90 号）（以下简称《行动计划》），部署"十四五"期间全国工伤预防工作。

《行动计划》要求完善"预防、康复、补偿"三位一体制度体系，把工伤预防作为工伤保险优先事项，通过推进工伤预防工作，提高工伤预防意识，改善工作场所的劳动条件，防范重特大事故的发生，切实降低工伤发生率，促进经济社会持续健康发展。

《行动计划》明确了 9 项工作任务，体现了三大特点。一是提出了预防优先的理念，更加注重事前预防。从伤后保障到伤前防范，体现了对人的关爱、对生命安全和身体健康的重视。二是建立了大预防的工作格局，更加注重齐抓共管。相关部门在其职责范围内积极发挥作用，覆盖预防工作全链条、各方面，为做好预防工作提供了机制保障。三是突出了重点行业重点企业重点人员，更加注重关键少数。《行动计划》围绕工伤事故和职业病高发的危险化学品、矿山、建筑施工、交通运输、机械制造等重点行业企业开展，同时将重点行业重点企业分管负责人、安全管理部门主要负责人和一线班组长等重点岗位人员作为重点对象，实现培训全覆盖。经过 5 年的努力，力求实现"工伤事故发生率明显下降，重点行业 5 年降低 20% 左右；工作场所劳动条件不断改善，切实降低尘肺病等职业病的发生率；工伤预防意识和能力明显提升，实现从'要我预防'到'我要预防''我会预防'的转变"。

第三节　政府安全生产管理要点

一、健全法律法规体系

我国安全生产法律法规体系是指我国现行的、与安全生产相关的法律、法规和标准等。在我国，以《中华人民共和国宪法》为统领，以安全生产领域的《中华人民共和国安全生产法》为龙头，以相关法律、行政法规、部门规章、地方性法规、地方政府规章和其他规范性文件以及安全生产国家标准、行业标准为骨架的安全生产法律法规体系已经初步形成。同时，在安全生产法律法规体系日趋健全和完善的过程中，安全生产管理工作朝着规范化、制度化和科学化方向发展。

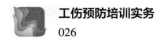

1. 我国安全生产法律法规体系

（1）宪法。《中华人民共和国宪法》是国家的根本大法，具有最高的法律效力，是我国安全生产法律法规体系的最高层级。《中华人民共和国宪法》第四十二条第二款规定，国家通过各种途径，创造劳动就业条件，加强劳动保护，改善劳动条件，并在发展生产的基础上，提高劳动报酬和福利待遇。

（2）安全生产法律。我国安全生产法律主要包括基础法、专门法律和相关法律3类。

1）基础法。《中华人民共和国安全生产法》是综合规范我国安全生产制度的法律，适用于所有生产经营单位，是我国安全生产法律法规体系的基础。

2）专门法律。安全生产专门法律是规范某一专业领域安全生产法律制度的法律。我国在专业领域的法律有《中华人民共和国矿山安全法》《中华人民共和国道路交通安全法》《中华人民共和国消防法》《中华人民共和国海上交通安全法》等。

3）相关法律。安全生产相关法律是指在安全生产专门法律以外的其他法律中涵盖安全生产监督管理内容的法律，主要分为相关行业法律、相关专业法律和监督执法工作有关的法律。相关行业法律包括《中华人民共和国煤炭法》《中华人民共和国矿产资源法》《中华人民共和国建筑法》《中华人民共和国铁路法》《中华人民共和国民用航空法》等，相关专业法律包括《中华人民共和国劳动法》《中华人民共和国工会法》等，监督执法工作有关的法律包括《中华人民共和国刑法》《中华人民共和国行政许可法》等。

（3）行政法规。我国安全生产行政法规主要包括以下九大类。

1）综合类，包括《安全生产许可证条例》《生产安全事故报告和调查处理条例》《中华人民共和国工业产品生产许可证管理条例》《国务院关于特大安全事故行政责任追究的规定》《劳动保障监察条例》等。

2）煤矿安全类，包括《煤矿安全监察条例》《国务院关于预防煤矿生产安全事故的特别规定》等。

3）非煤矿山安全类，包括《中华人民共和国矿山安全法实施条例》等。

4）危险化学品安全类，包括《危险化学品安全管理条例》《易制毒化学品管理条例》等。

5）烟花爆竹安全类，包括《烟花爆竹安全管理条例》等。

6）民用爆破器材安全类，包括《民用爆炸物品安全管理条例》等。

7）建设工程安全类，包括《建设工程安全生产管理条例》等。

8）交通运输安全类，包括《中华人民共和国道路交通安全法实施条例》《铁路交通事故应急救援和调查处理条例》等。

9）其他安全生产类，包括《大型群众性活动安全管理条例》《电力监管条例》《水库大坝安全管理条例》等。

（4）司法解释。2007年1月15日，最高人民法院、最高人民检察院联合发布《关于办理盗窃油气、破坏油气设备等刑事案件具体应用法律若干问题的解释》（法释〔2007〕3号），是我国首次就办理盗窃油气、破坏油气设备等涉油刑事案件具体应用法律问题作出的司法解释，为严厉有效地惩治涉油刑事犯罪活动提供了明确的法律依据和保障。

2011年12月30日，最高人民法院印发《关于进一步加强危

害生产安全刑事案件审判工作的意见》（法发〔2011〕20号），提出危害生产安全刑事案件审判工作的原则，要求正确确定责任，准确适用法律，准确把握宽严相济刑事政策，依法正确适用缓刑和减刑、假释。

（5）部门规章。部门规章由有关部门为加强安全生产工作而公布的规范性文件组成，从部门角度可划分成交通运输业、化学工业、石油工业、机械工业、电子工业、冶金工业、电力工业、建筑业、建材工业、航空航天业、船舶工业、轻纺工业、煤炭工业、地质勘查业、农村和乡镇工业、技术装备与统计工作、安全评价与竣工验收、劳动防护用品、培训教育、事故调查与处理、特种设备、防火防爆和其他部门等方面。有关部门安全生产规章作为安全生产法律法规的重要补充，在我国安全生产监督管理工作中起着十分重要的作用。例如，《煤矿安全规程》作为部门规章对规范全国煤矿安全生产，提升安全保障水平起到了重要作用，有力地补充、细化了法律法规要求。

（6）地方性法规、地方政府规章。安全生产地方性法规、地方政府规章分别是指由有立法权的地方权力机关——地方人民代表大会及其常务委员会和地方政府制定的安全生产规范性文件。地方性法规、地方政府规章是由法律授权制定的，是对国家安全生产法律法规的补充和完善，以解决本地区某一特定的安全生产问题为目标，具有较强的针对性和可操作性。例如，《北京市安全生产条例》由北京市人民代表大会常务委员会制定，对加强北京市安全生产监督管理具有很强的针对性和操作性。

（7）安全生产标准。新中国成立以来，我国安全生产标准化工作发展迅速。据不完全统计，国家及各行业颁布了涉及安全的国家标准近1 500项，各类行业标准也在3 000项以上，如国家标准（GB）、安全标准（AQ）、煤炭标准（MT）、化工标准（HG）等。

2. 我国生产安全事故防范法律法规体系

（1）法律、法规、规章。我国很少有专门的生产安全事故防范方面的法律法规，大多是在安全生产相关的法律、法规、规章中的部分条款涉及生产安全事故防范的内容，以及部门、地方制定的一些规范性文件。

（2）标准。我国生产安全事故防范法律法规体系主要是指标准体系。针对各行业的生产安全事故防范标准比较丰富，如《建筑设计防火规范》（GB 50016—2014）、《建筑施工易发事故防治安全标准》（JGJ/T 429—2018）、《建设工程施工现场供用电安全规范》（GB 50194—2014）等。

3. 法律法规体系完善

（1）以健全安全生产配套法规来适应实践应用。目前，我国已初步建立了以《中华人民共和国安全生产法》为核心的安全生产法律法规体系，安全生产已经初步实现了有法可依，有章可循。但是，由于配套法规不健全，《中华人民共和国安全生产法》规定的许多制度在实践中缺乏可操作性，对企业安全生产行为的规制作用有限。因此，应以《中华人民共和国安全生产法》配套法规健全完善为出发点，综合考虑各行业安全生产工作特点和应急管理需求，加快安全生产事故防治和应急管理法律法规体系的建设发展。

（2）以创新安全生产法规来强化政府监管职责。政府的安全监管对于促进企业的安全生产工作具有积极意义。从众多实践来看，监管的对象不是事故的后果，而应是事故的原因。我国还欠缺足够强有力的且与生产事故防范实践相关的法律法规来推动政府由事后追责向事前预防性检查转变。因此，应加快制定相关行业领域开展更多侧重事前的安全监管相关法律法规，持续推出如

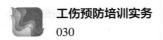

《煤矿安全生产标准化基本要求及评分方法（试行）》和《煤矿安全风险预控管理体系规范》（AQ/T 1093—2011）等法规标准。

（3）以创新安全生产立法促进法规体系平衡发展。我国安全生产法律法规主要侧重于监督性、管制性和程序性，缺少管理性、服务性和实体性的安全生产法律法规，造成了立法主要局限于相关行政部门的权力职责和管理，使法规缺乏统一性、协调性和可操作性。并且，我国安全生产立法存在重治标而轻治本、重事后补救而轻事前预防的立法倾向，导致了执法的被动和低效。此外，从内容上来看，现有安全生产法律法规与规范通常为概述性内容，不便于企业标准化建设和执法单位的标准化执法。因此，建议通过均衡性立法来完善安全生产法律法规体系，通过增加监督性、事前预防性、服务性的法律、法规、规章，并逐步在各行业推进标准化规范建设，以指导企业的安全管理。

（4）以完善安全生产标准建设来充实安全生产法律法规体系。安全生产相关标准的实施有力地促进了安全生产发展，为企业安全生产工作提供了可靠保障，是安全生产法律法规体系的重要组成部分。但是，部分行业领域仍存在安全生产标准"真空"现象。例如，没有专门针对灼烫事故的防范标准，必须从冶金相关标准中找零星条款；没有专门针对生产过程中车辆伤害事故的防范标准等。因此，应加强上述相关行业领域安全生产标准的制定，充实安全生产法律法规体系，从而有力保障安全生产全面发展。

二、加强监督检查执法

政府部门主要在以下 9 个方面加强监督检查执法。

1. 安全资质及资格证

重点检查危险化学品生产经营、建筑施工等高危行业企业是否取得安全生产许可证、经营许可证，其主要负责人及安全管理人员是否取得相应安全管理资格证；是否具有相应的施工资质，是否签订安全管理协议，职工是否参加工伤保险及其他伤害保险；特种作业人员（电工及高温作业、高处作业、危险化学品作业等人员）是否具有相应资质，特殊运输车辆是否符合要求；特种设备作业人员（锅炉、起重机械等作业人员）是否取得操作证书，证书是否有效。

2. 教育培训是否到位

有关人员是否经过了企业到班组的三级安全培训，脱岗 6 个月以上的人员是否重新进行安全教育，新工艺、新设备、新技术投产前是否对有关人员进行专门的教育培训，施工前是否对有关人员进行安全教育和安全交底，对特种作业人员是否经过专门的安全知识与安全操作技能培训，是否进行日常安全教育（班前会等），是否存在未经考核或考核不合格上岗情况。

3. 制度及操作规程是否完善

企业是否建立了安全生产责任制及安全考核制度，是否制定操作规程和设备维护规程，原料、工艺、设备等变更后是否对相应规程进行修订，是否建立应急救援预案并定期演练，发生事故是否遵循"四不放过"处理原则。

4. 企业是否进行安全检查

从企业到班组各个层面是否组织安全检查以及整改、考核；各专业部门是否按职责进行专项检查；是否进行风险分级管控和隐患排查治理；各类未立即整改的隐患是否采取了可靠的临时防范措施，是否定责任、定措施、定进度落实；企业负责人及安全管理人员是否同时计划、布置、检查生产工作与安全工作，是否按时带队进行安全检查。

5. 现场作业是否合规

危险作业开展前是否进行重大隐患点辨识、排查，并制定相关预防控制措施；是否进行有针对性的安全交底；现场危险作业是否办理了工作票（有限空间的"十不准"、吊装作业的"十不吊"等）；票证是否有各级人员签字，现场是否有专人进行监管；是否有违章作业。

6. 安全设备设施是否合规

特种设备是否进行年检及日常维护；设备是否超限运行；设备各类装置（漏电保护、联锁）是否完好；应急装备是否完好、齐全；消防设施、器材是否齐全、有效；安全标志是否齐全、完好；生产现场照明是否充足，安全通道是否畅通。

7. 工艺技术是否安全可靠

是否禁止了落后淘汰的工艺，是否采用安全、可靠的工艺、技术、设备、材料；操作人员是否掌握工艺安全信息；是否对工艺系统进行了危害分析，是否对以往发生的可能导致严重后果的事件进行审查等。

8. 建设项目是否合规

项目是否取得上级机关立项批复文件；是否完成了安全和职业病防治预评价、环境影响评价；是否办理规划、消防等报建手续；是否按规定进行工程招标，施工单位是否有相关资质；是否签订施工合同和安全协议；是否委托专业监理公司；现场安全防护措施是否到位等。

9. 职业健康方面是否符合要求

劳动防护用品发放是否到位，职工是否正确使用；有毒有害岗位通风防尘设备设施是否齐全、完好；有毒有害岗位是否进行岗前、岗中、离岗的职业健康检查等。

三、加大宣传教育力度

宣传教育工作是安全生产发展的重要基础保障，在新的安全生产形势下，可从以下 5 个方面推进安全生产宣传教育工作。

1. 强化安全生产宣传教育立法工作

加快推进和完善企业安全生产宣传教育立法工作，针对安全生产形势特点，结合发现的新问题及企业生产经营活动出现的新风险，创新完善企业安全生产宣传教育新规定，以完善的法律法规促进企业安全生产宣传教育工作有效、有序开展。

2. 加强安全生产宣传教育监督检查执法工作

按照法律法规的规定，定期和及时地对企业安全生产宣传教育工作进行监督检查执法，通过以往的检查记录和行业领域安全生产工作特点，加大对重点企业安全生产培训教育工作的检查力度，对发现的问题要及时予以纠正和处罚，有力有序地推进企业安全生产宣传教育工作的贯彻落实。

3. 加大安全生产宣传力度

加大安全生产宣传力度，扩大安全生产宣传范围。各级政府可充分利用电视、报纸、杂志、互联网和自媒体等宣传渠道，传播安全生产信息，使社会各界了解安全生产工作的重要性；可通过鼓励利用快手、抖音等新型信息媒体传播渠道，调动不同年龄段人群对安全生产工作的热情和积极性，营造沉浸式安全生产教育氛围。

4. 深入开展安全生产宣传教育活动

通过开展安全生产工作进企业、进学校、进机关、进社区、

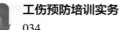
进农村、进家庭、进公共场所等活动，加大安全生产宣传范围，营造安全生产宣传社会氛围；加大安全生产宣传资料的发放力度，针对不同活动的特点和人群需求，为其制定和发放具有针对性的安全生产宣传资料，使其更加深入地了解和掌握安全生产工作要点。

5. 加强事故警示和应急教育活动

对于重特大事故易发的行业领域，要加强重特大事故防范警示教育活动。通过发布事故案例调查报告及安全生产通知、警示等方式，提醒管理人员和从业人员时刻将安全生产工作摆在第一位，严防死守各类风险，防范化解各类重大风险、隐患；同时，要敦促企业重视灾害事故应急工作教育，结合企业易发事故和地区自然灾害特点，开展应急教育和培训工作，全面提升企业人员的应急能力水平。

四、安全风险分级管控体系建设

建立完善的安全风险分级管控体系是创新安全生产模式，实现安全生产工作关口前移、精准管理、源头治理和科学预防的重大举措。它是通过构建安全生产长效机制，从根本上防范事故的发生，最终促进安全生产形势稳定好转的重要手段。围绕《中共中央 国务院关于推进安全生产领域改革发展的意见》《标本兼治遏制重特大事故工作指南》《国务院安委会办公室关于实施遏制重特大事故工作指南构建双重预防机制的意见》以及《危险化学品企业安全风险隐患排查治理导则》等规定，进一步制定完善相关文件和要求实施的具体指导方案，为企业创建完善安全风险管控体系提供指导方针和实施的具体办法。

五、做好职能转变：放管服

安全生产"放管服"是我国安全生产工作改革创新的重要

举措，对于促进安全生产发展和提升安全生产水平具有巨大的意义。负有安全生产监督管理职责的部门，应从以下 3 个方面来深入推进"放管服"工作。

深入学习贯彻习近平总书记关于深化简政放权、转变政府职能等重要指示精神，认真贯彻落实《国务院关于加强和规范事中事后监管的指导意见》，深化安全监管改革，更加有力有效防控重大安全风险，服务经济社会发展。

深化简政放权、放管结合、优化服务改革，加强和规范事中事后监管，有效做好安全监管和工作，并将其作为负有安全生产监督管理职责的部门的重要工作来抓。负有安全生产监督管理职责的部门要主动承担职责，以自我革命的精神转变工作理念、方式和作风，防止只放不管或只管不放等片面做法，不断提高综合治理、精准治理、源头治理水平。

深入调研，厘清和分析与"放管服"工作开展相关的问题，全面梳理深化"放管服"改革中的问题，按照该放的一定要放足、放到位，该管的一定要管好、管到位的要求，建立分级分类动态管理的科学监管体系，对一般行业领域实施"双随机、一公开"监管，对直接涉及公共安全和人民群众生命安全的重点领域实行重点监管，对重点时段、重点部位、重点问题强化精准监管。

第四节　企业安全生产管理要点

一、安全生产责任制

安全生产责任制是根据"安全第一，预防为主，综合治理"

的安全生产方针和安全生产法律法规建立的安全生产层层负责的制度。安全生产责任制是企业安全生产工作的重要组成部分，是企业最基本的一项安全制度。具体来说，企业安全生产主体责任是指企业依照法律、法规和规章的规定，必须履行的安全生产法定职责和义务。因此，贯彻落实企业安全生产责任制，应从以下7个方面着手。

1. 严格企业自身生产经营安全准入制度

企业负责人应全面掌握企业生产经营活动所需的安全生产准入要求，依法依规向政府部门申请安全生产准入资质，获得正式批准后方能开展生产经营活动，如矿山、建筑施工、危险化学品、烟花爆竹、民用爆炸物品等行业实行的安全生产许可证制度。

2. 按照安全生产法律法规要求，设置企业安全生产管理机构，并配备相应的安全生产管理人员

例如，根据《中华人民共和国安全生产法》第二十四条规定，从业人员在 100 人以下的，应当配备专职或者兼职的安全生产管理人员；从业人员超过 100 人的，应当设置安全生产管理机构或者配备专职安全生产管理人员。

3. 健全完善企业安全生产相关制度

安全生产相关制度如安全生产例会制度、安全生产教育和培训制度、安全生产检查制度、事故隐患排查治理制度、危险作业管理制度、特种作业人员管理制度、领导干部现场带班制度、劳动防护用品保障和使用制度、安全生产承诺制度、车间安全生产作业制度。

4. 落实安全生产资金保障工作

按照法律法规规定，企业每年按比例提取安全生产资金用于

开展安全生产工作，要及时将安全生产资金投入到急需的方面，并通过劳动防护用品配备、安全生产技术改进、设备更新完善、安全生产评估和安全生产培训教育等多个方面落实安全生产资金保障工作。

5. 认真开展安全生产培训教育

认真做好企业安全生产培训教育计划，对企业的主要负责人、安全生产管理人员、特种作业人员和一般人员逐层开展安全生产培训教育活动，实现安全生产培训教育全覆盖。

6. 加强企业安全生产日常监督管理

落实风险分级防控和隐患排查治理工作，加强对企业安全生产危险源的管控；加强企业安全生产日常检查工作，对作业现场、生产车间及仓库开展定期和不定期的安全生产检查，及时发现风险隐患和相关问题。

7. 加强企业应急管理和事故报告工作

根据《生产经营单位生产安全事故应急预案编制导则》（GB/T 29639—2020）规定，制定相应的综合预案、专项预案和岗位预案，并结合其行业领域特点，聘请专家对预案制定进行评审论证。对于制定好的预案，要定期开展演练，对演练结果进行评估，并进一步修改和完善预案。对于企业发生的事故，要按照法律法规的规定，逐级及时上报相关政府部门，不得瞒报、漏报、谎报。

二、安全生产规章制度及操作规程

1. 常见安全生产规章制度

（1）安全生产培训教育制度。安全生产培训教育制度是为了增强企业职工安全生产意识，提高其安全操作技术水平，而由企

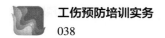

业对职工开展的教育和培训制度，主要内容是思想政治教育、劳动保护方针政策教育、安全技术知识教育、典型经验和事故教训教育。企业安全生产培训教育制度的贯彻落实，应从以下4个方面入手：

1）三级教育，即对新职工和改变工种的职工，进行有关劳动安全与职业健康的入厂教育、车间教育和班组教育。此外，电气、蒸汽锅炉、压力容器、起重机、车辆、船舶、爆破、焊接等特殊工种应开展专门教育。

2）经常性教育，如开展安全活动日、办安全教育学习基地和展览室等。

3）开展学校教育，如通过专门的课程设置和教育来扩展安全生产培训的深度。

4）企业相关负责人员教育，包括对行政管理人员、技术人员等进行定期的安全生产、职业健康等的技术知识教育和考核。

（2）安全生产检查制度。安全生产检查制度的制定和落实有助于及时了解和掌握企业各时期安全生产情况，及时发现不安全因素，并消除事故隐患，做到防患于未然。为使安全生产检查工作经常化、制度化，安全生产检查制度应包含以下5点内容：查是否有明确的目的要求和具体计划，如日常检查、本部门检查、专业检查和月度检查以及季节性检查；明确分管领导和有关人员参加，切实加强领导，做好检查工作；明确隐患排查治理工作，对发现的问题，要求逐项分析研究，并制定整改方案，及时整改；明确重点方法设备和区域的检查工作，如规定每年对锅炉和压力容器、危险物品、电气装置、厂房建筑、运输车辆以及防火、防爆、防尘、防毒工作分别进行专业检查；视气候特点及季节变化，对防暑降温、防雨防洪、防雷电、防风、防冻、保温等工作进行预防性季节检查。

（3）特种作业人员管理制度。特种作业是指容易发生人员伤亡事故，对操作者本人、他人及周围设施的安全可能造成重大危害的作业。直接从事特种作业的人员称为特种作业人员。特种作业人员管理制度主要包括：特种作业人员必须持证上岗；做好与特种作业人员管理相关的申报、培训、考核、复审的组织工作和日常的检查工作；用人单位应建立特种作业人员档案；对于离开特种作业岗位6个月以上的特种作业人员，重新进行实际操作考核，经确认合格后方可上岗作业。

（4）劳动防护用品使用管理制度。劳动防护用品是指企业为职工配备的，使其在劳动过程中免遭或减轻事故伤害或职业病危害的个体防护装备。劳动防护用品使用管理制度应包括：根据不同工种、不同条件，发放不同品种的劳动防护用品，并确保所配备的劳动防护用品齐全、有效、保质保量，符合国家标准；对劳动防护用品的发放、管理进行监督，教育职工合理、正确使用劳动防护用品；必须设专人负责购置、保管、发放和收存；明确劳动防护用品采购的要求、程序及相关事宜。

（5）消防安全管理制度。消防安全管理制度的内容主要包括：企业必须设立有主要领导和职能部门领导参加的防火安全委员会，车间设立防火安全领导小组和义务消防组织；企业应根据生产规模、火灾危险性及邻近相关单位可能提供的消防协作条件等因素，按有关法律、法规、规定、标准的有关要求确定与其生产、储存、运输物品相适应的消防设施、消防器材；企业应对所有易燃、易爆物品和可能产生火灾、爆炸危险的生产、储运、销售、使用过程及其相关的设备，进行严格管理；企业内部应设置固定式消防设施，并设专人管理及制定操作规程。

（6）安全事故报告制度。事故最先发现者，除立即处理外，

还应以最快捷的方法向领导或调度人员报告，而后逐级上报。安全事故报告制度的内容主要包括：事故报告的主要要求、内容和程序；明确事故报告责任制，对参与事故报告的相关人员的职责提出明确要求；明确事故报告的时效性，按要求提出各类事故的上报时限。

2. 常见工种安全操作规程

（1）塔式起重机安全操作基本要求。塔式起重机安全操作基本要求主要包括以下几点：

1）驾驶员必须身体健康，两眼视力良好，无色盲，听力无障碍，必须通过安全技术培训，取得特种设备作业人员证，方可独立操作。

2）起吊时，起吊物上禁止站人，禁止对起吊物进行加工。

3）作业前，应将轨钳提起，清除轨道上的障碍物，拧好夹板螺栓，并检查试吊。

4）驾驶员必须熟知塔式起重机的性能构造，按有关规定进行操作，严禁违章作业。应熟知机械的保养、检修知识，按规定对机械进行日常保养。

5）作业完成后，应将塔式起重机停放在轨道中部，臂杆不应过高，应按顺风方向，卡紧夹轨钳，切断电源。应将起吊物放下，刹住制动器，操纵杆放在空挡，开关门上锁。

6）塔式起重机必须有灵敏的吊钩、绳筒、断绳保险装置，必须具备有效的超高限位、变幅限位、行走限位、力矩限制器等，上升爬梯应有护圈。

7）作业时，应将驾驶室窗户打开，注意指挥信号。

8）冬季在驾驶室内取暖时，应有防火、防触电措施。

9）塔式起重机行走到接近轨道限位开关时，应提前减速停车，信号不明或可能引起事故时，应暂停操作。

10）多台塔式起重机作业时，应注意保持各机操作距离。

11）起吊时，起重臂下不得有人停留或行走，起重臂、起吊物必须与架空电线保持安全距离。

12）顶升时，必须放松电缆，放松长度应大于总的顶升高度，并固定好电缆卷筒。应把起重小车和平衡重移近塔帽，并将旋转部分刹住，严禁塔帽旋转。

13）起吊物严禁自由下落，应用手刹或脚刹控制缓慢下降。

14）满负荷或接近满负荷起吊时，严禁降落臂杆或同时进行两个动作。

15）自升式塔式起重机在吊运重物时，平衡重必须移动至规定位置。

16）塔式起重机安装后经验收合格方可投入使用，严禁使用未经验收或未通过验收的塔式起重机。

（2）电工安全操作基本要求。电工安全操作基本要求主要包括以下几点：

1）电工作业人员必须经过有关部门安全技术培训，取得特种作业操作证后，方可独立上岗操作。现场用电作业必须由电工完成，严禁他人私拉乱接等。

2）支线架设应设置横担，并用绝缘子固定。严禁将电线架设在脚手架、树木等处，不准用竹制电杆，架空线路不准成束架设。

3）电气设备金属外壳必须接保护零线，同一供电系统不允

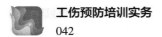

许有的电气设备接地，有的电气设备保护接零。

4）施工现场配电箱要有防雨措施，门锁齐全，有色标，统一编号。开关箱要做到"一机、一闸、一漏、一箱"，箱中无杂物。开关箱、配电箱内严禁动力、照明线路混用，要有检修记录及记录本。

5）移动电箱电源线长度不大于 30 m，移动用电设备引出线长度不大于 5 m。

6）所有绝缘、检验工具应妥善保管，严禁挪作他用，并应定期检查、检验。

7）现场施工用电高低压设备及线路应按照施工组织设计及有关电气安全技术规程安装和架设，线路上禁止带负荷接电或断电，并禁止带电操作。

8）电气设备和线路必须绝缘良好，电线不得与金属物绑在一起。各种施工用电设备必须按规定进行保护接零及装设漏电保护器，遇临时停电或停工休息时，必须拉闸加锁。

9）有人触电时，应立即切断电源，进行急救。

10）电气设备着火时，应立即将有关电源切断，使用绝缘灭火剂或干砂灭火。

11）在施工现场专用的中性点直接接地的电力系统中，必须采用 TN-S[①] 接零保护系统。

12）施工现场每一处重复接地的接地电阻值应不大于 10 Ω 且不得少于 3 处（即总配电箱、线路中间和末端处）。

13）电气设备所有熔丝（片）的额定电流应与其负荷容量相

---

① 指电气设备的金属外壳与工作零线相接，工作零线与专用保护线严格分开的供电系统。

适应，禁止用其他金属丝代替熔丝。

14）动力线路与照明线路必须分开架设，照明开关、灯口及插座等应正确接入相线及零线。

15）施工现场夜间照明电线及灯具室内高度应不低于 2.4 m，室外高度应不低于 3 m。

16）易燃、易爆场所应使用防爆灯具，施工现场照明灯具有金属外壳和金属支架的必须保护接零，电线要采用三芯橡皮护套电缆，严禁使用花线和护套线。

17）要按规定做好钢管脚手架、物料提升机、塔式起重机等防雷接地保护。接地体可用角钢，不得使用螺纹钢。

（3）混凝土搅拌机、砂浆机安全操作基本要求。混凝土搅拌机、砂浆机安全操作基本要求主要包括以下几点：

1）进入施工现场的作业人员必须参加安全教育培训和安全技术培训，掌握本工种安全生产知识和技能，考核合格后方可上岗，实习期间必须在有经验的作业人员带领下进行作业。

2）作业场地应有良好的排水条件，机械近旁应有水源，机棚内应有良好的通风、采光及防雨、防冻设施，并不得有积水。

3）向搅拌筒添加新料时应先将搅拌筒内原有的混凝土全部卸出。料斗在最低位置时，在料斗与地面之间应加一层缓冲垫木。

4）搅拌机启动后，应在搅拌筒达到正常转速后进行上料，上料时应及时加水，每次加入的拌和料不得超过搅拌机额定容量，并应减少物料粘罐现象。

5）加料的次序应为石子→水泥→沙子或砂子→水泥→石子。

6）作业前，应进行料斗提升试验，观察并确认离合器、制

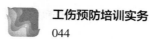

动器灵活可靠。

7）作业后，应将料斗降落到坑底，当需要升起时，应用链条扣牢。

8）进料时，严禁将手或头伸入料斗与机架之间。运转中，严禁将手或工具伸入搅拌筒内。

9）搅拌机作业中，当料斗升起时，严禁任何人在料斗下停留或通过。

10）当需要在料斗下检修或清理料坑时，应将料斗提升后用铁链或插入插销锁住。

11）运输中，搅拌筒应低速旋转，但不得停转，运送混凝土的时间不得超过规定的时间。

（4）焊接安全操作基本要求。焊接安全操作基本要求主要包括以下几点：

1）电焊机外壳必须接地良好，其电源的装拆应由电工进行。

2）电焊机开关箱拉合时应戴手套侧向操作。

3）电焊机二次侧必须有空载降压保护器或触电保护器。

4）焊钳与把线必须绝缘良好、连接牢固，更换焊条应戴手套。在潮湿地点工作，应站在绝缘胶板或木板上。

5）严禁在带压力的容器或管道上施焊，焊接带电的设备必须先切断电源。

6）焊接储存过易燃、易爆、有毒物品的容器或管道前，必须把容器或管道清理干净，经检测合格，并将所有孔盖打开。

7）把线、地线禁止与钢丝绳接触，更不得用钢丝绳或机电设备代替零线，所有地线接头必须连接牢固。

8）遇雷雨天气时，应停止露天焊接作业。

9）施焊场地周围应清除易燃、易爆物品或进行覆盖、隔离。

10）严禁利用厂房的金属结构、管道、轨道或其他金属搭接作为导线使用。

11）工作结束后，应切断电焊机电源，并检查操作地点，确认无起火危险后方可离开。

三、安全生产管理机构与人员

《中华人民共和国安全生产法》规定，矿山、金属冶炼、建筑施工、运输单位和危险物品的生产、经营、储存、装卸单位，应当设置安全生产管理机构或者配备专职安全生产管理人员。上述规定以外的其他生产经营单位，从业人员超过100人的，应当设置安全生产管理机构或者配备专职安全生产管理人员；从业人员在100人以下的，应当配备专职或者兼职的安全生产管理人员。

1. 企业安全生产管理机构与人员的主要职责

（1）贯彻执行国家有关安全生产的法律法规，认真落实上级部门布置的安全生产工作任务。

（2）负责企业安全生产日常管理、监督、检查工作，负责安全生产管理工作的争创达标。

（3）编制企业安全生产工作计划及管理目标，制定、汇编企业安全生产规章制度和安全操作规程及动作标准，并检查落实情况。

（4）开展安全生产教育培训，会同有关单位和部门做好新职

工、转岗和重新上岗职工的三级安全教育及特殊工种的培训办证工作。

（5）负责企业各工程安全备案及现场安全管理工作，做好施工过程中安全施工方案和安全防护措施的审批，督查落实情况。

（6）组织各种安全生产检查，发现不安全因素及时督促并落实整改。

（7）负责建立健全企业安全管理台账，指导各级安全管理网络的具体工作，提高各级安全生产管理人员的业务水平。

（8）负责企业消防宣传教育和检查指导；建立消防管理制度；做好消防设施的配置、维护，定期检查企业防火情况，整改消防隐患并进行事故调查。

（9）负责工伤事故的统计、分析，及时准确通报生产安全事故，组织企业各类伤亡事故的调查研究，坚持"四不放过"的原则，对事故及责任人提出处理意见。

（10）组织制定事故应急救援预案，并组织演练和实施。

（11）组织开展危险源辨识和评估，督促落实本单位重大危险源的安全管理措施。

2. 推进安全生产管理机构与人员建设

（1）健全完善安全生产管理机构。按照《中华人民共和国安全生产法》及相关法律法规要求，矿山、金属冶炼、建筑施工、运输单位和危险物品的生产、经营、储存、装卸单位应当设置安全生产管理机构或者配备专职安全生产管理人员。上述规定以外的其他生产经营单位，从业人员超过100人的，应当设置安全生产管理机构或者配备专职安全生产管理人员。此外，法律法规对特种设备、消防、职业健康等相关专项工作管理机构的设立和管理人员的配备有明确要求的，企业应严格执行。

（2）配备足够的安全生产管理人员。企业应按照法律法规规定，配足专职安全生产管理人员，并按照规定配备注册安全工程师。安全生产管理人员应熟悉企业工艺流程及危险、有害因素，具备所在行业或安全管理的学历或相关职称。

（3）完善安全生产管理工作条件。企业应当保障安全生产管理机构工作经费，将其列入年度财务预算，并设立专项科目。企业主要负责人和财务部门负责人是保障安全生产管理机构工作经费的责任人。对于安全生产标准化、相关专项安全工作、安全生产管理人员培训学习等费用，企业应当单独列支和保障。

（4）保障安全生产管理人员工作权利。根据法律法规规定，企业安全生产管理人员具有安全生产工作的监督检查权、违法违规行为的处置权、作业现场遇险处置的决策权和指挥权等。企业应保障安全生产管理人员工作顺利开展，并为其工作的开展创造有利的环境。

（5）加强机构和人员管理。企业对安全生产管理机构和人员的履职情况每年至少进行一次考核。对安全生产管理机构的考核，应由企业安全生产委员会（领导小组）进行；对安全生产管理人员的考核，应由安全生产管理机构和安全生产管理人员所在单位联合进行。当年考核不称职者，进行诚勉谈话；连续两年考核不称职者，应调离工作岗位。

四、现场安全生产管理

此处主要列举化工、建筑两类企业现场安全生产管理要点。

1. 化工企业

（1）用电安全问题。防止触电，严禁电缆裸露在外，禁止靠

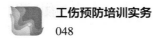

近及接触电缆，禁止带电作业。

（2）储存挥发性原料的库房应防止原料蒸气遇火爆炸，注意通风，避免受潮。

（3）掌握所储存物料的理化性质，避免禁忌物料共同存储，以免造成危险，同时应做好物料泄漏应急救援预案。

（4）在生产挥发性产品过程中，防止原料蒸气中毒或蒸气与空气混合后遇火发生爆炸。在作业过程中，应穿戴好劳动防护用品。操作过程中应轻拿轻放，以防止火花产生。

（5）室内禁止私接乱搭电线，车间电线与铁等金属接触的地方应注意防止磨损漏电。

（6）生产区域禁止使用明火，动火作业实行动火审批制度。

（7）储存的氮气、氧气、乙炔等易燃、易爆气体严禁靠近热源。

（8）禁止在存在生产性粉尘的场所饮食。

（9）装卸物料时，应尽量避免强烈的碰撞和摩擦。

（10）雷雨天气时，禁止到容易招引雷电的区域。

2. 建筑企业

（1）施工现场的入口处应当设置"一图五牌"，即工程总平面布置图和工程概况牌、管理人员及监督电话牌、安全生产规定牌、消防保卫牌、文明施工管理制度牌，以接受群众监督。场区有高处坠落、触电、物体打击等危险的部位应悬挂安全标志牌。

（2）施工现场四周用硬质材料进行围挡封闭。在市区内围挡高度不得低于1.8 m，场内的地坪应当做硬化处理，道路应当坚实畅通。施工现场应当保持排水系统畅通，不得随意排放。各种设施和材料的存放应当符合安全规定和施工总平面图的要求。

（3）不断完善施工过程中的安全防护措施和设施。随着建筑物从基础到主体结构的施工，不安全因素和事故隐患也在不断变化和增加，这就需要及时地针对变化的情况和新出现的隐患采取措施进行防护，以确保生产安全。

（4）严格落实安全技术交底。任何一项分部分项工程在施工之前，工程技术人员都应根据施工组织设计的要求，编写有针对性的安全技术交底，由施工员对班组人员进行交底，接受交底的人员应在交底书上签字。

（5）加强季节性施工风险防控。建筑施工是露天作业，受天气变化的影响很大。因此，在施工中要针对季节的变化制定相应的施工措施，主要包括雨季施工措施和冬季施工措施。高温天气应采取防暑降温措施。

（6）加强尘毒防治工作。建筑施工中主要有水泥粉尘、电焊锰尘及油漆涂料等有毒物质危害。随着工艺的改革，有些尘毒危害已经消除。例如，使用混凝土以后，水泥粉尘污染日益减少。应采取措施治理其他尘毒危害，施工单位应向作业人员提供劳动防护用品，并书面告知危险岗位的操作规程和违章操作的危害。作业人员应当遵守安全施工的强制性标准、规章制度和操作规程。

五、防护设备设施及劳动防护用品管理

企业的防护设备设施及劳动防护用品管理工作主要如下：

（1）必须根据作业性质、条件（空气中的氧含量、毒物种类和浓度等）、劳动强度及国家有关技术标准，正确选择和采用合适的劳动防护用品和防护设备设施。

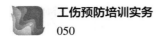

（2）严禁超出劳动防护用品防护范围借用，如严禁用过滤式面具代替隔离式面具，严禁用防尘口罩（带换气阀）代替过滤式防毒面具；严禁使用失效的劳动防护用品。

（3）使用防护设备设施和劳动防护用品的人员必须经过培训，熟知其结构、性能以及使用和维护保管方法。

（4）各种防护设备设施和劳动防护用品应定点存放，使用科室应派专人保管，建立台账。工段、岗位上的劳动防护用品要设专人管理，并对劳动防护用品的完好负责，按班交接。

（5）必须建立防护设备设施和劳动防护用品领用登记制度，并根据有关规定制定发放标准。

（6）定期校验和维护。安全生产管理机构负责企业劳动防护用品的管理、台账建立和定期校验工作。使用科室对所属区域劳动防护用品的完好、维护保养负责，定期进行检查和记录。电气绝缘工具应定点专人保管，定期进行耐压试验，严禁使用不合格的绝缘工具进行电气作业。防毒面具等用后应清洗，至少每两个月检查一次，滤毒罐要称量检查，面具进行气密性试验。

（7）劳动防护用品的使用规定。对于劳动防护用品，不同工种有不同标准，不同条件有不同规定，应按实际需要分发，防止浪费。职工必须按规定正确佩戴和使用劳动防护用品，以保障安全。临时工作人员的劳动防护用品按同类工种标准执行。劳动防护用品使用按从事本岗位的实际生产时间计算，期满时以旧换新。备用的劳动防护用品应由专人保管。

六、安全生产教育培训

企业安全生产教育培训的目标是提高人的安全素质，主要包括强化安全意识，增长安全知识，提高安全技能等。不同的对象有着不同的教育培训目的，可简单分为3类：

（1）对各级领导，要求重点增强安全意识和掌握安全决策技术。

（2）对安全生产管理人员，要求重点掌握安全科学技术。

（3）对企业职工，要求有正确的安全态度，掌握安全技术知识和操作技能。

企业安全生产教育培训的内容主要包括：安全常识和安全技能、安全政策和安全法规、安全标准和安全技术、安全科学理论等。对于各类培训对象，其内容和具体要求如下。

1. 决策层安全生产教育培训

决策层应了解和掌握安全生产方针政策、安全法规和有关技术法规、标准。决策层安全生产教育培训的目标是树立"安全第一，预防为主，综合治理""以人为本""安全能减损，更能增值"的安全生产观。

2. 管理层安全生产教育培训

管理层应懂得相应的安全技术知识；具有企业安全管理、机械安全、电气安全、防火防爆、工业卫生、劳动保护、环境保护等知识，侧重掌握防火防爆方面的安全知识；应懂得推动安全工作前进的方法，如早会宣导、定期检查、奖罚激励法等；应熟悉国家安全生产法规和企业安全生产规章制度。基层班组长应掌握与本班工作相关的安全知识、安全操作技能及有关事故案例。管理层安全生产教育培训目标是贯彻执行"安全第一，预防为主，综合治理"的安全生产方针，带头遵守安全法规制度，不违章指挥，发现异常及时处置并上报。

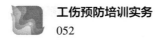
3. 企业职工安全生产教育培训

职工除接受生产技术知识教育外，还应掌握与其工作相关的各类安全生产操作要求。企业职工安全生产教育培训的目标是熟练掌握相关的安全知识和技能，自觉遵守安全法规制度，出现异常情况能进行妥善处理，把事故消灭在萌芽状态或防止事态扩大。

七、应急处置

1. 编制企业应急预案

针对企业安全生产特点和区域自然灾害特点，编制符合企业安全生产实际需求的应急预案，并对预案进行演练和评估，不断提高应急预案的实用性。

2. 成立企业应急组织机构，明确人员职责

企业应明确负有应急职责的部门和人员，以便在灾害事故发生后快速反应，全力做好事故现场抢救、安全保卫、医疗救护、善后处理、事故调查、后勤保障、危险源评估、技术支持等应急工作。

3. 加强风险监控和预警工作

通过对风险点和生产系统各环节的日常巡检、专项检查、定期检查，及时发现异常，并向应急处置中心报告异常情况。企业应急处置中心如确认异常情况属实，并有可能进一步发展为突发事件时，应及时向领导报告。发出预警后，企业应做好启动各专项应急预案的相关准备，通知各应急队伍进入迎战状态。

4. 完善应急响应程序

按事件的可控性、严重程度和影响范围，启动相应级别的应急响应。通常，应急响应的程序为接警、警情判断、应急启动、

应急指挥、应急行动、资源调配、应急避险、事态控制、扩大应急、应急终止和后期处置等。企业应在应急响应的各个流程上进行优化设置，明确各项工作开展的目标、程序及相关人员的职责等。

5. 加强应急响应保障

一方面，要加强通信与信息保障，如后勤保障组负责定期维护可能参与应急响应的相关方的联系方式，遇有电话变更，及时更新，确保联络畅通。另一方面，要加强应急队伍保障。企业应建立一支现场自救队，成员由车间主任、车间安全生产管理人员组成，由企业安全生产管理机构领导，定期进行培训和演练。

6. 加强事后恢复工作

当事故现场得以控制，受灾人员全部安全撤离，消除导致次生、衍生事故的隐患，经事故现场应急救援领导小组批准后，宣布应急结束。应急结束后，应将事故情况上报，包括向事故调查处理小组移交所需有关情况的说明及文件，以及撰写应急工作总结报告。

八、风险分级管控及隐患排查治理

生产安全事故的发生，归根结底是人的不安全行为、物的不安全状态、环境的不安全因素所致。这些不安全因素的存在就是风险，可能导致事故隐患。而安全风险分级管控和隐患排查治理机制的目的就是分析、辨识和控制这些风险和隐患，最大限度地减少因风险失控造成的事故。实行风险分级管控，建立隐患排查治理机制，进行风险过程控制并做到持续改进是建立安全生产长效机制、规避和化解事故风险、提升企业安全生产管理水平的根本途径。开展风险分级管控和隐患排查治理应做好以下6个方面的工作。

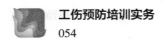

1. 开展安全生产教育培训

企业关键岗位人员应进行年度、专项安全风险辨识评估培训，以及与该岗位相关的重大安全风险管控措施培训。安全生产管理人员进行事故隐患排查治理方面的专项培训。

2. 开展安全生产责任制建设

风险分级管控和隐患排查治理双重预防机制，除要求领导高度重视外，对各个风险要层层落实主体责任，做到目标明确、任务清晰、责任到人，谁主管、谁负责，谁分管、谁负责，并制定行之有效的风险管理考核办法。应建立企业一把手全面负责，分管负责人在分管范围内负责的风险分级管控工作责任体系和事故隐患排查治理工作责任体系，企业有负责上述两项工作的管理部门；建立相应工作制度并明确风险辨识范围及辨识评估、管控工作流程。分管负责人在分管范围内负责的。

3. 开展作业风险辨识

根据企业实际设备设施和作业活动，开展年度及专项辨识、评估，分析、辨识作业过程中存在的风险点，并对风险点进行评估、分级。

4. 开展风险分级管控

通过对作业中存在的风险进行评估、分级，制定相应的管控措施。风险越大，管控级别应越高。应逐级落实具体管控措施，有具体工作方案，人员、技术、资金有保障。管控措施落实情况要定期检查。

5. 开展隐患排查治理

企业应编制年度排查计划，开展计划性和日常性的隐患排查，建立隐患排查台账，对风险点管控措施进行实时跟踪、反馈，确保措施到位。对管控措施失效、已形成隐患的风险点应及时反馈，由相关责任人迅速整改，确保隐患治理到位。排查出的重大隐患应及时向当地应急管理部门报告。应建立隐患分级治理机制，按"五落实"（责任、措施、资金、时限和预案落实）要求治理，不能立即完成治理的，由治理主要责任人按治理方案组织实施。

6. 开展信息化管理

企业应采用信息化管理手段实现对风险、隐患记录统计、过程跟踪、分析、信息上报的信息化管理。

九、建设项目是否合规

生产经营单位新建、改建、扩建工程项目的安全设施，必须与主体工程同时设计、同时施工、同时投入生产和使用（建设项目安全设施"三同时"），安全设施投资应当纳入建设项目概算。此外，对于存在重大危险、有害因素的建设项目的可行性研究报告、立项等，应有该项目的危险、有害因素分析和所采取的安全防范措施的专门章节论述（编制安全专篇）。

建设项目安全设施"三同时"工作程序分5步实施，即备案、安全审查、施工检查、竣工验收、立卷归档。建设项目在可行性研究阶段，建设单位必须到应急管理部门进行告知性备案；建设项目在施工前，建设单位必须向应急管理部门提出安全设施设计审查申请，应急管理部门应当组织中介机构或相关行业专家对建设项目的安全设施设计进行审查；建设项目在施工过程中，需对安全设施设计作出变更的，必须经原安全设施设计部门同意并报应急管理部门审查批准；建设项目建成后，建设单位向应急管理部门提出安全设施竣工验收申请，应急管理部门应当组织中介机构或相关行业专家对建设项目安全设施进行竣工验收；

建设项目竣工验收后，应急管理部门应及时将建设项目执行安全设施"三同时"情况进行立卷归档，明确专人负责，做到"一项一档"。

建设单位对建设项目安全设施"三同时"的实施负全面责任，对不使用政府投资的建设项目，在组织可行性研究、初步设计审查和竣工验收时，应严格按国家和省、市关于建设项目安全设施"三同时"的规定到应急管理部门办理相关手续。

建设项目中引进的国外技术和设备应当符合我国规定或认可的安全标准，设计亦应符合我国安全标准和规范的要求。从国外购进设备主机的同时，应购进与之相配套的安全装置（附机），并索要防火、防爆、防中毒、防人身伤害等方面的设计说明书。

在经济合理、技术可行的条件下，按"以新带老"的原则，对建设项目已建成设施中不符合安全标准的，应同时采取安全技术措施。

建设项目正式进入实施阶段，必须由应急管理部门进行安全审查，包括设计审查、施工检查和竣工验收。竣工验收前，建设单位向应急管理部门提出建设项目安全设施竣工验收申请时，应当具备安全生产条件并提交相应的材料。对于安全设施未经应急管理部门验收合格的，企业不准开工投产。

建设项目应符合防火防爆法律法规规定。对于企业一般建筑，其建设应符合《建筑设计防火规范（2018年版）》（GB 50016—2014）的规定，对于有其他生产、储存等特殊用途的建设项目，其建设还应符合相应的安全法规规定。

十、工艺及技术

企业应严格按照应急管理部和原国家安全生产监督管理总局

颁布的相关规定和通知，贯彻落实淘汰落后安全技术工艺和设备工作。在实际生产经营活动过程中，为及时、有效地完成淘汰落后安全技术工艺工作，企业应着重从以下4个方面开展。

1. 及时了解和掌握政府对于淘汰落后安全技术工艺的最新要求和时限

企业负责人应带头开展对政府淘汰落后安全技术工艺最新要求的学习，及时掌握国家和地方政府对于淘汰落后安全技术工艺的最新要求，知晓完成相关要求的最后期限。

2. 加大对替代工艺和技术的引进和使用

在开展淘汰落后安全技术工艺工作的同时，企业负责人应加强对相关替代工艺和技术的引进和使用，在确保提高安全生产水平的基础上，积极引进科学、先进和安全的生产工艺和技术，切实实现企业安全生产水平质的飞跃。

3. 持续开展淘汰落后安全技术工艺工作进程评估

一方面，企业要及时掌握淘汰落后安全技术工艺工作的进度，确保工作按时完成；另一方面，企业还应定期开展对替代工艺及技术的安全评估，确保该项工作的开展确实提升企业的安全生产水平。

4. 加强淘汰落后安全技术工艺工作的宣传力度

企业在认真贯彻落实淘汰落后安全技术工艺工作的同时，应加强对淘汰落后安全技术工艺工作的宣传力度，使企业全体人员全面理解该项工作的重要意义，进而充分调动工作积极性。

第二章
工伤事故预防

第一节　电气事故预防

一、电气事故的种类

电气事故是指由失去控制的电能作用于人体或电气系统内能量传递发生故障而导致的人身伤亡和设备损坏。电气事故可分为触电事故、静电事故、雷电灾害、射频辐射危害和电路故障5类。

1. 触电事故

触电事故是由电流的能量造成的，主要表现为电流对人体的伤害，可以分为电击和电伤。

（1）电击。电击是电流通过人体，刺激机体组织，使机体产生针刺感、压迫感、打击感、痉挛、疼痛、血压异常、昏迷、心律不齐、心室颤动等造成伤害。严重时，电击会破坏人的心脏、肺部、神经系统的正常工作，危及生命。

按照发生电击时电气设备的状态，电击分为直接接触电击和间接接触电击。直接接触电击是触及正常状态下带电的带电体（如误触接线端子）发生的电击，也称正常状态下的电击；间接接触电击是触及正常状态下不带电，而在故障状态下意外带电的带电体（如触及漏电设备的外壳）发生的电击，也称故障状态下的电击。

按照人体触及带电体的方式和电流流过人体的途径，电击可分为单相电击、两相电击和跨步电压电击。

单相电击是人体站在导电性地面或接地导体上，人体某一部位触及一相导体，由接触电压造成的电击。根据国内外的统计资料，单相电击事故占全部触电事故的70%以上。因此，防止触电事故的技术措施应将预防单相电击作为重点。

两相电击是不接地状态的人体某两个部位同时触及两相导体，由接触电压造成的电击。此情况下，人体所承受的电压为线路电压，因其电压相对较高，危险性也较大。

跨步电压电击是人体进入地面带电的区域时，两脚之间承受的跨步电压造成的电击。

（2）电伤。电伤是电流的热效应、化学效应、机械效应等对人体所造成的伤害。电伤多见于人机的外部，往往在表面留下伤痕。能够形成电伤的电流通常比较大。电伤的危险程度取决于受伤面积、受伤深度、受伤部位等。电伤包括电烧伤、电烙印、皮肤金属化、机械损伤、电光性眼炎等多种伤害。

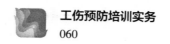
电烧伤是最常见的电伤。大部分触电事故会造成电烧伤。电烧伤可分为电流灼伤和电弧烧伤。电弧烧伤是由弧光放电造成的烧伤，是最危险的电伤，分为直接电弧烧伤和间接电弧烧伤。前者是带电体与人体之间发生电弧，电流流过人体所造成的烧伤；后者是电弧发生在人体附近对人体造成的烧伤，包含熔化的炽热金属溅出造成的烫伤。电弧温度高达 8 000 ℃，可造成大面积、大深度的烧伤，甚至烧焦、烧毁四肢及其他部位。高压电弧和低压电弧都能造成严重烧伤，高压电弧的烧伤更严重。

电烙印是指电流通过人体后，在皮肤表面接触部位留下与接触带电体形状相似的斑痕，如同烙印。斑痕处皮肤呈现硬变，表层坏死，失去知觉。

皮肤金属化是高温电弧使周围金属熔化、蒸发并飞溅渗透到皮肤表层内部所造成的。受伤部位呈现粗糙、张紧，可致局部坏死。

机械损伤多数是由于电流作用于人体，肌肉产生非自主的剧烈收缩所造成的。其损伤包括肌腱、皮肤、血管、神经组织断裂以及关节脱位乃至骨折等。

电光性眼炎表现为角膜和结膜发炎。弧光放电时的红外线、可见光、紫外线都会损伤眼睛。在短暂照射的情况下，引起电光性眼炎的主要因素是紫外线。

2. 静电事故

静电是指生产工艺过程中或工作人员操作过程中，由于某些材料的相对运动、接触与分离等而积累起来的相对静止的正电荷和负电荷。这些电荷周围的场中储存的能量不大，不会直接致命。但是，静电电压可能高达数万乃至数十万伏，可能在现场发生放电，产生静电火花。静电的危害形式和事故后果有以下几个方面：

（1）在有爆炸和火灾危险的场所，静电放电火花会成为可燃性物质的点火源，可能造成爆炸和火灾事故。

（2）人体因受到静电电击的刺激，可能引发二次事故，如坠落、跌伤等。此外，对静电电击的恐惧心理还会对工作效率产生不利影响。

（3）某些生产过程中，静电的物理现象会妨碍生产，导致产品质量不良，电子设备损坏。

3. 雷电灾害

雷电是大气放电。雷电放电具有电流大、电压高等特点，其能量释放出来可能产生极大的破坏力，造成极为严重的后果。雷电灾害如下：

（1）火灾和爆炸。直击雷放电的高温电弧、二次放电、巨大的雷电流、球雷侵入可直接引起火灾和爆炸，冲击电压击穿电气设备的绝缘等可间接引起火灾和爆炸。

（2）触电。积云直接对人体放电、二次放电、球雷打击、雷电流产生的接触电压和跨步电压可直接使人触电，电气设备绝缘因雷击而损坏也可使人触电。

（3）设备和设施毁坏。雷击产生的高电压、大电流伴随的汽化力、静电力、电磁力可毁坏重要电气装置和建筑物及其他设施。

（4）大规模停电。电力设备或电力线路破坏后可能导致大规模停电。

4. 射频辐射危害

射频是指无线电波的频率或者相应的电磁振荡频率，泛指

100 kHz 以上的频率。射频辐射危害是由电磁场的能量造成的。射频电磁场的危害主要如下：

（1）在射频电磁场作用下，人体吸收辐射能量会受到不同程度的伤害。过量的辐射可引起中枢神经系统机能障碍，出现神经衰弱等；可造成植物神经紊乱，出现心率或血压异常，如心动过缓、血压下降或心动过速、高血压等；可引起眼睛损伤，造成晶体混浊，严重时导致白内障；可使睾丸发生功能失常，造成暂时或永久的不育症，并可能使后代产生疾患；可造成皮肤表层灼伤或深度灼伤等。

（2）在高强度的射频电磁场作用下，可能产生感应放电，导致电引爆器件发生意外引爆。感应放电对具有爆炸、火灾危险的场所来说是一个不容忽视的危险因素。此外，当受电磁场作用感应出的感应电压较高时，会给人以明显的电击。

5. 电路故障

电路故障是电能传递、分配、转换失去控制造成的。断路、短路、接地、漏电、误合闸、误掉闸、电气设备或电气元件损坏等都属于电路故障。电路故障可能影响人身安全。

二、触电事故的发生规律

1. 错误操作和违章作业造成的触电事故多

其主要原因是安全教育不够，安全制度不严，安全措施不完善，一些人安全意识不足。

2. 中青年职工、非专业电工触电事故多

中青年职工、非专业电工是主要操作者，经常接触电气设备。而且这些人经验不足，比较缺乏用电安全知识，其中有的人责任心还不够强，以致触电事故多。

3. 低压设备触电事故多

其主要原因是低压设备远远多于高压设备，与之接触的人比较多，而且这些人多数是比较缺乏电气安全知识的非电气专业人员。

4. 移动式设备和临时性设备触电事故多

其主要原因是这些设备是在人的紧握之下运行的，不但接触电阻小，而且一旦触电就难以摆脱电源。同时，这些设备需要经常移动，工作条件差，设备和电源线容易发生故障或损坏。

5. 电气连接部位触电事故多

很多触电事故发生在接线端子、缠接接头、压接接头、焊接接头、电缆头、灯座、插头、插座等电气连接部位，主要是由于这些连接部位机械牢固性较差、接触电阻较大、绝缘强度较低，容易出现故障。

6. 6—9月触电事故多

其主要原因是这段时间天气炎热，人体衣单而多汗，触电危险性较大。6—9月多雨、潮湿，地面导电性增强，电气设备的绝缘电阻降低，容易构成电流回路。此外，6—9月是农村的农忙时期，农村用电量增加，触电事故增多。

7. 具有环境特点

腐蚀、潮湿、高温、粉尘、混乱、多移动式设备、多金属设备环境及露天分散作业环境中的触电事故多。例如，化工、冶金、矿业、建筑、机械等行业容易存在这些不安全因素，触电事故较多。

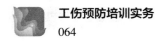
三、电气事故的预防措施

1. 触电事故的防护措施

（1）触电事故的主要原因包括以下 5 个方面：

1）缺乏安全用电常识。此类事故多发生于经验不足的职工操作、移动、清洁电气设备时。例如，操作手持电动工具时未检查外壳是否带电，未佩戴绝缘手套就使用，搬动设备未切断电源；用非绝缘工具剪带电导线；在未验明无电情况下触摸带电体；用水冲洗电气设备（冲洗地板）；用湿手套触摸或用湿布擦开关、灯头、灯泡；发现有人触电，在未切断电源的情况下，用手直接拉触电者等。

2）电气作业人员在操作、修理中未严格遵守操作规程。在高压设备维修中未严格执行"二票一制"（工作票、操作票、监护制度），造成倒闸误操作、提前送电、检修中误触带电部位；在低压设备上带电工作时防护措施不到位；使用行灯时不用安全电压，而用 220 V 电压；非电气专业人员乱修理电气设备；使用安全用具事先未检查；电动工具没有接零线，使用时不佩戴防护用具，或在雨天露天使用；车间临时线过多，且长期使用。以上因素都可能导致触电事故。

3）电气设备、线路安装不合格，如高、低压同杆架设，电气设备接零线不符合要求，电气设备导电部分裸露无防护，刀闸开关安装倒置或平放，照明线路开关未控制火线，螺口灯头螺口外露并接火线等。

4）维修不善。用电、配电设备和电气线路长期不进行检修，以致绝缘损坏、机械磨损、过热；开关、灯头、刀闸破损不检修或更换；用铁丝、铜丝替代熔丝等。

5）其他原因。其他原因主要是偶然的意外事件，如台风刮断电线、压坏电气设备等。

 [案例]泰州市海陵区某船厂"7·20"一般触电事故

某年7月20日7时50分左右，泰州市海陵区某船厂在建造散货船过程中发生一起触电事故，造成1人死亡。

1.事故简介

某年7月20日5时左右，杨某和王某按照蒋某的安排，装配事故船舶前右舷外部钢板，王某在船舱外用千斤顶将钢板顶在龙骨上，杨某使用41号电焊机在船舱内将顶好的钢板焊接在龙骨上。

二人工作到7时50分左右时，王某将前右舷外部的一块钢板顶好后，通知杨某焊接固定。杨某回应后，王某随即去仓库拿白色记号笔。约5分钟后，王某回到现场喊杨某，杨某没有反应。王某立刻钻进船舱，发现杨某头朝北趴在舱内的龙骨上，胸口压着焊钳，全身潮湿，没有呼吸。王某立刻将焊钳从杨某身下抽出并扔出船舱，然后钻出船舱求救。

2.事故原因

（1）直接原因。杨某在有限空间内从事焊接作业，作业环境潮湿，使用的电焊机未安装漏电保护装置，焊钳绝缘层破损，导致杨某在作业过程中触电死亡。

（2）间接原因如下：

1）防护缺失，隐患整改不及时。相关人员在日常管理中已经发现41号电焊机未设置外壳接地、电源箱未安装漏电保护器，

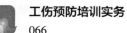

但未能提出整改措施；施工人员在焊接作业时，未组织巡查，未发现焊钳绝缘层破损、焊接电缆线多处破损等事故隐患。

2）有限空间作业未安排专人监护。施工人员在船舱焊接时，未安排人员进行监护，导致杨某触电后未能得到及时救治。

3）教育培训不到位。船厂将装配劳务发包给蒋某个人，依靠蒋某对施工人员进行培训，但未对其培训情况进行督促、检查。无论是船厂还是蒋某，都没有对施工人员组织安全生产教育、培训、考核，施工人员缺乏自我保护意识和操作技能。

（2）触电的防护技术。所有电气装置都必须具备防止电击危害的直接接触电击防护措施和间接接触电击防护措施。

1）直接接触电击防护措施。绝缘、屏护和间距是直接接触电击的基本防护措施。其主要作用是防止人体触及或过分接近带电体造成触电事故，以及防止短路、故障接地等电气事故。

①绝缘。绝缘是指利用绝缘材料对带电体进行封闭和隔离。良好的绝缘是保障电气系统正常运行的基本条件。

绝缘电阻是衡量绝缘性能优劣的最基本指标。在绝缘结构的制造和使用中，经常测量其绝缘电阻，以在一定程度上判定某些电气设备的绝缘好坏，判断某些电气设备如发电机、变压器的绝缘情况等，防止因绝缘电阻降低而造成漏电、短路、电击等电气事故。

②屏护。屏护是对电击危险因素进行隔离的手段，即采用遮栏、护罩、护盖、箱匣等把危险的带电体同外界隔离开来，用于电气设备不便于绝缘或绝缘不足以保障安全的场合，是防止人体接触带电体的重要措施。屏护还起到防止电弧伤人、防止弧光短

路和便于检修的作用。

③间距。间距是指带电体与地面之间、带电体与其他设备和设施之间、带电体与带电体之间保持必要的安全距离。间距的作用是防止人体触及或接近带电体造成触电事故；避免车辆或其他器具碰撞或过分接近带电体造成事故；防止火灾、过电压放电及各种短路事故，以及方便操作。

2）间接接触电击防护措施如下：

①IT 系统。IT 系统就是保护接地系统，即将正常运行的电气设备不带电金属部分与大地紧密连接起来。其原理是通过接地把漏电设备的对地电压限制在安全范围内，防止触电事故。但应注意，漏电状态并未因保护接地而消失。保护接地适用于中性点不接地的电网中，电压高于 1 kV 的高压电网中的电气装置外壳也应采取保护接地。

②TT 系统。TT 系统的第一个字母 T 表示配电网直接接地，第二个字母 T 表示电气设备外壳接地。TT 系统的保护接地电阻虽然可以大幅度降低漏电设备上的故障电压，使触电危险性降低，但单凭保护接地电阻的作用一般不能将触电危险性降低到安全范围以内。另外，由于故障回路串联有工作接地电阻和保护接地电阻，故障电流不会很大，可能不足以使保护电器动作，故障得不到迅速切除。因此，采用 TT 系统必须装设剩余电流动作保护装置或过电流保护装置，并优先采用前者。

③TN 系统。TN 系统相当于传统的保护接零系统，TN 系统中的字母 T 表示配电网直接接地，字母 N 表示电气设备在正常情况下不带电的金属部分与配电网中性点之间直接连接。其原理是当某相带电部分碰连设备外壳时，形成该相对零线的单相短路，短路电流促使线路上的短路保护元件迅速动作，从而把故障设备

电源断开，消除电击危险。虽然保护接零也能降低漏电设备上的故障电压，但一般不能降低到安全范围以内。其第一位的安全作用是迅速切断电源。保护接零用于用户装有配电变压器，且其低压中性点直接接地的 220/380 V 三相四线制配电网。

3）兼防直接接触电击和间接接触电击的措施如下：

①双重绝缘和加强绝缘措施。双重绝缘是兼有工作绝缘和附加绝缘的绝缘。工作绝缘又称基本绝缘，是保障电气设备正常工作和防止触电的基本绝缘，位于带电体与不可触及的金属件之间。附加绝缘也称保护绝缘，是在工作绝缘因机械破损或击穿等而失效的情况下，防止触电的独立绝缘，位于不可触及的金属件与可触及的金属件之间。

加强绝缘是基本绝缘的改进，是在绝缘强度和机械性能上具备与双重绝缘同等防触电能力的单一绝缘，在构成上可以包含一层或多层绝缘材料。

双重绝缘和加强绝缘是在基本绝缘的直接接触电击防护基础上，通过在结构上附加绝缘或绝缘的加强，使之具备间接接触电击防护功能的安全措施。

②安全电压。安全电压是兼有直接接触电击和间接接触电击防护的安全措施。其保护原理：通过对系统中可能作用于人体的电压进行限制，使触电时流过人体的电流受到抑制，将触电危险性控制在安全范围内。

我国国家标准规定了特低电压的限值，其额定值（工频有效值）的等级为 42 V、36 V、24 V、12 V 和 6 V。根据使用环境、人员和使用方式等因素确定安全电压。例如，特别危险环境中使用的手持电动工具应采用 42 V 特低电压，有电击危险环境中使用的手持照明灯和局部照明灯应采用 36 V 或 24 V 特低电压，金属容器内、特别潮湿处等特别危险环境中使用的手持照明灯应采用 12 V 特低电压，水下作业等场所应采用 6 V 特低电压。

③剩余电流动作保护。剩余电流动作保护又称漏电保护，是利用剩余电流动作保护装置来预防电气事故的一种安全技术措施。剩余电流是指流过剩余电流动作保护装置主回路电流瞬时值的相量和（用有效值表示）。剩余电流动作保护装置简称 RCD，主要用于防止人身电击，防止因接地故障引起火灾和监测一相接地故障。剩余电流动作保护装置的主要功能是提供间接接触电击防护。额定漏电动作电流不大于 30 mA 的剩余电流动作保护装置，在其他保护措施失效时，可作为直接接触电击的补充保护，但不能作为基本的保护措施。剩余电流动作保护装置按动作原理可分为电压型、零序电流型、泄漏电流型和中性点型 4 类，其中电压型和零序电流型应用较为广泛。

4）合理使用绝缘防护用具。在电气作业中，合理匹配和使用绝缘防护用具，对防止触电事故、保障操作人员在生产过程中的安全健康具有重要意义。绝缘防护用具可分为两类：一类是基本安全防护用具，如绝缘棒、绝缘钳、高压验电笔等；另一类是辅助安全防护用具，如绝缘手套、电绝缘（靴）鞋、橡皮垫、绝缘台等。

应定期检验绝缘手套电绝缘性能，不符合规定的不能使用。

电绝缘鞋（靴）使用注意事项如下：

①应根据作业场所电压的高低，正确选用电绝缘鞋（靴）。低压电绝缘鞋（靴）禁止在高压电气设备上使用，高压电绝缘鞋（靴）可以作为高压和低压电气设备上的辅助安全防护用具使用。不论穿低压还是高压电绝缘鞋（靴），均不得直接用手接触电气设备。

②布面电绝缘鞋只能在干燥环境中使用，避免布面潮湿。

③穿用电绝缘靴时，应将裤管放入靴筒内。穿用电绝缘鞋时，裤管不宜过长，并要保持鞋帮干燥。

④非耐酸、碱、油的橡胶底，不可与酸、碱、油类物质接触，并应防止被尖锐物刺伤。低压电绝缘鞋若底面花纹磨光，露出内部颜色，则不能作为电绝缘鞋使用。

⑤在购买电绝缘鞋（靴）时，应查验鞋上是否有绝缘永久标记（如红色闪电符号），鞋底是否有耐电压值标记，鞋内是否有合格证、安全鉴定证、生产许可证编号等。

5）安全用电组织管理措施。防止触电事故，技术措施十分重要，组织管理措施也必不可少，其中包括制订安全用电措施计划和规章制度，进行安全用电检查、教育和培训，组织事故分析，建立安全资料档案等。

 ［案例］宁夏某建设有限公司"7·31"一般触电事故

某年7月31日，宁夏某建设有限公司承揽的宁夏某科技园汽车后产业车间土建工程发生一起触电事故，造成1人死亡。

1. 事故简介

某年7月31日14时30分，马某在车间东侧操作马路切割机切割水泥路面。东侧路面切割完毕后，土建施工班班长杨某告知马某该工作要当天完成。16时，马某以"还剩下一些，都干完算了"为由，将马路切割机搬至车间西侧开始切割路面，至事故发生时东侧路面完成切割、西侧路面切割50 cm。17时10分左右，某房地产工程部驻科技园汽车后产业园工地施工员何某在距事发地 50 m 处，听到马某一声喊叫，随即奔往切割机旁，此时土建施工班班长杨某也赶到了事故发生点。两人合力用木板将马某抬至车间内，马某某对马某进行胸外心脏按压，工地工人温某掐马某人中等进行抢救，何某拨打 120 急救电话。15 min 后，急救人员到达现场，发现马某已无生命体征，随即认定马某死亡。

2. 事故原因

（1）直接原因。作业人员安全意识淡薄，在未穿戴合格的劳动防护用品的情况下作业；切割机电源开关接线处未做绝缘保护，接线铜线裸露，现场勘查发现开关有电弧放电痕迹，马某右臂严重灼伤，初步判断马某在操作时右手误触裸露铜线（考虑当时马某准备接线或打开开关时误触铜线）。

（2）间接原因如下：

1）违章用电。使用马路切割机移动用电设备，应该配备带有漏电保护的三级用电配电箱，与用电设备的距离不大于 10 m，但此次作业未配备三级用电配电箱，属违章用电。此次使用的马路切割机直接由二级用电配电箱供电，该二级用电配电箱经事故后鉴定，3 个漏电保护中的 2 个是坏的。用于马路切割机的控制开关是保护性能较差的 3P（三极）开关，不适用于该类用电设备。

2）管理失责。工程管理人员履职不到位，思想上麻痹大意，安全意识淡薄，对施工现场用电缺乏有效监管，没有把安全生产管理放在工作首位。对投入运行的设备没有进行定期检查、维护，导致设备带"病"运行，且作业人员缺乏专业知识，导致无法发现和排除漏电的隐患。没有监督作业人员按要求穿戴相应的劳动防护用品，且缺乏必要的防护措施，导致在设备漏电时没有起到对人身的保护作用。不按相关规范配备三级用电配电箱，缺乏用电保护，导致事故发生。

2. 静电事故的防护措施

（1）静电的起电方式如下：

1）接触－分离起电。两种物体接触，其间距小于 2.5×10^{-7} cm 时，由于不同原子得失电子的能力不同，不同原子外层电子的能级不同，其间即发生电子的转移。因此，界面两侧会出现大小相等、极性相反的两层电荷。这两层电荷称为双电层，其间的电位差称为接触电位差。根据双电层和接触电位差的理论，可以推知两种物质紧密接触再分离时，即可能产生静电。

2）破断起电。材料破断后能在宏观范围内导致正、负电荷的分离，即产生静电。这种起电称为破断起电。固体粉碎、液体分离过程的起电属于破断起电。

3）感应起电。列举一种典型的感应起电过程。假设一导体 A 为带有负电荷的带电体，另有一导体 B 与接地体相连。在带电体 A 的感应下，B 的端部出现正电荷，由于 B 接地，其对地电位仍然为零。当 B 离开接地体时，B 成为带正电荷的带电体。

4）电荷迁移。当一个带电体与一个非带电体接触时，电荷将发生迁移而使非带电体带电。例如，当带电雾滴或粉尘撞击导体时，便会产生电荷迁移；当气体离子流射在不带电的物体上时，也会产生电荷迁移。

（2）静电的消散

中和与泄漏是静电消散的两种主要方式，前者主要是通过空气发生的，后者主要是通过带电体本身及与其相连接的其他物体发生的。

1）静电中和。空气中自然存在的带电粒子极为有限，中和是极为缓慢的，一般不会被觉察到。带电体上的静电通过空气迅速地中和发生在放电时。

2）静电泄漏。表面泄漏和内部泄漏是绝缘体上静电泄漏的两种途径。在静电表面泄漏过程中，其泄漏电流遇到的是表面电阻；在静电内部泄漏过程中，其泄漏电流遇到的是体积电阻。

（3）静电的防护措施如下：

1）环境危险程度控制。为了防止静电危害，可采取以下措施控制所在环境爆炸和火灾危险性：

①取代易燃介质。例如，用三氯乙烯、四氯化碳、氢氧化钠或氢氧化钾代替汽油、煤油作洗涤剂，具有良好的防爆效果。

②降低爆炸性气体、蒸气混合物的浓度。在爆炸和火灾危险环境，采用机械通风装置及时排出爆炸性危险物质。

③减少氧化剂含量。充填氮、二氧化碳或其他不活泼的气体，减少爆炸性气体、蒸气或爆炸性粉尘中氧的含量，以消除燃烧条件。

2）工艺控制。工艺控制是消除静电危害的重要方法，主要是从工艺上采取适当的措施，限制和避免静电的产生和积累。

①材料的选用。在存在摩擦而且容易产生静电的工艺环节，生产设备宜使用与生产物料相同的材料，或采用位于静电序列中段的金属材料制成生产设备，以减轻静电危害。

②限制物料的运动速度。为了限制产生危险的静电，汽车罐车由顶部装油时，装油鹤管应深入槽罐且与槽罐底部的距离不大于 200 mm。油罐装油时，注油管出口应尽可能接近油罐底部，对于电导率低于 50 pS/m 的液体石油产品，初始流速应不大于 1 m/s，当注入口浸没 200 mm 后，可逐步提高流速，但最大流速应不超过 7 m/s。

③加大静电消散过程。在输送工艺中，在管道末端加装直径较大的缓和器，可大大减少液体在管道内流动时积累的静电。例如，液体石油产品从精细过滤器出口到储器应留有30 s的缓冲时间。

为了防止静电放电，在液体灌装、循环或搅拌过程中不得进行取样、检测或测温操作。进行上述操作前，应使液体静置一定的时间，使静电充分消散。

3）静电接地。接地是防止静电危害的最基本措施，它的目的是使工艺设备与大地之间构成电气上的泄漏通路，使产生在工艺过程的静电泄漏于大地，防止静电积累。在静电危险场所，所有属于静电导体的物体必须接地。

4）增湿。局部环境的相对湿度宜增加至50%以上。增湿的作用主要是增强静电沿绝缘体表面的泄漏。增湿并非对绝缘体都有效果，关键要看其能否在表面形成水膜。对于随湿度的增加，表面容易形成水膜的绝缘体如醋酸纤维、纸张、橡胶等，增湿能有效消除静电。

5）加入抗静电添加剂。抗静电添加剂是具有良好导电性或较强吸湿性的化学药剂。加入抗静电添加剂之后，材料的体积电阻率或表面电阻率降低。

6）使用静电中和器。静电中和器是指将气体分子进行电离，产生消除静电所必要的离子（一般为正、负离子对）的机器，也称静电消除器。使用静电中和器，利用与带电物体上静电荷极性相反的离子中和带电物体上的静电，可减少物体上的带电量。

7）为了防止人体静电的危害，在0区及1区的爆炸性气体环境，作业人员应穿防静电服、防静电鞋（袜），佩戴防静电手套。禁止在静电危险场所穿脱衣物、帽子及类似物，并避免剧烈运动。

防静电鞋、导电鞋使用注意事项如下：

①在使用时，不应同时穿绝缘的毛料厚袜及垫绝缘的鞋垫。

②使用防静电鞋的场所应是防静电的地面，使用导电鞋的场所应是能导电的地面。

③禁止将防静电鞋当作电绝缘鞋使用。

④防静电鞋应与防静电服配套使用。

⑤穿用前，要按规定进行电阻测试，符合规定才可使用。

3. 雷电事故的防护措施

（1）雷电的种类。雷电包括直击雷、闪电感应、球雷等。

1）直击雷。雷云与大地目标之间的一次或多次放电称为对地闪击。闪击直接击于建筑物、外部防雷装置、大地或其他物体上，产生电效应、热效应和机械力的，称为直击雷。直击雷的每次放电过程包括先导放电、主放电、余光 3 个阶段。大约 50% 的直击雷有重复放电特征。一次直击雷的全部放电时间一般不超过 500 ms。

2）闪电感应。闪电感应又称雷电感应。闪电发生时，在附近导体上产生静电感应和电磁感应，可能使金属部件之间产生火花放电。

①闪电静电感应。带电积云在架空线路导线或其他高大导体上感应出大量与带电积云极性相反的电荷，带电积云对其他客体放电后，感应电荷失去束缚，如没有就近泄入大地，就会以大电流、高电压冲击波的形式，沿线路导线或导体传播。

②闪电电磁感应。雷电放电时，迅速变化的雷电流在其周围

空间产生瞬变的强电磁场，使附近导体上感应出很高的电动势。

3）球雷。球雷是雷电放电时形成的发红光、橙光、白光或其他颜色光的火球。从电学角度考虑，球雷应当是一团处在特殊状态下的带电气体。

（2）建筑物防雷分类。建筑物防雷分类是按建筑物的重要性、生产性质、遭受雷击的可能性和后果的严重性所进行的分类。建筑物按防雷要求可分为以下 3 类。

1）第一类防雷建筑物具体如下：

①凡制造、使用或储存火炸药及其制品的危险建筑物，因电火花而引起爆炸、爆轰，会造成巨大破坏和人身伤亡者。

②具有 0 区或 20 区爆炸危险场所的建筑物。

③具有 1 区或 21 区爆炸危险场所的建筑物，因电火花而引起爆炸，会造成巨大破坏和人身伤亡者。

第一类防雷建筑物如火药制造车间、乙炔站、电石库、汽油提炼车间等。

2）第二类防雷建筑物具体如下：

①国家级重点文物保护的建筑物。

②国家级的会堂、办公建筑物、大型展览和博览建筑物、大型火车站和飞机场、国宾馆，国家级档案馆、大型城市的重要给水泵房等特别重要的建筑物。

③国家级计算中心、国际通信枢纽等对国民经济有重要意义的建筑物。

④国家特级和甲级大型体育馆。

⑤制造、使用或储存火炸药及其制品的危险建筑物，且电火

花不易引起爆炸或不致造成巨大破坏和人身伤亡者。

⑥具有 1 区或 21 区爆炸危险场所的建筑物，且电火花不易引起爆炸或不致造成巨大破坏和人身伤亡者。

⑦具有 2 区或 22 区爆炸危险场所的建筑物。

⑧有爆炸危险的露天钢质封闭气罐。

⑨预计雷击次数大于 0.05 次 /a 的部、省级办公建筑物和其他重要或人员密集的公共建筑物以及火灾危险场所。

⑩预计雷击次数大于 0.25 次 /a 的住宅、办公楼等一般性民用建筑物或一般性工业建筑物。

3）第三类防雷建筑物具体如下：

①省级重点文物保护的建筑物及省级档案馆。

②预计雷击次数大于或等于 0.01 次 /a 且小于或等于 0.05 次 /a 的部、省级办公建筑物和其他重要或人员密集的公共建筑物，以及火灾危险场所。

③预计雷击次数大于或等于 0.05 次 /a 且小于或等于 0.25 次 /a 的住宅、办公楼等一般性民用建筑物或一般性工业建筑物。

④在平均雷暴日大于 15 d/a 的地区，高度在 15 m 及以上的烟囱、水塔等孤立的高耸建筑物；在平均雷暴日小于或等于 15 d/a 的地区，高度在 20 m 及以上的烟囱、水塔等孤立的高耸建筑物。

（3）防雷装置。建筑物防雷装置是指用于对建筑物进行雷电防护的整套装置，由外部防雷装置和内部防雷装置组成。

1）外部防雷装置。外部防雷装置是指用于防直击雷的防雷装置，由接闪器、引下线和接地装置组成。

①接闪器。接闪器由接闪杆、接闪带、接闪线、接闪网以及金属屋面、金属构件等组成。

接闪器是利用其高出被保护物的位置，将雷电引向自身，起到拦截闪击的作用，并通过引下线和接地装置，将雷电流泄入大地，使被保护物免受雷击。

②引下线。引下线是连接接闪器与接地装置的圆钢或扁钢等金属导体，用于将雷电流从接闪器传导至接地装置。引下线应满足机械强度、耐腐蚀和热稳定的要求。防直击雷的专设引下线距建筑物出入口或人行道边缘不宜小于 3 m。

③接地装置。接地装置是接地体和接地线的总合，用于传导雷电流并将其流散入大地。

2）内部防雷装置。内部防雷装置由屏蔽导体、等电位连接件和电涌保护器等组成。对于变配电设备，常采用避雷器作为防止雷电波侵入的装置。

①屏蔽导体。屏蔽导体通常是指电阻率小的良导体材料，如建筑物的钢筋及金属构件、电气设备及电子装置金属外壳，以及电气及信号线路的外设金属管、线槽、外皮、网、膜等。屏蔽导体可构成屏蔽层，当空间干扰电磁波入射到屏蔽层金属体表面时，会产生反射和吸收，电磁能量衰减，从而起到屏蔽作用。

②等电位连接件。等电位连接件包括等电位连接带、等电位连接导体等。利用等电位连接件可将分开的装置、各导电物体连接起来，以减小雷电流引发的电位差。

③电涌保护器（SPD）。电涌保护器是指用于限制瞬态过电压和分泄电涌电流的器件。其作用是把窜入电力线、信号传输线的瞬态过电压限制在设备或系统所能承受的电压范围内，或将强大

的雷电流泄入大地，防止设备或系统遭受闪电电涌冲击而损坏。

④避雷器。避雷器用来防护雷电产生的过电压沿线路侵入变配电所或建筑物内，以免危及被保护电气设备的绝缘。

（4）防雷措施。根据不同雷电种类，各类防雷建筑物所应采取的主要防雷措施要求如下：

1）直击雷防护。第一类防雷建筑物、第二类防雷建筑物和第三类防雷建筑物均应设置防直击雷的外部防雷装置，高压架空电力线路、变电站等也应采取防直击雷的措施。

防直击雷的主要措施是装设接闪杆、架空接闪线或网。接闪杆分独立接闪杆和附设接闪杆。独立接闪杆是离开建筑物单独装设的，接地装置应当单设。

2）闪电感应防护。第一类防雷建筑物和具有爆炸危险的第二类防雷建筑物均应采取防闪电感应的措施。闪电感应防护主要有静电感应防护和电磁感应防护两个方面。

①静电感应防护。为了防止静电感应产生的过电压，建筑物内的设备、管道、构架、钢屋架、钢窗、电缆金属外皮等较大金属物和凸出屋面的放散管、风管等金属物，均应与防闪电感应的接地装置相连。

②电磁感应防护。为了防止电磁感应，平行敷设的管道、构架和电缆金属外皮等长金属物，其净距小于 100 mm 时，应采用金属线跨接，跨接点之间的距离应不超过 30 m；交叉净距小于 100 mm 时，其交叉处也应跨接。

3）闪电电涌侵入防护。第一类防雷建筑物、第二类防雷建筑物和第三类防雷建筑物均应采取防闪电电涌侵入的措施。

室外低压配电线路宜全线采用电缆直接埋地敷设，在入户处

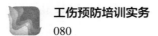

应将电缆的金属外皮、钢管接到等电位连接带或防闪电感应的接地装置上，入户处的总配电箱内是否装设电涌保护器应根据具体情况按雷击电磁脉冲防护的有关规定确定。

4）人身防雷。雷雨天气时，人身防雷应注意的要点如下：

①为了防止直击雷伤人，应减少户外活动时间，尽量避免在野外逗留。应尽量离开山丘、海滨、河边、池旁，不要暴露于室外空旷区域。不要骑在牲畜上或骑自行车行走；不要用金属杆的雨伞，不要把带有金属杆的工具如铁锹、锄头扛在肩上。避开铁丝网、金属晾衣绳。如有条件，应进入有宽大金属构架、有防雷设施的建筑物或金属壳的汽车和船只。

②为了防止二次放电和跨步电压伤人，要远离建筑物的接闪杆及其接地引下线；远离各种天线、电线杆、高塔、烟囱、旗杆、孤独的树木和没有防雷装置的孤立小建筑等。

四、手持电动工具安全使用常识

（1）辨认铭牌，检查工具或设备的性能是否与使用条件相适应。

（2）检查其防护罩、防护盖、手柄防护装置等有无损伤、变形或松动，不得任意拆除机械防护装置。

（3）检查电源开关是否失灵，是否破损，是否牢固，接线有无松动。

（4）检查设备的转动部分是否灵活。

（5）电源线应采用橡皮绝缘软电缆：单相用三芯电缆，三相用四芯电缆。电缆不得有破损或龟裂，中间不得有接头。电源线与设备之间防止拉脱的紧固装置应保持完好。设备的软电缆及其插头不得任意接长、拆除或调换。

（6）Ⅰ类设备应有良好的接零（或接地）措施。使用Ⅰ类手持电动工具应配用绝缘用具或采取电气隔离及其他安全措施。

（7）绝缘电阻合格。带电部分与可触及导体之间的绝缘电阻，Ⅰ类设备不低于 2 MΩ，Ⅱ类设备不低于 7 MΩ。长期未使用的设备，在使用前必须测量绝缘电阻。

（8）根据需要装设漏电保护装置或采取电气隔离措施。

（9）非电气专业人员不得擅自拆卸和修理手持电动工具。Ⅱ类和Ⅲ类手持电动工具修理后不得降低原设计确定的安全技术指标。

（10）用毕及时切断电源，并妥善保管。

（11）作业人员使用手持电动工具时，应穿绝缘鞋，戴绝缘手套，操作时握其手柄，不得利用电缆提拉。

（12）手持电动工具应配备装有专用电源开关和漏电保护器的开关箱，严禁一台开关接 2 台以上的设备，其电源开关应采用双刀控制。

五、安全用电常识

（1）电气操作属特种作业，操作人员必须经培训合格，持证上岗。

（2）不得随便乱动车间内的电气设备。如果电气设备出现故障，应请电工修理，不得擅自修理，更不得带故障运行。

（3）经常接触和使用的配电箱、配电板、刀开关、按钮、插座、插销以及导线等，必须保持完好、安全，不得有破损或使带电部分裸露。

（4）在操作刀开关、电磁启动器时，必须将盖盖好。

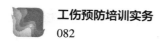

（5）电气设备的外壳应按要求进行保护接地或接零。

（6）使用手电钻、电砂轮等手持电动工具时，必须装设漏电保护器，同时工具的金属外壳应保护接地或接零；操作时应戴好绝缘手套并站在绝缘板上；不得将重物压在导线上，以防止导线破损发生触电。

（7）使用的行灯要有良好的绝缘手柄和金属护罩。

（8）在进行电气作业时，要严格遵守安全操作规程，遇到不清楚或不懂的事情，切不可盲目乱动。

（9）一般来说，应禁止使用临时线。必须使用时，应经过相关部门批准，并采取安全防范措施，要按规定时间拆除。

（10）进行容易导致静电火灾、爆炸事故的操作时（如使用汽油洗涤零件、擦拭金属板材等），必须有良好的接地装置，及时消除静电。

（11）移动某些非固定安装的电气设备，如电风扇、照明灯、电焊机等，必须先切断电源。

（12）在雷雨天，与高压电杆、铁塔、接闪杆的接地导线保持 20 m 以上的距离，以免发生跨步电压触电。

（13）发生电气火灾时，应立即切断电源，用黄沙、二氧化碳灭火器等灭火。切不可用水或泡沫灭火器灭火，因为它们有导电的危险。

第二节　机械事故预防

机械是机器与机构的总称，是由若干相互联系的零部件按一定规律装配起来，能够完成一定功能的装置。一般机械装置由电气元件实现自动控制。很多机械装置采用电力拖动。

机械是现代生产和生活中必不可少的装备。机械在给人们带来便利的同时，在其制造及运行、使用过程中，也会带来撞击、挤压、切割等机械伤害和触电、噪声、高温等非机械危害。

一、机械产品主要类别

机械设备运行时，一些部件甚至机械设备本身可进行不同形式的机械运动。机械设备种类繁多，主要由驱动装置、变速装置、传动装置、工作装置、制动装置、防护装置、润滑系统和冷却系统等部分组成。

机械行业的主要产品包括以下 12 类。

（1）农业机械，如拖拉机、播种机、收割机械等。

（2）重型矿山机械，如冶金机械、矿山机械、起重机械、装卸机械、工矿车辆、水泥设备等。

（3）工程机械，如叉车、铲土运输机械、压实机械、混凝土机械等。

（4）石油化工通用机械，如石油钻采机械、炼油机械、化工机械、泵、风机、阀门、气体压缩机、制冷空调机械、造纸机械、印刷机械、塑料加工机械、制药机械等。

（5）电工机械，如发电机、变压器、电动机、高低压开关、电线电缆、蓄电池、电焊机、家用电器等。

（6）机床，如金属切削机床、锻压机械、铸造机械、木工机械等。

（7）汽车，如载货汽车、公路客车、轿车、改装汽车、摩托

车等。

（8）仪器仪表，如自动化仪表、电工仪器仪表、光学仪器、成分分析仪、汽车仪器仪表、电教设备、照相机等。

（9）基础机械，如轴承、液压件、密封件、粉末冶金制品、标准紧固件、工业链条、齿轮、模具等。

（10）包装机械，如包装机、装箱机、输送机等。

二、机械事故伤害

1. 机械设备零部件做旋转运动时造成的伤害

机械设备是由许多零部件构成的。其中，有的零部件是固定不动的，有的零部件会运动，最多、最广泛的运动形式是旋转运动。例如，机械设备中的齿轮、带轮、滑轮、卡盘、轴、光杠、丝杠、联轴器等零部件都是做旋转运动的。旋转运动造成人员伤害的主要形式是绞伤和物体打击伤。

2. 机械设备零部件做直线运动时造成的伤害

例如，锻锤、冲床、剪板机的施压部件，牛头刨床的滑枕，龙门刨床的工作台及桥式起重机大车机构、小车机构和升降机构等都是做直线运动的。做直线运动的零部件造成的伤害主要有压伤、砸伤、挤伤。

3. 刀具造成的伤害

例如，车床上的车刀、钻床上的钻头、磨床上的砂轮、锯床上的锯条等都是加工零件用的刀具。刀具在加工零件时造成的伤害主要有烫伤、刺伤、割伤。

4. 被加工零件造成的伤害

机械设备在对零件进行加工的过程中，有可能对人身造成伤害。这类伤害主要如下：

（1）被加工零件固定不牢而被甩出打伤人。例如，车床卡盘装夹工件时夹不牢，工件旋转时可能甩出伤人。

（2）被加工零件在吊运和装卸过程中可能砸伤人。特别是笨重的大零件，更需要加倍注意。当它们吊不牢、放不稳时，就会坠落或者倾倒，可能砸住人的手、脚、胳膊、腿甚至整个人而造成重伤或死亡。

5. 电气系统造成的伤害

绝大多数机械设备有自己的电气系统，主要包括电动机、配电箱、开关、按钮、局部照明灯以及接零（地）装置、馈电导线等。电气系统对人的伤害主要是电击。

6. 手用工具造成的伤害

操作机械设备时，有时候需要使用某些手用工具，如锤子、扁铲、锉刀等。使用这些手用工具造成的伤害有以下几种情况：

（1）锤子的锤头有卷边或毛刺，当用锤子敲打时，卷边或毛刺可能被击掉而飞出打伤人，如果飞入眼睛，可能造成失明。另外，锤子的手柄一定要安装牢固，否则也可能飞出伤人。

（2）錾子的头部有卷边或毛刺，使用时卷边、毛刺会飞出伤人。錾子的刃部必须保持锋利，使用时前方不准站人，以免錾出的铁渣、铁屑飞出伤人。

（3）使用没有木柄的锉刀会刺伤手心或手腕。锉工件时禁止用嘴吹锉屑，以防锉屑进入眼睛。

（4）手锯的锯条过紧或过松，使用时用力过大，往返用力不均匀，都会造成锯条折断伤人。锯割快结束时，应用手扶持住被

锯下的部分，以免被锯下的部分掉下来砸伤人。

7．其他伤害

机械设备除能造成上述伤害外，还可能造成其他伤害。例如，有的机械设备在使用时伴随强光、高温，有的还会放出化学能、辐射能以及尘毒危害物质等，这些对人体都可能造成伤害。

三、造成机械事故的原因

机械都是人设计、制造、安装的，在使用中由人操作、维护和管理，因此造成机械事故最根本的原因可以追溯到人。造成机械事故的原因可分为直接原因和间接原因。

1．直接原因

（1）物的不安全状态，共包括以下 8 个方面的内容。

1）防护、保险、信号等装置缺乏或有缺陷，具体如下：

①无防护。例如，无防护罩，无安全保险装置，无报警装置，无安全标志，无护栏或护栏损坏，设备未接地，绝缘不良，噪声大，无限位装置等。

②防护不当。例如，防护罩未安装在适当位置，防护装置调整不当，安全距离不够，电气装置带电部分裸露等。

2）设备、设施、工具、附件有缺陷，具体如下：

①设计不当，结构不符合安全要求。例如，制动装置有缺陷，安全间距不够，工件上有锋利的毛刺、毛边，设备上有锋利的倒棱等。

②强度不够。例如，机械强度不够，绝缘强度不够，起吊重物的绳索不符合安全要求等。

③设备在非正常状态下运行。例如，设备带"病"运转、超

负荷运转等。

④维修、调整不良。例如，设备失修或保养不当，设备失灵，未加润滑油等。

3）劳动防护用品、用具（如防护服、手套、护目镜及面罩、呼吸器官护具、安全带、安全帽、安全鞋等）缺失或不符合安全要求。

4）生产场地环境不良，具体如下：

①照明光线不良。例如，照度不足，作业场所烟雾、烟尘弥漫导致视物不清，光线过强，有眩光等。

②通风不良。例如，无通风或通风系统效率低等。

③作业场所狭窄。

④作业场地杂乱。例如，工具、制品、材料堆放不符合安全要求。

5）操作工序设计或配置不安全，交叉作业过多。

6）交通线路的配置不安全。

7）地面滑。例如，地面有油或其他液体，有冰雪，有易滑物（如圆柱形管子、料头、滚珠等）。

8）储存方法不安全，堆放过高、不稳。

（2）操作者的不安全行为，主要包括以下几个方面：

1）操作错误，忽视安全，忽视警告。例如，未经许可开动、关停、移动机器；开动、关停机器时未给信号；开关未锁紧，造成意外转动；忘记关闭设备；忽视警告标志、警告信号，操作错误（如按错按钮，阀门、扳手、把柄的操作方向相反）；供料或

送料速度过快，机械超速运转；冲压机作业时手伸进冲模；违章驾驶机动车；工件、刀具紧固不牢；用压缩空气吹铁屑等。

2）安全装置失效。例如，拆除安全装置，安全装置失效后未更换，调整不当造成安全装置失效等。

3）使用不安全设备。例如，临时使用不牢固的设施，如工作梯；使用无安全装置的设备；拉临时线不符合安全要求等。

4）用手代替工具操作。例如，用手代替手动工具；用手清理切屑；不用夹具固定，用手拿工件进行机械加工等。

5）物体（成品、半成品、材料、工具、切屑和生产用品等）存放不当。

6）攀、坐不安全位置（如平台护栏、起重机吊钩等）。

7）在机械运转时加油、修理、检查、调整、焊接或清扫。

8）在必须使用劳动防护用品、用具的作业场所中，忽视其使用，如未佩戴各种劳动防护用品等。

9）穿戴不安全装束，包括在有旋转零部件的设备旁作业时穿着过于肥大、宽松的服装，操纵带有旋转零部件的设备时戴手套，穿高跟鞋、凉鞋或拖鞋进入车间等。

10）无意或为排除故障而接近危险部位，如在无防护罩的两个相对运动零部件之间清理异物，可能发生挤伤、夹伤、切伤、压伤等。

[案例]某石膏建材（常州）有限公司"9·2"机械伤害事故

某年9月2日14时40分许，位于常州市新北区春江镇的某石膏建材（常州）有限公司纸库装卸区发生一起机械伤害事故，造成1人死亡。

1.事故简介

某年8月31日，事故公司的叉车工向公共设施主管部门报告纸库的卸货平台出现问题，平台的搭板不能正常搭到货车上。公共设施主管徐某考虑到某自动化设备有限公司去年曾派人来维修此平台，就让叉车维修技术员张某近期联系某自动化设备有限公司的总经理邵某来现场查看平台故障。针对该卸货平台维修项目，双方并未签订合同及安全生产管理协议。

9月2日9时，张某联系了邵某，让其下午派人过来检修卸货平台。因该自动化设备有限公司无空闲人员，邵某便安排临时工邓某与顾某进行检修作业。14时20分许，两人到达事故公司。张某安排他们修理卸货平台，自己在叉车维修间修理叉车。在查看卸货平台之后，邓某按下使气囊弹开的控制按钮，卸货平台被顶开，发现平台的维修安全防护支撑杆丢失。为了便于查看平台下面的情况，顾某临时找来两根木方支撑平台。因木方支撑不牢固，顾某于是到叉车维修间向张某索要手拉葫芦吊住平台，张某认为手拉葫芦无挂点，可以用吊带配合叉车吊住升起的平台。张某随即返回工具箱拿吊带。就在他拿着吊带走到距离平台五六米处时，木方突然滑脱，平台板落下，压向平台板下的邓、顾二人。外侧的邓某被平台边缘刮擦，有轻微擦伤，内侧的顾某被压在平台下方。张某立马开叉车将平台顶起，邓某进去将顾某扶起。

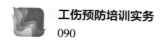
随后邓某拨打了 120 急救电话，15 时许救护车到达现场，将顾某送至医院。经抢救无效顾某于 16 时许死亡。

2. 事故原因

（1）直接原因如下：

1）顾某安全意识淡薄，对风险因素认识不足，在上吨重的平台仅依靠两根木方支撑的情况下，冒险进入下方进行检修作业，木方突然滑落致使平台板落下将其压住，致其死亡。

2）卸货平台自带维修安全防护支撑杆，可在点动气囊升起卸货平台板、锁扣扣好的情况下起到安全防护作用，但卸货平台的支撑杆长期缺失，检修人员用木方替代，导致缺乏有效的安全防护装置。

（2）间接原因如下：

1）作业现场安全管理缺失。事故公司隐患排查治理工作开展不到位，未能及时发现检修支撑杆长期缺失的事故隐患，或者发现后未及时督促整改。张某安排工作后一走了之，作业现场无人进行有效的安全指导和监护，对于作业人员的违章作业行为未能有效制止，生产安全事故隐患根源未得到清除。

2）事故公司未逐级落实安全生产责任制，各管理岗位安全职责不清，对承包商的管理混乱。公司内部关于承包商安全、健康、环境管理程序落实不到位，相关人员私自联系维修人员，未按规定的流程进行承包商选择及确定施工方案等。事故公司未与承包单位签订承包合同及安全生产管理协议，也未对外来作业人员进行安全生产教育培训和技术交底，导致作业人员无章可循、冒险作业。事故公司未对卸货平台检修时的特定风险进行分析、评估，也未设置有效的安全技术措施。

3）某自动化设备有限公司安全管理基础薄弱。某自动化设备有限公司未建立安全生产责任制，未做好人员定编、定岗、定责工作，仅对从业人员进行口头的安全生产教育培训；未制定岗位安全操作规程，作业前未按照有关规定制定作业方案，未派人对现场作业进行安全管理，未定期排查事故隐患。

2. 间接原因

（1）技术和设计上存在缺陷，即工业构件、建筑物（如室内照明、通风）、机械设备、仪器仪表、工艺过程、操作方法、维修检验等的设计和材料使用等方面存在问题。

（2）作业人员教育培训不够，未经培训上岗，业务素质低，缺乏安全知识和自我保护能力，不懂安全操作技术，操作技能不熟练，作业时注意力不集中，工作态度不端正，受外界影响而情绪波动，不遵守操作规程等。

（3）管理缺陷。例如，劳动制度不合理；规章制度执行不严，有章不循；对现场工作缺乏检查或指导错误；无安全操作规程或安全操作规程不完善；缺乏监督。

（4）对安全工作不够重视。例如，安全组织机构不健全，没有建立或落实安全生产责任制，没有或不认真实施事故防范措施，对事故隐患调查、整改不力。尤其是企业领导不重视，将严重影响本企业的安全生产工作。

四、机械事故的预防措施

1. 机械事故的预防对策

机械危害风险的大小除取决于机械的类型、用途、使用方法和人们的知识、技能、工作态度等因素外，还与人们对危险的

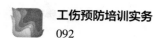

了解程度和所采取的防范措施有关。正确判断什么是危险和什么时候会发生危险是十分重要的。预防机械伤害包括两个方面的对策。

（1）实现机械本质安全，具体如下：

1）消除产生危险的原因。

2）减少接触机械危险部件的次数。

3）使人们难以接近机械的危险部位（或提供安全装置，使得接近这些部位不会导致伤害）。

4）提供保护装置或者劳动防护用品。

上述措施是依次序给出的，也可以结合起来应用。

（2）保护操作者和有关人员安全，具体如下：

1）通过培训，提高人们辨别危险的能力。

2）通过对机械进行重新设计，使危险部位更加醒目，或者使用警示标志。

3）通过培训，提高避免伤害的能力。

4）采取必要的行动增强避免伤害的自觉性。

2. 机械通用安全要求

（1）锅炉、起重机械、工业管道、场（厂）内专用机动车辆等危险性较大的特种设备应按规定进行检验检测。

（2）工业梯台的宽度、角度、梯级间隔、护笼设置、护栏高度等应符合要求；结构件没有松脱、裂纹、扭曲、腐蚀、凹陷或凸出等严重变形；梯脚防滑措施、轮子的限位和防移动装置应完好。

（3）锻造机械中锤头、操纵机构、夹钳、剁刀不应有裂纹，缓冲装置应灵敏可靠。铸造机械应有足够的强度、刚度及稳定性，管路应密封良好，控制系统应灵敏，有紧急停止开关；防尘、防毒设施应完好。两类机械的安全装置和防护装置应齐全可靠。

（4）运输（输送）机械传动部位安全防护装置应齐全可靠，应设置急停开关，启动和停止装置标记应明显，接地线应符合要求。

（5）金属切削机床防护罩、盖、栏，防止夹具、卡具松动或脱落装置，各种限位、联锁、操作手柄应完好有效。机床电器箱、柜与线路应符合要求。未加罩旋转部位的锲、销、键不得突出。磨床旋转时无明显跳动。车床加工超长料时有防弯装置。插床设置防止运动停止后滑枕自动下落的配重装置。锯床的锯条外露部分应有防护罩和安全距离隔离。

（6）冲、剪、压机械的离合器、制动器、紧急停止按钮应可靠、灵敏，传动外露部分安全防护装置应齐全可靠，防伤手安全装置应可靠有效，专用工具应符合安全要求。

（7）木工机械的限位及联锁装置、旋转部位的防护装置、夹紧或锁紧装置应灵敏、完好可靠。跑车带锯机应设置有效的护栏；锯条、锯片、砂轮应符合规定，安全防护装置应齐全有效。

（8）装配线的输送机械防护罩（网）应完好，无变形和破损。翻转机械的锁紧限位装置应牢固可靠。吊具、风动工具、电动工具应符合相关要求。运转小车应定位准确、夹紧牢固，料架（箱、斗）结构合理，放置平稳。过桥的扶手应稳固，脚踏高度应合理，平台防滑应可靠。地沟入口盖板应完好、无变形，沟内清洁无积水、积油和障碍物。

（9）砂轮机的砂轮不应有裂纹和破损，托架安装牢固可靠，

砂轮机的防护罩应符合要求；砂轮机运行应平稳可靠，砂轮磨损量不应超标。

（10）电焊机的电源线、焊接电缆与焊接机连接处应有可靠屏护，保护接地线应接线正确，连接可靠。

（11）注塑机的防护罩、盖、栏应牢固且与电气联锁，液压管路连接应可靠，油箱及管路应无漏油，控制系统开关应齐全完好。

（12）手持电动工具应按规定配备漏电保护装置，绝缘电阻应符合要求，电源线护管及长度应符合要求，防护罩、手柄应完好，保护接地线应连接可靠。风动工具的防松脱锁卡应完好，气阀、开关应完好不漏气，气路密封无泄漏，气管无老化、腐蚀。

（13）移动电器绝缘电阻、电源线应符合要求，防护罩、遮栏、屏护、盖应完好无松动，开关灵敏可靠且与负荷相匹配。

（14）电气线路的绝缘、屏护应良好，导电性能和机械强度应符合要求，保护装置应齐全可靠，护套软管绝缘应良好并与负荷匹配，敷设应符合要求。

（15）涂装作业场所电气设备应防爆，确保通风良好，涂料存量、消防设施隔离措施应符合要求。

（16）作业场所的器具、物料应摆放整齐，车间车行道和人行道应符合要求，地面平整、无障碍物，坑、池应设置盖板或护栏，采光照明应符合要求，消防设施应符合要求。

[案例] 某公司 "5·29" 机械伤害事故

某年5月29日16时38分，某公司一名维修工在检查维修伸缩胶带输送机过程中，发生机械伤害事故，造成1人死亡。

1.事故简介

某年5月29日16时许，某公司维修班专职机务工邹某和杨某分头进行设备巡检和维护保养，外包服务单位某劳务公司晚班当班人员开始做班前准备工作并准备参加班前会。

16时28分，外包工谢某（聋哑残疾人）站在货车车厢内，操控胶带输送机端头控制按钮，将胶带输送机输送台板抬起并延伸至车厢里端。16时30分，谢某做完准备工作后便从胶带输送机南侧离开。16时35分，被抬起的胶带输送机输送台板瞬间塌落。16时40分左右，准备参加班前会的外包工付某发现杨某身体趴在胶带输送机北侧地面，上半身被压在胶带输送机机身下，急喊几声见杨某没反应后，便立即呼救。20余名工友闻讯立即赶来，众人合力抬起胶带输送机机身，将杨某拉出，发现杨某头部被挤压变形。在场人员立即拨打110报警，并拨打120急救电话，最终杨某因头部伤势过重经抢救无效死亡。

2.事故原因

（1）直接原因。杨某巡查发现胶带输送机漏油后，违反公司设备维修规程中"带电不修，带压不修，高温过冷不修，无专用工具不修"的"四不修"规定，在胶带输送机处于开机状态、液压油缸顶升将机身抬至高位的情况下，从油缸顶升处将头和身体探入胶带输送机底部进行维修作业，又拆卸了顶升胶带输送机机身的液压油缸主油管，导致胶带输送机液压系统失压，处于高位的胶带输送机机身瞬间下落至最低位，将杨某头部挤压在胶带输送机机身底部与地面间。这是造成本起事故的直接原因，也是最主要的原因。

（2）间接原因如下：

1）事故公司维修班组设备维修作业安全管理松懈，班组安全教育和提示缺乏针对性，不注重对维修人员违章行为监督、考核和奖惩，导致维修人员安全防范意识缺失，维修人员随意作业、严重违章作业。

2）事故公司安全管理不到位，设备维修制度执行不严，查处作业人员违章作业不力，安全教育针对性、专业性、警示性不强，设备设施安全警示标志不足。

3）事故公司安全管理有疏漏，对重点设备设施、重点班组安全管理尚有不足，日常对重点工种作业人员违章作业行为查处不够严格。

第三节　高处坠落事故预防

国家标准《高处作业分级》（GB/T 3608—2008）规定，在距坠落高度基准面 2 m 或 2 m 以上有可能坠落的高处进行的作业，即高处作业。在施工现场高处作业中，如果未防护、防护不好或作业不当，都可能发生人或物的坠落。人从高处坠落的事故，称为高处坠落事故，不包括触电坠落事故。

人体从超过自身高度的高处坠落就可能受到伤害，作业高度越高，可能坠落范围半径越大，作业危险性就越大。建筑施工领域是高处坠落的高发领域。长期以来，预防施工现场高处坠落事故始终是施工安全生产的首要任务。

一、高处坠落事故分类

建筑施工中的高处作业主要包括临边、洞口、攀登、悬空、交叉 5 种基本类型，作业人员在这 5 种类型的高处作业时所处的位置是高处作业伤亡事故可能发生的主要地点。

1. 临边作业高处坠落事故

临边作业是指施工现场中，工作面边缘无围护设施或围护设施高度低于 80 cm 的高处作业。

下列作业条件属于临边作业：

（1）在基坑施工时无防护的基坑周边。

（2）框架结构施工时无防护的楼层周边。

（3）无防护的屋面周边。

（4）尚未安装栏杆的楼梯和斜道的侧边。

（5）尚未安装栏杆的阳台边。

各种垂直运输卸料平台的侧边及水箱、水塔周边等的作业也是临边作业。临边高度越高，危险性越大。

2. 洞口作业高处坠落事故

洞口作业是指孔、洞口旁边的高处作业，包括施工现场及通道旁深度在 2 m 及 2 m 以上的桩孔、人孔、沟槽与管道孔洞等边缘的作业。

建筑物的楼梯口、电梯口及设备安装预留洞口等，在建筑物建成前，不能安装正式栏杆、门窗等围护结构；施工过程中还会预留上料口、通道口、施工口等。这些洞口没有防护时，就有造成作业人员从高处坠落的危险。

3. 攀登作业高处坠落事故

攀登作业是指借助登高用具或登高设施在攀登条件下进行的高处作业。建筑物周围搭设脚手架，张挂安全网，安装塔式起重

机、龙门架、井字架、桩架，登高安装钢结构构件等作业都属于攀登作业。

进行攀登作业时，由于没有作业平台，作业人员只能攀登在脚手架或龙门架、井字架、桩架上作业，要借助一只手攀、一只脚勾或用腰绳来保持平衡，身体重心垂线不通过脚下，作业难度大，危险性大，稍有不慎就可能坠落。

4. 悬空作业高处坠落事故

悬空作业是指在周边临空状态下进行的高处作业。其特点是作业人员在无立足点或无牢靠立足点条件下进行高处作业。

建筑施工中的构件吊装，利用吊篮架进行外装修，悬挑或悬空梁板、雨棚等特殊部位支（拆）模板、扎筋、浇混凝土等项作业都属于悬空作业。由于是不稳定条件下的施工作业，悬空作业危险性很大。

 [案例] 常州市某实验学校"8·22"高处坠落事故

某年8月22日8时30分许，常州市某实验学校内，一名工人在外墙维修粉刷作业过程中从高处坠落，造成1人死亡。

1. 事故简介

某年8月22日6时许，负责常州市某实验学校外墙涂料翻新的施工单位施工班组进场施工，项目负责人周某对当时的施工情况进行确认检查。检查时，4名作业人员在场，其中刘某、余某2人在地面粉刷一楼外立面，朱某、蔡某2人采用挂板悬吊作业方式进行墙面粉刷作业，吊绳分别捆绑于楼顶太阳能支架和女儿墙围栏。

7 时许，项目负责人周某离开现场。

8 时许，楼东立面粉刷作业完成后，按照当日施工内容，朱某、蔡某回到 6 楼顶部，准备更换施工位置，粉刷楼北立面。

8 时 20 分许，朱某在完成准备工作后，从楼梯间顶部顺作业绳下滑，开始楼北立面外墙粉刷作业。朱某下滑至距楼梯间顶部约 2 m、距离地面约 24 m、距离二楼走廊约 20 m 位置时突然下坠，连同工作绳砸中二楼走廊玻璃栏杆后，翻落至地面，经现场施救后，确认死亡。

2. 事故原因

（1）直接原因。朱某安全意识淡薄，对作业现场存在的安全风险未能正确辨识，采用挂板悬吊方式进行墙面粉刷作业，未正确使用劳动防护用品，更改作业面后改变吊具捆绑固定位置，绳索未拴系牢固，致使工作绳滑脱坠落到地面。

（2）间接原因。施工单位未有效落实施工作业人员管理工作，未见朱某、刘某、余某、蔡某 4 人安全生产教育和培训档案；安全生产管理制度落实不到位，周某违反该公司项目负责人施工现场带班制度，事故发生时不在岗，施工作业现场管理失位。

5. 交叉作业高处坠落事故

交叉作业是指在施工现场的上下不同高度，于空间贯通状态下同时进行的高处作业。

现场施工上部搭设脚手架、吊送物料，地面上的人员搬运材料、制作钢筋，或外墙装修时下面打底抹灰、上面进行面层装修等，都属于交叉作业。在交叉作业中，若高处作业不慎碰掉

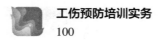

物料、失手掉下工具或吊运物体散落，都可能砸到下面的作业人员，发生物体打击事故。

二、造成高处坠落事故的原因

任何事故的原因都可从人、物、环境、管理等方面进行分析，高处坠落事故成因分析也不例外。

1. 直接原因

（1）人的不安全因素，具体如下：

1）作业人员本身患有高血压、心脏病、贫血、癫痫病等妨碍高处作业的疾病或生理缺陷。

2）作业人员生理或心理上过度疲劳，注意力分散，反应迟缓，动作失误。

3）作业人员有习惯性违章行为，如酒后作业，乘吊篮上下，在无可靠防护措施的高空外排架上行走。

4）作业人员未掌握安全操作技术。例如，悬空作业时未系或未正确使用安全带，弯腰、转身时不慎碰撞杆件等使身体失去平衡，走动时不慎踩空或脚底打滑。

5）缺乏安全意识，表现为对遵守安全操作规程认识不足，思想上麻痹，在栏杆或脚手架上休息、打闹，意识不到潜在的危险性，存在侥幸心理。

6）作业人员有不安全行为，如行走或移动时不小心，用力过猛使身体失去平衡，登高作业时未踩稳脚踏物等。

（2）物的不安全状态，具体如下：

1）脚手板漏铺或有探头板，或铺设不平衡。

2）材料有缺陷。用作防护栏杆的钢管、扣件等材料因壁厚不足、腐蚀、扣件不合格而折断、变形，导致失去防护作用；吊篮脚手架钢丝绳因摩擦、锈蚀而破断，导致吊篮倾斜、坠落；施工脚手板因强度不够而弯曲变形、折断；其他设施设备（手拉葫芦、电动葫芦等）破坏而导致相关人员坠落。

3）安全装置失效或不齐全。例如，折梯无防滑、防陷措施，无保险链；不按规定设置安全网，安全网封闭不严密。

4）脚手架架设不规范，如未绑扎防护栏杆或防护栏杆损坏，操作层下面未铺设安全防护层。

5）劳动防护用品本身有缺陷。例如，安全帽、安全带不符合标准的规定；使用未取得准用证的安全网或安全网的规格、材质不符合要求。

6）材料堆放过多造成脚手架超载断裂。

（3）环境不良。例如，在大风、大雨、大雪等恶劣天气从事露天高处作业，在照明光线不足的情况下从事夜间悬空作业。

2. 间接原因（管理不到位）

（1）未针对高处作业安全防护设施的搭设与使用制定专项方案及进行检查验收，作业部位不按有关规定搭设有效安全防护设施或安全防护设施的设置不符合要求。

（2）劳动组织不合理，如安排患有高血压、心脏病、癫痫病等疾病的人员进行高处作业。

（3）安全教育不到位。对施工中违章指挥、违章操作现象的处理往往采取下不为例的做法，缺少有效的行动，无法起到警示作用。

（4）施工企业对安全施工重视不足。有些施工企业片面追求

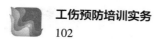

经济效益，安全生产文明施工费用投入较少；有些施工企业在施工过程中采取以包代管的方式，一包了之，缺乏必要的管理；有些施工企业在企业改制中，削弱安全管理机构，减少安全管理人员，造成企业的安全管理力量不足、力度不够；还有些施工企业不重视安全生产教育培训，私招滥雇一些无安全防护知识的人员，缺乏最基本的安全教育，违章指挥、违章操作。

（5）施工现场的安全管理制度不健全，预防措施不到位，安全技术交底针对性不强，重点部位动态安全管理跟不上，工地安全检查与班组作业前对作业环境的检查不仔细，流于形式。

[案例] 常州市某建筑工程有限公司 "7·28" 高处坠落事故

某年 7 月 28 日 17 时许，常州市某建筑工程有限公司施工队在某铸造有限公司进行厂房内墙面修平工作时，1 名工人不慎从高约 1.6 m 的门式脚手架上摔落死亡。

1. 事故简介

某年 7 月 28 日 17 时许，某建筑工程有限公司负责人章某带领张某和黄某在某铸造有限公司一闲置杂物间内从事墙面修平、地坪整修。章某负责指挥协调，张某和黄某轮流作业。事发时，张某正在杂物间旁的水池洗脸，章某在杂物间门口面朝外吸烟。黄某在未佩戴安全帽的情况下，手持电镐站在移动门式脚手架一层（距高度基准面约 1.6 m）对墙面进行修平，由于操作不慎从脚手架摔落至地面。张某洗完脸回到现场发现黄某倒在地面，且失去意识，便对他采取急救措施，随后章某对其进行人工呼吸并拨打 120 急救电话，120 急救人员到现场后确认黄某已死亡。

2. 事故原因

（1）直接原因。黄某在未佩戴安全帽的情况下，手持电镐站在移动门式脚手架一层进行墙面修平作业，操作不慎失去平衡摔落至地面。

（2）间接原因如下：

1）门式脚手架围护设施不到位，未根据《建筑施工门式钢管脚手架安全技术标准》（JGJ/T 128—2019）有关要求在脚手架周边设置防护栏杆和挡脚板。

2）作业现场负责人章某未根据《建筑施工安全检查标准》（JGJ 59—2011）有关要求督促作业人员正确佩戴安全帽，对作业人员安全生产教育培训不到位，作业现场安全管理不到位。

3）该建筑工程有限公司安全生产教育培训的成效性不强，尤其是登高作业等危险作业的安全培训不到位，导致作业人员安全意识淡薄；作业现场事故隐患排查不到位，安全管理存在欠缺。

三、高处作业安全要点

1. 高处作业前的安全要求

（1）作业前，应进行危险辨识，制定作业程序及安全措施。

（2）高处作业人员及搭设高处作业安全防护设施的人员应持证上岗。患有职业禁忌证（如高血压、心脏病、贫血、癫痫病、精神疾病等）、年老体弱、疲劳过度、视力不佳及其他不适于高处作业的人员，不得进行高处作业。

（3）从事高处作业的单位应办理作业证，落实安全措施后方

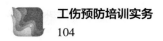

可作业。

（4）作业证审批人员应赴高处作业现场检查，在确认安全措施后，方可批准作业证。

（5）高处作业中的安全标志、工具、仪表、电气设施和各种设备，应在作业前加以检查，确认其完好后再投入使用。

（6）高处作业前要制定高处作业应急预案，内容包括作业人员在紧急状况时的逃生路线和救护方法、现场应配备的救生设施和灭火器材等。有关人员应熟知应急预案的内容。

（7）在下列情况下进行高处作业的，应执行单位的应急预案：

1）6级以上强风、浓雾等恶劣天气下的露天攀登与悬空高处作业。

2）在临近排放有毒有害气体、粉尘的放空管线或烟囱的场所进行高处作业时，作业点的有毒物浓度不明。

（8）高处作业前，作业单位现场负责人应对高处作业人员进行必要的安全教育，交代现场环境和作业安全要求以及作业中可能遇到意外时的处理和救护方法。

（9）高处作业前，作业人员应查验作业证，检查并验收安全措施后方可作业。

（10）高处作业人员应按照规定使用符合国家标准的劳动防护用品，如安全带、安全帽等。

（11）高处作业前，作业单位应制定安全措施并将其填入作业证内。

（12）脚手架的搭设应符合国家有关标准。高处作业应根据实际要求配备符合安全要求的吊笼、梯子、防护围栏、挡脚板等。跳板应符合安全要求，两端应捆绑牢固。作业前，应检查并确认所用的安全防护设施坚固、牢靠。在夜间进行高处作业时，应有充足的照明。

2. 高处作业中的安全要求

（1）高处作业应设监护人，对高处作业人员进行监护。监护人应坚守岗位，检查监护人员是否为作业证所列监护人员。

（2）高处作业人员应使用与作业内容相适应的安全带。安全带应系挂在作业处上方的牢固构件上或专为挂安全带用的钢架或钢丝绳上，不得系挂在移动或不牢固的物件上，不得系挂在有尖锐棱角的部位；安全带不得低挂高用，系安全带后应确认扣环扣牢。若作业人员必须长距离移动，则应在移动区域下方设防护网，上方设可供安全带挂扣和移动的专用钢丝绳。

（3）作业场所有可能坠落的物件，应一律先行撤除或加以固定。高处作业所使用的工具、材料、零件等应装入工具袋，上下时手中不得持物。工具在使用时应系安全绳，不用时放入工具袋中。不得投掷工具、材料及其他物品。易滑动、易滚动的工具、材料堆放在脚手架上时，应采取防止坠落措施。高处作业中所用的物料，应堆放平稳，不妨碍通行和装卸。作业中的走道、通道板和登高用具，应随时清扫干净。拆卸下的物件及余料和废料均应及时清理运走，不得任意乱置或向下丢弃。

（4）雨天和雪天进行高处作业时，应采取可靠的防滑、防寒和防冻措施，凡水、冰、霜、雪均应及时清除。对进行高处作业的高耸建筑物，应事先设置避雷设施。遇有6级以上强风、浓雾等恶劣天气，不得进行特级高处作业、露天攀登与悬空高处作业。暴风雪及台风暴雨后，应对高处作业安全防护设施逐一加以

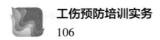

检查，发现有松动、变形、损坏或脱落等现象应立即修理完善。

（5）在临近排放有毒有害气体、粉尘的放空管线或烟囱的场所进行高处作业时，作业点的有毒物浓度应在允许浓度范围内，并采取有效的防护措施。在应急状态下，按应急预案执行。

（6）带电高处作业和涉及临时用电时应符合有关要求。

（7）进行高处作业时应与地面保持联系，根据现场情况配备必要的联络工具，并指定专人负责联系。尤其是在危险化学品生产、储存场所或附近有放空管线的高处作业时，应为作业人员配备必要的劳动防护用品（如空气呼吸器、过滤式防毒面具或口罩等）。应事先与车间负责人或工长（值班主任）取得联系，确定联络方式，并将联络方式填入作业证的补充措施栏内。

（8）不得在不坚固的结构（如彩钢板、石棉瓦、瓦棱板等轻型材料屋顶）上作业。攀登不坚固的结构前，应保证其承重的立柱、梁、框架的受力能满足所承载的负荷，应铺设牢固的脚手板并加以固定，脚手板上要有防滑措施。

（9）作业人员不得在高处作业处休息。

（10）高处作业与其他作业交叉进行时，应按指定的路线上下，不得上下垂直作业。必须垂直作业时，应采取可靠的隔离措施。

（11）在采取地（零）电位或等（同）电位作业方式进行带电高处作业时，应使用绝缘工具或穿均压服。

（12）发现高处作业的安全技术设施有缺陷和隐患时，应及时解决；危及人身安全时，应停止作业。

（13）因作业必须临时拆除或变动安全防护设施时，应经作业负责人同意，并采取相应的措施，作业后应立即恢复。

（14）搭设防护棚时，应设警戒区，并派专人监护。

（15）作业人员在作业中如果发现异常情况，应发出信号，并迅速撤离现场。

3. 高处作业完工后的安全要求

（1）高处作业完工后，应将作业现场清扫干净，作业用的工具、拆卸下的物件及余料和废料应清理运走。

（2）拆除脚手架、防护棚时，应设警戒区，并派专人监护。拆除脚手架、防护棚时不得上部和下部同时施工。

（3）高处作业完工后，临时用电的线路应由具有特种作业操作证的电工拆除。

（4）高处作业完工后，作业人员要安全撤离现场，验收人在作业证上签字。

四、高处坠落事故的预防措施

1. 临边作业及防护措施

凡是临边作业，都要在临边处设置防护栏杆，高度一般为0.9~1.1 m。防护栏杆由上、下两道横杆及栏杆柱（间距不大于2 m）和挡脚板组成，栏杆的材料、立柱的固定、立柱与横杆的连接等应有足够强度，其整体构造应使防护栏杆在上杆任何处都能经受任何方向约1 000 N的外力。

当临边的外侧面临街道时，除应设置防护栏杆外，敞口立面必须满挂密目式安全立网进行全封闭。井字架、施工电梯和脚手架等与建筑物通道的两侧边，要设防护栏杆。地面通道上方要装设安全防护棚。

垂直运输的各层接料平台除两侧设防护栏杆、平台口装设安全门外，防护栏杆上、下必须加挂密目式安全立网进行全封闭。

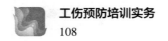
2. 洞口作业及防护措施

施工现场及通道旁深度在 2 m 及 2 m 以上的桩孔、人孔、沟槽与管道、孔洞等边缘上的作业，称为洞口作业。

施工现场常因工程和工序需要而产生洞口，常见的有楼梯口、电梯井口、预留洞口、井架通道口，这些常被称为"四口"。

对于洞口作业，可根据具体情况采取设防护栏杆、加盖板、张挂安全网与装栅门等措施。

对楼板、屋面、平台上的洞口，洞口边长小于 0.5 m 时要盖严，盖件要固定，不准挪动；洞口边长大于 0.5 m 时，洞边要设防护栏杆，栏杆底设挡脚扳或在洞口下装设安全网。

对墙面等处落地的竖向洞口，要加设防护门，也可用下设挡脚板的防护栏杆。其中，对于电梯井口，应设置固定栅门，栅门的高度为 1.75 m，安装时离楼层面 0.05 m，上下必须固定，栅门网格的间距应不大于 0.15 m。同时，电梯井内应每隔两层设一道安全网。对下边沿至楼板或底面低于 0.8 m 的窗台等未落地的竖向洞口，如侧边落差大于 2 m，要装设 1.2 m 高的临时护栏。

对于有坠落危险的其他孔洞口，应加设盖板或加以防护，并有固定其位置的措施。高度不超过 10 m 的墙面等处的洞口，要设置固定的栅门，其安装方法与电梯井口栅门安装方法一样。

施工通道附近的各类洞口与坑槽处，除防护外还要有安全标志，夜间要设红灯示警。

3. 攀登作业及防护措施

进行攀登作业时，作业人员要从规定的通道上、下，不能在阳台之间等非规定通道攀登，也不得任意利用吊车臂架等施工设备攀登。上、下梯子时，必须面向梯子，且不得手持器物。

使用梯子时，梯脚底部应坚实、防滑，且不得垫高使用。梯子上端应有固定措施。立梯工作角度以 75°±5° 为宜，踏板上、下间距以 30 cm 为宜，不得缺档；如需接长，必须有可靠的连接措施，且接头不得超过 1 处，连接后梯梁的强度应不低于单梯梯梁的强度。

使用折梯时，上部夹角以 35°~45° 为宜，铰链必须牢固，并有可靠的拉撑措施。禁止骑在折梯上移动折梯。

4. 悬空作业及防护措施

进行悬空作业时，要有牢靠的立足处，并视具体情况设防护栏杆、张挂安全网或采取其他安全措施。作业用索具、脚手板、吊篮、吊笼、平台等设备，均需经技术鉴定方能使用。

在安装柱、梁、板等结构模板时，要站在脚手架或操作平台上操作，不能站在墙上或模板的楞木上作业，也不要在未支撑好的模板上行走。

绑扎柱、墙钢筋时，不得站在钢筋骨架上或在骨架上攀登。装卸模板、绑扎钢筋的作业高度在 3 m 以上时，应设操作平台，3 m 以下可用马凳。

悬空作业浇筑混凝土，如无可靠安全措施，要挂好安全带或架设安全网。浇筑拱形结构时，要从结构两边的端部对称进行。浇筑储仓时，要先将下口封闭，然后搭脚手架进行。

在采用波形石棉瓦、铁皮瓦的轻型屋面上作业，行走之前必须在屋面铺设带防滑条的垫板或搭设安全网。

5. 交叉作业及防护措施

进行交叉作业时，下层作业的位置必须处于依上层作业高度确定的可能坠落范围之外。不符合以上条件时，必须设置安全防

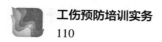
护棚。高度超过 24 m 时，防护棚应设双层，以保障能接住上面的坠落物体。

利用塔式起重机、龙门架等机具进行垂直运输作业时，地面作业人员要避开吊物的下方，不要在吊车吊臂下穿行停留，防止吊物散落而砸伤人。

通道口和上料口由于上方施工或处在起重机吊臂回转半径之内，很有可能发生物体坠落，受其影响的范围内要搭设能防穿透的双层防廊或防护棚。

拆除脚手架与模板时，下方不得有其他操作人员，拆下的模板、脚手架等部件临时堆放处离楼层边缘应不小于 1 m，堆放高度不得超过 1 m，楼梯通道口、脚手架边缘等处不得堆放拆下的物件。

进入施工现场要走指定的或搭有防护棚的出入口，不得从无防护棚的楼口出入，避免坠物砸伤。

五、高处作业劳动防护用品使用常识

由于建筑行业的特殊性，高处作业中发生的高处坠落、物体打击事故比例最大。许多事故案例都说明，正确佩戴安全帽，使用安全带或按规定架设安全网，可避免或减少伤亡事故。事实证明，安全帽、安全带、安全网是预防和减少高处坠落和物体打击事故的重要劳动防护用品。

安全帽、安全带、安全网使用广泛，作用明显，人们常称之为"三宝"。

1. 安全帽

在施工现场，意外的坠落物伤及人体的事故时有发生。坠落物对人体的伤害主要由冲击力引起。物体打击事故一旦发生，受伤概率最大的部位是头部。头部是人体神经中枢所在，头盖骨最薄处仅 2 mm 左右。头部一旦受外力冲击，可能引起脑震荡、颅内出血、脑挫裂伤、颅骨损伤等严重伤害，从而造成人体机能障碍，轻则致残，重则危及生命。所以，对作业人员的头部必须加以保护，而头部防护的重要用品就是安全帽。使用安全帽时要注意以下几点：

（1）作业人员所戴的安全帽，要有下颏带和后帽箍并拴系牢固，以防帽子滑落或碰掉。

（2）热塑性安全帽可用清水冲洗，不得用热水浸泡，不能放在暖气片、火炉上烘烤，以防帽体变形。

（3）安全帽使用年限超过规定限值，或者受到较严重的冲击以后，即使肉眼看不到帽体的裂纹，也应予以更换。一般塑料安全帽的使用寿命为 3 年。

（4）佩戴安全帽前，应检查各配件有无损坏，装配是否牢固，帽衬调节部分是否卡紧，绳带是否系紧等，确认各部件完好后方可使用。

2. 安全带

安全带是高处作业人员预防坠落伤害的防护用品。使用安全带时要注意以下几点：

（1）在使用安全带时，应检查安全带的部件是否完整、有无损伤，金属配件的各种环卡不得是焊接件，边缘应光滑，产品上应有安全鉴定证。

（2）使用围杆安全带时，围杆绳上要有保护套，不允许在地面上随意拖拽，以免损伤绳套，影响主绳。

（3）悬挂安全带不得低挂高用，因为低挂高用在坠落时受到

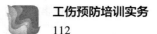
的冲击力大，对人体伤害也大。

（4）架子工单腰带一般使用短绳较安全，如用长绳，以选用双背带式安全带为宜。

（5）使用安全绳时，不允许打结，以免发生坠落受冲击时绳从打结处断开。使用 3 m 以上长绳时，应考虑补充措施，如在绳上加缓冲器、自锁钩或速差式自控器等。

（6）缓冲器、自锁钩和速差式自控器可以单独使用，也可联合使用。

（7）安全带使用 2 年后，应做一次试验，若不断裂则可继续使用。安全带使用期限一般为 3~5 年，发现异常应提前报废。

3. 安全网

安全网用来防止高处作业人员或物体坠落，避免或减轻坠落伤害或物体打击伤害。安全网对高处作业人员和作业面有整体防护功能。

安全网分为平网、立网和密目式安全立网。立网的安装平面垂直于水平面，用来围住作业面，防止人或物坠落；平网的安装平面或平行于水平面，或与水平面成一定夹角，用来接住坠落的人或物。使用安全网时要注意以下几点：

（1）要选用有合格证书的安全网。

（2）安全网若有破损、老化应及时更换。

（3）安全网与架体连接不宜绷得过紧，系结点要沿边分布均匀、绑牢。

（4）立网不得作为平网网体使用。

（5）立网应优先选用密目式安全立网。

第四节 火灾事故预防

一、燃烧与火灾

燃烧是物质与氧化剂之间的放热反应，通常同时释放出火焰或可见光。放热、发光、生成新物质是燃烧的 3 个主要特征。

根据《消防词汇 第 1 部分：通用术语》（GB/T 5907.1—2014），火灾是指在时间或空间上失去控制的燃烧所造成的灾害。

1. 燃烧必须具备的条件

任何物质的燃烧，必须具备以下 3 个条件：

（1）可燃物。一般来说，凡是能在空气、氧气或其他氧化剂中发生燃烧反应的物质都称为可燃物，否则称为不燃物。可燃物既可以是单质，如碳、硫、磷、氢、钠、铁等，也可以是化合物或混合物，如乙醇、甲烷、木材、煤炭、棉花、纸、汽油等。没有可燃物，燃烧是不可能进行的。

（2）引火源。引火源是指具有一定能量、能够引起可燃物质燃烧的能源，有时也称着火源。引火源的种类很多，具体如下：

1）生产性明火，如用于气焊的氧 – 乙炔焰、电焊火花及燃料的燃烧火焰等。

2）非生产性明火，如未熄灭的烟蒂、油灯火、炉灶火等。

3）电弧和电火花，如短路火花、静电放电火花等电气设备运行中产生的火花。

4）冲击与摩擦火花，如砂轮、铁器摩擦产生的火花等。

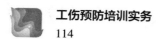
5）聚集的日光。

6）既无明火又无外来热源的情况下，物质本身的自燃。

7）雷击瞬间高压放电起火。

可燃性物质不同，着火时所需的温度和热量各不相同。

（3）助燃物。凡是能和可燃物发生反应并引起燃烧的物质，称为助燃物，如空气（氧）、氯酸钾、过氧化物等。可燃物质的燃烧，必须源源不断地供给助燃物，否则就不可能维持燃烧。

以上 3 个条件是物质燃烧必须具备的，缺一不可。不仅如此，它们之间还要有一定的数量比例关系。例如，可燃性气体与空气的体积比过小时，燃烧就不一定发生。此外，它们之间还要相互结合、相互作用，否则也不可能发生燃烧。

2. 燃烧形式

气态可燃物通常为扩散燃烧，即可燃物和氧气边混合边燃烧；液态可燃物（包括受热后先液化后燃烧的固态可燃物）通常先蒸发为可燃蒸气，可燃蒸气与助燃物发生燃烧；固态可燃物先是通过热解等过程产生可燃气体，可燃气体再与助燃物发生燃烧。

根据可燃物质的聚集状态不同，燃烧可分为以下 4 种形式：

（1）扩散燃烧。可燃气体（氢、甲烷、乙炔以及苯、酒精、汽油蒸气等）从管道、容器的裂纹流向空气时，可燃气体分子与空气分子互相扩散、混合，混合浓度达到爆炸极限范围时遇到引火源即着火并能形成稳定火焰的燃烧，称为扩散燃烧。

（2）混合燃烧。可燃气体和助燃气体在管道、容器和空间扩散混合，混合气体的浓度在爆炸极限范围内，遇到引火源即发生燃烧，这种燃烧称为混合燃烧。混合燃烧是在混合气体分布的空间快速进行的。煤气、液化石油气泄漏后遇到明火发生的燃烧爆炸属于混合燃烧。失去控制的混合燃烧往往能造成重大的经济损失和人员伤亡。

（3）蒸发燃烧。可燃液体在引火源和热源的作用下，蒸发出蒸气并发生氧化分解而进行的燃烧，称为蒸发燃烧。

（4）分解燃烧。可燃物质在燃烧过程中首先遇热分解出可燃气体，分解出的可燃气体再与氧进行的燃烧，称为分解燃烧。

3. 火灾的分类

（1）《火灾分类》（GB/T 4968—2008）根据可燃物的类型和燃烧特性将火灾分为 6 类。

A 类火灾：固体物质火灾。这种物质通常为有机物，一般在燃烧时能产生灼热的余烬，如木材、棉、毛、麻、纸张。

B 类火灾：液体或可熔化的固体物质火灾。B 类火灾如汽油、煤油、柴油、原油、甲醇、乙醇、沥青、石蜡火灾等。

C 类火灾：气体火灾。C 类火灾如煤气、天然气、甲烷、乙烷、丙烷、氢气火灾等。

D 类火灾：金属火灾。D 类火灾如钾、钠、镁、铝、铝镁合金火灾等。

E 类火灾：带电火灾。E 类火灾是物体带电燃烧的火灾，如发电机、电缆、家用电器等火灾。

F 类火灾：烹饪器具内的烹饪物（如动植物油脂）火灾。

（2）按照一次火灾事故造成的人员伤亡、受灾户数和财产直接损失金额，可将火灾划分为以下 3 类。

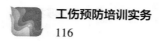

1）具有以下情况之一的火灾为特大火灾：死亡 10 人以上（含本数，下同）；重伤 20 人以上；死亡、重伤 20 人以上；受灾 50 户以上；烧毁财物损失 100 万元以上。

2）具有以下情况之一的火灾为重大火灾：死亡 3 人以上；重伤 10 人以上；死亡、重伤 10 人以上；受灾 30 户以上；烧毁财产损失 30 万元以上。

3）不具有前两项情形的火灾为一般火灾。

4. 典型火灾的发展规律

通过对大量的火灾事故进行研究分析，典型火灾事故的发展分为初起期、发展期、最盛期、减弱期和熄灭期。初起期是火灾开始发生的阶段，这一阶段可燃物的热解过程至关重要，主要特征是冒烟、阴燃；发展期是火势由小到大发展的阶段，轰燃就发生在这一阶段；最盛期的火灾燃烧方式是通风控制火灾，火势的大小由建筑物的通风情况决定；减弱期和熄灭期是火灾由最盛期开始消减直至熄灭的阶段，熄灭的原因可以是燃料不足、灭火系统的作用等。由于建筑物内可燃物、通风等条件不同，建筑火灾有可能达不到最盛期，而是在缓慢发展后熄灭。典型的火灾发展过程如图 2-1 所示。

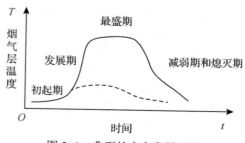

图 2-1　典型的火灾发展过程

二、防火基本措施

1. 防火基本原则

根据火灾发展过程的特点，应采取以下基本技术措施：

（1）以不燃溶剂代替可燃溶剂。

（2）密闭和负压操作。

（3）通风除尘。

（4）保护气保护。

（5）采用耐火建筑材料。

（6）严格控制火源。

（7）阻止火焰蔓延。

（8）抑制火灾可能发展的规模。

（9）组织训练消防队伍和配备相应消防器材。

2. 防火的技术措施

（1）引火源及其控制。工业生产过程中存在着多种引起火灾和爆炸的引火源，消除和控制引火源是防火和防爆的最基本措施。

1）明火。生产过程中的加热用火、维修焊接用火及其他火源是导致火灾爆炸最常见的原因。

①加热用火控制。加热易燃物料时，要尽量避免采用明火设备，而宜采用热水或其他介质间接加热。例如，采用蒸汽或密闭电气加热等加热设备，不得采用电炉、火炉、煤炉等直接加热。明火加热设备的布置，应远离可能泄漏易燃气体或蒸气的工艺设备和储罐区，并应布置在其上风向或侧风向。对于有飞溅火花的

加热装置，应布置在上述设备的侧风向。如果存在一个以上的明火设备，应将其集中于装置的边缘。若必须采用明火设备，应将其密闭且附近不得存放可燃物质。熬炼物料时，不得装盛过满，应留出一定的空间。工作结束后，应及时清理，不得留下火种。

②维修焊割用火控制。在焊割时必须注意以下几点：

a. 在输送、盛装易燃物料的设备、管道上，或在危险区域内动火时，应将系统和环境进行彻底清洗或清理。若该系统与其他设备连通，应将相连的管道拆下断开或加堵金属盲板隔绝，再进行清洗。然后进行吹扫置换，气体分析合格后方可动焊。

b. 动火现场应配备必要的消防器材，并将可燃物品清理干净。在可能积存可燃气体的管沟、电缆沟、深坑、下水道内及其附近，应用保护气吹扫干净，再用不燃物如石棉板进行遮盖。

c. 气焊作业时，应将乙炔发生器放置在安全地点，以防回火爆炸伤人或将易燃物引燃。

d. 电气线路破损应及时更换或修理，不得利用与易燃易爆生产设备有联系的金属构件作为电焊地线，以防止在电路接触不良的地方产生高温或电火花。

③其他明火控制。存在火灾和爆炸危险的场所，如厂房、仓库、油库等地，不得使用蜡烛、火柴或普通灯具照明；一般不允许汽车、拖拉机进入，如确需进入，其排气管上应安装火花熄灭器。

2）摩擦和撞击。摩擦和撞击往往是可燃气体、蒸气和粉尘等燃烧爆炸的根源之一。

在易燃易爆场所，应避免摩擦和撞击，如作业人员禁止穿钉鞋，不得使用铁器制品。搬运储存可燃和易燃物品的金属容器时，应当用专门的运输工具，禁止在地面上滚动、拖拉或抛掷，并防止容器互相撞击，以免产生火花。吊装可燃和易爆物品用的起重设备和工具，应经常检查，防止吊绳等断裂下坠发生危险。如果机器设备不能用不发生火花的各种金属制造，应当使其在真空中或在保护气中操作。

在有爆炸危险的生产过程，机件的运转部分应该用两种材料制作，其中之一是不发生火花的有色金属材料（如铜、铝）。机器的轴承等转动部分，应润滑良好，并经常清除附着的可燃物污垢。敲打工具应用铍铜合金或包铜的钢制作。地面应铺沥青、菱苦土等较软的材料。输送可燃气体或易燃液体的管道应做耐压试验和气密性检查，以防止管道破裂、接口松脱而跑漏物料，引起着火。

3）电气设备运行中产生的火花。电气设备或线路出现危险温度、电火花和电弧时，就成为可燃气体、蒸气和粉尘着火、爆炸的主要引火源。电气设备出现危险温度是运行过程中设备和线路短路、接触电阻过大、超负荷或通风散热不良等造成的。发生上述情况，设备的发热量增加，温度急剧上升，出现大大超过允许温度范围的高温，不仅能使绝缘材料、可燃物质和积落的可燃灰尘燃烧，而且能使金属熔化，酿成电气火灾。

保障电气设备的正常运行，防止出现事故火花和危险温度，对防火防爆有着重要意义。应保持电气设备的电压、电流、温升等参数不超过允许值，保持电气设备和线路绝缘能力以及良好的连接等。电气设备和线路的绝缘，不得受到生产过程中蒸气及气体的腐蚀，因此线路应采用铁管线，线路的绝缘材料要具有防腐蚀的性能。在运行中，应保持设备及线路各导电部分连接可靠，活动触头的表面要光滑，并要保障足够的触头压力，以确保接触良好。固定接头特别是铜、铝接头，要接触紧密，保持良好的导

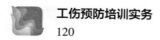

电性能。

4）静电放电。为防止静电放电火花引起的燃烧爆炸，可根据生产过程中的具体情况采取相应的防静电措施，具体如下：

①控制流速。必须控制流体在管道中的流速，灌注液体时，应防止产生液体飞溅和剧烈的搅拌现象。向储罐输送液体的导管，其出口应放在液面之下或使液体沿容器的内壁缓慢流下，以免产生静电。易燃液体灌装结束时，不能立即进行取样等操作，因为在液面上积聚的静电荷不会很快消失，易燃液体蒸气也比较多，因此应经过一段时间再进行操作，以防静电放电火花引起燃烧爆炸。

②保持良好接地。接地是消除静电危害最常用的方法之一。为消除各部件的电位差，可采用等电位措施。

③采用静电消散技术。

④人体静电防护。作业人员应尽量避免穿化纤材质等易产生静电的工作服，而且为了导除人体积累的静电，最好穿布底鞋或导电橡胶底胶鞋。工作地点宜采用水泥地面。

5）光热射线。有些物质在常温下能与空气发生氧化反应放出热量而引起自燃；有些物质与水作用能够分解放出可燃气体，这类物质应特别注意采取防潮措施；有的物质受热升温能分解放出具有催化作用的气体，如硝化棉、赛璐珞等受热能放出一氧化氮和热量，一氧化氮对其进一步分解有催化作用，导致发生燃烧和爆炸。对上述各类物质，要特别注意防热、通风。直射的太阳光通过凸透镜、圆形玻璃瓶、有气泡的玻璃等会聚焦形成高温焦点，能够点燃易燃易爆物质。有爆炸危险的厂房和库房必须采取遮阳措施，窗户采用磨砂玻璃，以避免形成引火源。

（2）防止形成燃爆的介质。这可以用通风的办法来降低燃爆物质的浓度，使其达不到爆炸极限；也可以用不燃或难燃物质来代替易燃物质。例如，用水基清洗剂来代替汽油清洗零件，这样既可以防止火灾、爆炸，还可以防止汽油中毒。另外，也可采用限制可燃物的使用量和存放量的措施防止燃烧、爆炸。

（3）安装防火安全装置。安装防火安全装置，如阻火器、阻火阀门、火星熄灭器等。

3. 防火的组织管理措施

（1）健全消防安全组织机构。

（2）完善消防安全管理制度。

（3）落实日常消防安全管理。火灾危险部位有严格的管理措施，定期组织防火检查、巡查，及时发现和消除火灾隐患。

（4）重点岗位人员经专门培训，持证上岗。作业人员会报警，会使用消防器材，会扑救初起火灾，会组织人员疏散逃生。

（5）对消防设施定期检查、检测、维护保养，并有详细完整的记录。

（6）灭火和应急疏散预案完备，并有定期演练的记录。

（7）厂区内、厂房内的一切出入口和通往消防设施的通道，不得占用和堵塞。

（8）火警处置及时准确。对设有火灾自动报警系统的场所，随机选择一个探测器吹烟或手动报警，发出警报后，值班员或专（兼）职消防员携带手提式灭火器到现场确认，并及时向消防控制室报告。值班员或专（兼）职消防员会正确使用灭火器、消防软管卷盘、室内消火栓等扑救初起火灾。

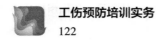
4. 作业人员应遵守的防火守则

（1）应具有一定的防火知识，并严格贯彻执行防火规章制度，禁止违章作业。

（2）应在指定的安全地点吸烟，严禁在工作现场和厂区内吸烟和乱扔烟蒂。

（3）使用、运输、储存易燃易爆气体、液体和粉尘时，一定要严格遵守安全操作规程。

（4）在工作现场禁止随便动用明火。确需使用时，必须报请主管部门批准，并做好安全防范工作。

（5）对于使用的电气设施，如发现绝缘破损、严重老化、超负荷以及不符合防火、防爆要求，应停止使用，并报告领导予以解决。不得带故障运行，防止发生火灾、爆炸事故。

（6）应学会使用一般的灭火工具和器材。对于车间内配备的防火防爆工具、器材等，应加以爱护，不得随便挪用。

三、火灾扑救

1. 常见的火险隐患

常见的火险隐患包括以下几个方面：

（1）生产工艺流程不合理，超温、超压以及配比浓度接近爆炸极限浓度而无可靠的安全保障措施，随时有可能达到爆炸极限，易造成燃烧或爆炸的。

（2）易燃易爆物品的生产设备与生产工艺条件不相适应，安全装置或附件缺乏或失灵的。

（3）易燃易爆物品生产装置和储存设施检修前，未经严格的清洗和测试，或检修方法和工具选用不当等，不符合设备动火检修的有关程序和要求，易造成燃烧或爆炸的。

（4）设备有跑、冒、滴、漏现象，不能及时检修而带"病"作业，有造成火灾危险的，或散发可燃气体场所通风不良的。

（5）生产和使用易燃易爆物品的厂址及储存和销售易燃易爆物品的库址位置不合理，一旦发生火灾，严重影响并殃及邻近企业和附近居民安全的。

（6）易燃易爆物品的运输、储存和包装方法不符合防火安全要求，性质抵触、灭火方法不同的物品混装、混储，以及销售和使用不符合防火要求的。

（7）对引火源管理不严，在禁火区域无"严禁烟火"醒目标志，或虽有标志但执行不严格，仍有乱动火的迹象或吸烟现象的，或在用火作业场所有易燃物尚未清除，明火源或其他热源靠近可燃结构或其他可燃物等有引起火灾危险的。

（8）电气设备、线路、开关的安装不符合防火安全要求，严重超负荷、线路老化、保险装置失去保险作用的。

（9）建筑物的耐火等级、建筑结构与生产工艺的火灾危险性质不相适应，建筑物的防火间距、防火分区、安全疏散及通风采暖等不符合防火规范要求的。

（10）场所应安装自动灭火、自动报警装置，或应配置其他灭火器材，但未安装或未配置，或虽有但量不足或失去功能的。

（11）其他容易引起火灾的问题。

2. 灭火的基本原理和方法

一切灭火方法都是为了破坏已经产生的燃烧条件，只要破坏其中任何一个条件，燃烧就会停止。灭火时，燃烧已经开始，控

制火源已经没有意义，因此主要是消除前两个条件，即可燃物和助燃物。

根据物质燃烧原理及灭火的实践经验，灭火的基本方法：减小空气中氧含量的窒息灭火法，降低燃烧物质温度的冷却灭火法，隔离火源附近可燃物质的隔离灭火法，消除燃烧过程中自由基的化学抑制灭火法。

上述 4 种灭火方法所采取的具体灭火措施是多种多样的。在灭火中，应根据可燃物的性质、燃烧特点、火势大小、火场的具体条件以及消防技术装备的性能等实际情况，选择一种或几种灭火方法。一般来说，几种灭火方法综合运用效果较好。

3. 常用灭火器的类型和使用方法

灭火器是扑灭初起火灾的重要工具，是最常用的灭火器材，具有灭火速度快、轻便灵活、实用性强等特点，因而应用范围非常广。通常，用于扑灭初起火灾的灭火器类型较多，使用时必须针对燃烧物质的性质确定灭火器具体类型。否则会适得其反，有时不但灭不了火，还会发生爆炸。因此，必须熟练掌握灭火器的一些基本知识。

（1）灭火剂。灭火剂是能够有效地破坏燃烧条件，中止燃烧的物质。

1）水和水系灭火剂。水是最常用的灭火剂，它既可以单独用来灭火，也可以在其中添加化学物质配制成混合液使用，从而提高灭火效率，减少用水量。这种在水中加入化学物质的灭火剂称为水系灭火剂。水能从燃烧物中吸收热量，使燃烧物的温度迅速下降，使燃烧中止。水在受热汽化时，体积增大 1 700 多倍，笼罩于燃烧物周围的大量水蒸气，可以阻止空气进入燃烧区，从而大大减小氧的含量，使燃烧因缺氧而窒息。

不能用水扑救的火灾主要包括以下几类：

①密度小于水和不溶于水的易燃液体火灾，如汽油、煤油、柴油等火灾。苯类、醇类、酰类、酮类、酯类及丙烯腈等的大容量储罐，如用水扑救，则水会沉在液体下层，被加热后会引起暴沸，导致可燃液体飞溅和溢流，使火势扩大。

②遇水产生燃烧物的火灾。例如，金属钾、钠、碳化钙等火灾，不能用水，而应用砂土灭火。

③硫酸、盐酸和硝酸引发的火灾，不能用水流冲击，因为强大的水流能使酸飞溅，流出后遇可燃物质，有引起爆炸的危险。酸溅在人身上，能灼伤人。

④电气火灾未切断电源前不能用水扑救，因为水是良导体，容易造成触电。

⑤高温状态下化工设备的火灾不能用水扑救，以防高温设备遇冷水后骤冷，引起形变或爆裂。

2）气体灭火剂。早期的气体灭火剂主要采用二氧化碳。二氧化碳不导电，无腐蚀性，对绝大多数物质无破坏作用，可以用来扑灭精密仪器和一般电气火灾。它还适用于扑救可燃液体和固体火灾，特别是那些不能用水灭火以及受到水、泡沫、干粉等灭火剂的污染容易损坏的固体物质火灾。但二氧化碳不宜用来扑灭金属钾、镁、钠、铝及金属过氧化物（如过氧化钾、过氧化钠）、有机过氧化物、氯酸盐、硝酸盐、高锰酸盐、亚硝酸盐、重铬酸盐等氧化剂的火灾。

3）泡沫灭火剂。泡沫灭火剂有两大类型，即化学泡沫灭火剂和空气泡沫灭火剂。化学泡沫灭火剂是通过硫酸铝和碳酸氢钠的水溶液发生化学反应，产生二氧化碳而形成泡沫。空气泡沫灭

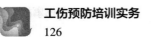
火剂是由含有表面活性剂的水溶液在泡沫发生器中通过机械作用而产生泡沫，泡沫中所含的气体为空气。空气泡沫也称机械泡沫。

4）干粉灭火剂。干粉灭火剂由一种或多种具有灭火能力的细微无机粉末组成，主要包括活性灭火组分、疏水成分、惰性填料，粉末的粒径大小及其分布对灭火效果有很大的影响。窒息、冷却、辐射及对有焰燃烧的化学抑制作用是干粉灭火剂灭火效能的集中体现，其中化学抑制作用是灭火的基本原理，起主要灭火作用。

（2）常用灭火器。正确使用灭火器是保障及时迅速扑灭初起火灾的关键。灭火器的种类很多，主要有清水灭火器、酸碱灭火器、泡沫灭火器、二氧化碳灭火器和干粉灭火器等。下面介绍几种常用灭火器的适用范围及其使用方法。

1）二氧化碳灭火器。二氧化碳灭火器充装液态二氧化碳，利用汽化的二氧化碳灭火。

①适用范围。二氧化碳灭火器主要用于扑救贵重设备、仪器仪表、档案资料、600 V 电压以下的电气设备及油类等初起火灾。二氧化碳灭火器用于扑救棉麻、化纤织物火灾时，要注意防止复燃。

②使用方法。手提灭火器提把或把灭火器放在距离起火点5 m 处，拔下保险销，一只手握住喇叭形喷筒根部手柄，不要用手直接握喷筒式金属管，以防冻伤，把喷筒对准火焰，另一只手压下压把，二氧化碳喷射出来。当扑救流动液体火灾时，应使用二氧化碳射流由近而远向火焰喷射。如果燃烧面积较大，操作者可左右摆动喷筒，直至把火扑灭。灭火过程中灭火器应保持直立状态。注意：使用二氧化碳灭火器时，要避免逆风使用，以免影响灭火效果。

2）干粉灭火器。干粉灭火器是用二氧化碳气体作动力喷射干粉的灭火器材。目前，我国主要生产碳酸氢钠干粉灭火器及磷酸铵盐干粉灭火器。碳酸氢钠干粉只适用于扑救 B、C 类火灾，所以又称 BC 干粉灭火器；磷酸铵盐干粉适用于扑救 A、B、C 类火灾，所以又称 ABC 干粉灭火器。

①适用范围。干粉灭火器主要用来扑救石油及其产品、有机溶剂等易燃液体、可燃气体和电气设备的初起火灾。

②使用方法。手提灭火器提把，在距离起火点 3~5 m 处将灭火器放下。在室外使用时注意占据上风方向，使用前先将灭火器上下颠倒几次，使筒内干粉松动。拔下保险销，一只手握住喷嘴，使其对准火焰根部，另一只手用力按下压把，干粉便会从喷嘴喷射出来。使用时，应左右喷射，不能上下喷射，灭火过程中灭火器应保持直立状态，不能横卧或颠倒使用。

3）泡沫灭火器。泡沫灭火器是充装泡沫灭火剂和水，能产生和喷射泡沫的灭火器。

①适用范围。泡沫灭火器适宜扑救油类及一般物质的初起火灾。

②使用方法。使用时，用手握住灭火器的提环，平稳、快捷地提往火场，不要横扛、横拿。灭火时，一手握住提环，另一手握住筒身的底边，将灭火器颠倒过来，喷嘴对准火源，用力摇晃几下，即可灭火。

使用灭火器时应注意：第一，不要将灭火器的盖与底对着人体，防止盖、底弹出伤人；第二，不要与水同时喷射在一处，以免影响灭火效果；第三，扑救电气火灾时，尽量先切断电源，防止人员触电。

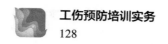

四、火灾时的避险与逃生

火灾的发生往往是瞬间的、无情的，提高自我保护能力，从火灾现场安全撤离，是减少火灾事故人员伤亡的关键。因此，多掌握一些避险与逃生的知识、技能，把握住脱险时机，就会在困境中拯救自己或为救援赢得更多时间，从而获救。

1．遇到火情时的对策

（1）火势初起时，如果发现火势不大，未对人与环境造成很大威胁，且其附近有消防器材，如灭火器、消火栓、自来水等，应尽可能地在第一时间将火扑灭，不可置小火于不顾而酿成火灾。

（2）当火势失去控制，不要惊慌失措，应冷静机智地运用火场自救和逃生知识摆脱困境。心理的恐慌和崩溃往往使人行动混乱而丧失绝佳的逃生机会。

2．建筑物内发生火灾时的避险与逃生

（1）火灾现场的自救与逃生方法如下：

1）沉着冷静，辨明方向，迅速撤离危险区域。突遇火灾，面对浓烟和大火，首先要使自己保持镇定，迅速判断危险地点和安全地点，果断决定逃生办法，尽快撤离险地。如果火灾现场人员较多，切不可慌张，更不要相互拥挤、盲目跟从或乱冲乱撞、相互踩踏，以免造成意外伤害。

撤离时要朝明亮或外面空旷的地方跑，同时尽量向楼梯下面跑。进入楼梯间后，在确定下面楼层未着火时，可以向下逃生，而决不应往上跑。若通道已被烟火封阻，则应背向烟火方向离开，通过阳台、气窗、天台等往室外逃生。如果现场烟雾很大或断电，能见度低，无法辨明方向，则应贴近墙壁或按应急指示灯

的提示，摸索前进，以找到安全出口。

2）利用消防通道逃生，不可进入电梯。在高层建筑中，电梯的供电系统在火灾时随时会断电，电梯部件可能因强热作用发生变形而"卡壳"将人困在电梯内，给救援工作增加难度。同时，由于电梯井犹如贯通的烟囱般直通各楼层，有毒的烟雾极易被吸入其中，人在电梯里随时会被浓烟毒气熏呛而窒息。因此，火灾时千万不可乘普通电梯逃生，而要根据情况选择进入相对安全的楼梯、消防通道、有外窗的通廊。此外，还可以利用建筑物的阳台、窗台、天台屋顶等攀到周围的安全地点。

如果逃生要经过充满烟雾的路线，为避免浓烟呛入口鼻，可使用毛巾或口罩捂住口鼻，同时身体应尽量贴近地面或匍匐前行。烟气较空气轻而飘于上部，贴近地面撤离是避免吸入烟气、避开毒气的最佳方法。穿过烟火封锁区时，应尽量佩戴防毒面具、头盔、阻燃隔热服等护具，如果没有这些护具，可向头部、身上浇冷水或用湿毛巾、湿棉被、湿毯子等将头、身体裹好，再冲出去。

3）寻找、自制有效工具进行自救。有些建筑物内设有高空缓降器或救生绳，火场人员可以通过这些设施安全地离开危险楼层。如果没有这些设施，而安全通道已被烟火封堵，在救援人员不能及时赶到的情况下，可以迅速利用身边的绳索或床单、窗帘、衣服等自制成简易救生绳，有条件的最好用水打湿，然后从窗台或阳台沿绳缓滑到下面楼层或地面，还可以沿着水管、避雷线等建筑结构中的凸出物滑到地面安全逃生。

4）暂避于安全场所，等待救援。假如用手摸房门已感到烫手，或已知房间被大火或烟雾围困，此时切不可打开房门，否则火焰与浓烟会顺势冲进房间。这时可采取创造避难场所、固守待援的办法。应关紧迎火的门窗，打开背火的门窗，用湿毛巾或湿布条堵住门窗缝隙，或者用水浸湿棉被蒙上门窗，并不停泼水降温，同时用水淋透房间内的可燃物，防止烟火侵入，固守在房间内，等待救援人员到达。

5）设法发出信号，寻求外界帮助。被烟火围困暂时无法逃离的人员，应尽量站在阳台或窗口等易于被人发现和能避免烟火近身的地方。在白天，可以向窗外晃动鲜艳衣物，或向外抛轻型晃眼的东西；在晚上，可以用手电筒不停地在窗口闪动或者利用敲击金属物、大声呼救等方式，及时发出有效的求救信号，以引起救援人员的注意。另外，消防人员进入室内救援都是沿墙壁摸索前进，所以，当吸入烟气失去自救能力时，应努力滚到墙边或门边，便于消防人员寻找、营救。同时，躺在墙边也可防止房屋结构塌落砸伤自己。

6）无法逃生时，跳楼是最后的选择。身处火灾烟气中的人，精神上往往陷入恐慌之中，这种恐慌心理极易导致不理智的伤害性行为，如跳楼逃生。应该注意的是，只有在消防人员准备好救生气垫并指挥跳楼，或者楼层不高（一般4层以下），非跳楼不可的情况下，才采取跳楼的方法。即使已没有任何退路，若生命还未受到严重威胁，也要冷静地等待消防人员的救援。

跳楼时应尽量往救生气垫中部跳或选择有水池、软雨篷、草地等方向跳。如有可能，要尽量抱些棉被、沙发垫等松软物品或打开雨伞跳下，以减缓冲击力。如果徒手跳楼，一定要抓住窗台或阳台边缘使身体自然下垂，以尽量降低身体与地面的垂直距离。落地前要用双手抱紧头部，身体弯曲成一团，以减少伤害。跳楼虽可求生，但容易对身体造成一定的伤害，要慎之又慎。

（2）提高自救与逃生能力的方法如下：

1）熟悉周围环境，记牢消防通道路线。作业人员应对工作场所环境和居住所在地的建筑物结构及逃生路线做到了如指掌。若处于陌生环境，如入住宾馆、在商场购物、进入娱乐场所，务必留意疏散通道、紧急出口的具体位置及楼梯方位等，这样一旦火灾发生，寻找逃生之路就会胸有成竹、临危不惧，有助于安全迅速地脱离现场。

2）不断提高自己的安全意识。只有在日常工作和生活中注意积累和提高各种安全技能，才能使自己在面对险境时保持镇定，得以生存。因此，有火灾隐患的单位或其他有条件的单位，应集中组织火灾应急逃生预演，使人们熟悉周围环境和建筑物内的消防设施及自救逃生的方法。这样，当火灾发生时，人们就不会惊慌失措、走投无路，每个人都能沉着应对、从容不迫地逃离险境。

3）保持通道出口畅通无阻。楼梯、消防通道、紧急出口等是火灾发生时最重要的逃生之路，应确保其畅通无阻，切不可堆放杂物或封闭上锁。任何人发现任何地点的消防通道或紧急出口被堵塞，都有义务及时报告有关部门进行处理。

 [案例] 北京市大兴区"11·18"重大火灾事故

1. 事故简介

某年 11 月 13 日，王某派某商贸公司工人杨某等人进行压缩机调试，因变压器容量不足，保险装置被烧断。当日，樊某租用事发建筑外东北侧变压器，并安排李某等人将配电室内连通地下冷库的电缆拆下，用铝芯旧电缆接该变压器并装上电表。

11 月 16 日，王某安排工人继续调试设备，其间变压器处电表烧坏。杨某建议樊某更换 400 A 的断路器和电表，随后双方工人购买断路器和电表并由樊某安排李某更换。

11 月 18 日，李某让王某将变压器处电缆穿过电表互感器，发现电表反转，随即将电表处两根电源线调换位置以使电表正常运行，后发现制冷压缩机出现反转情况，随即又将制冷压缩机总配电箱处的两根电源线调换位置，以使制冷压缩机正常运行。

当日 9 时，商贸公司工人张某、韩某到 3 号冷间内更换铝排管过滤器，其间进行了焊接作业和机组供电调试，10 时 42 分关门离开。离开时，冷库设备间内西侧制冷压缩机（控制 1、2、3 号冷间）处于运行状态。至 3 号冷库爆燃，其间无人进入冷库。监控录像显示，11 月 18 日 17 时 1 分 49 秒至 18 时 9 分 18 秒，3 号冷间制冷压缩机控制箱运行灯、电源灯频繁闪烁、熄灭；18 时 9 分 16 秒，3 号冷间东门下方有烟冒出；18 时 9 分 18 秒至 18 时 10 分 04 秒，3 号冷间控制箱运行灯熄灭、运行灯微弱闪烁熄灭 11 次；18 时 10 分 8 秒，3 号冷间东门被爆燃冲击波冲开，烟气冲出后现场发生多次爆燃；18 时 11 分 17 秒，某公寓东北侧楼梯处有大量烟气出现；18 时 11 分 28 秒，地下冷库西侧通往地面的坡道出口卷帘门外冒出大量烟气，随后 8 s 内出口门廊内出现不少于 2 次的爆闪强光；18 时 11 分 42 秒，某公寓西南侧楼梯间涌入大量烟气。视频显示，事故产生的烟气从某公寓东北侧、西南侧出入口大量涌入，其间可见有人逃生。

2. 事故原因

（1）直接原因。在冷库制冷设备调试过程中，被覆盖在聚氨酯保温材料内为制冷压缩机供电的铝芯电缆发生电气故障造成短路，引燃周围可燃物，可燃物燃烧产生的一氧化碳等有毒有害烟气蔓延导致人员伤亡。

（2）间接原因如下：

1）违法建设、违规施工，住宿、生产在不具备相关安全条件的情况下混合在同一空间建筑内。公司在无设计的情况下，在违法建筑内违规建造冷库并将违法建筑用于出租，且未与承租单位签订专门的安全生产管理协议，事故隐患长期存在。

2）在冷库建设过程中，采用不符合标准的聚氨酯材料作为内绝热层。

3）冷库楼梯间与穿堂之间未设防火门，地下冷库与地上建筑之间未采取防火分隔措施；地上二层的公寓窗外设有影响逃生和灭火救援的障碍物。

4）未分别独立设安全出口和疏散楼梯，导致有毒有害烟气由地下冷库向地上建筑迅速蔓延。

5）未按照国家标准、行业标准在事发建筑内设消防控制室、室内消火栓系统、自动喷水灭火系统和排烟设施。

6）未落实消防安全责任制，未制定消防安全操作规程、灭火和应急疏散预案；未对承租单位定期进行安全检查；冷库建设过程中违规使用不符合标准的旧铝芯电缆，安装不匹配的断路器；未对3号冷间南墙上电缆采取穿管等可靠的防火措施。

第五节　起重伤害事故预防

根据《职业安全卫生术语》（GB/T 15236—2008），起重伤害是指各种起重作业（包括起重机安装、检修、试验）中发生的挤压、坠落（吊具、吊重）、折臂、倾翻、倒塌等引起的对人的伤害。

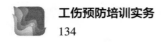
一、起重机械的基础知识

起重机械是指用于垂直升降或者垂直升降并水平移动重物的机电设备，其范围规定为额定起重量大于或者等于 0.5 t 的升降机；额定起重量大于或者等于 3 t（或额定起重力矩大于或者等于 40 t·m 的塔式起重机，或生产率大于或者等于 300 t/h 的装卸桥），且提升高度大于或者等于 2 m 的起重机；层数大于或等于 2 层的机械式停车设备。

1. 起重机械工作特点

（1）起重机械通常具有庞大的结构和比较复杂的机构，作业过程中常常同时进行几个不同方向的运动，操作技术难度较大。

（2）能吊运的重物多种多样，载荷是变化的。有的重物重达上百吨，体积大且形状不规则，还有散粒、热融和易燃易爆危险品等，吊运过程复杂而危险。

（3）需要在较大的范围内运行，活动空间较大，一旦发生事故，影响面积也较大。

（4）有些起重机械需要直接载运人员做升降运动，其可靠性直接影响人身安全。

（5）暴露的、活动的零部件较多，且常与吊运作业人员直接接触（如吊钩、钢丝绳等），潜在许多偶发的危险因素。

（6）作业环境复杂，如涉及企业、港口、工地等场所，涉及高温、高压、易燃易爆等环境危险因素，对设备和作业人员造成威胁。

（7）作业中常常需要多人配合，共同完成一项操作。

上述诸多危险因素决定了起重伤害事故较多。

2. 起重机械的分类

（1）轻、小型起重设备。此类起重设备包括千斤顶、绞车、滑车、环链手拉葫芦等。相对轻便、操作简单、结构紧凑是此类起重设备的特点。

（2）桥式起重机和门式起重机。此类起重机械包括通用桥式起重机、防爆桥式起重机、冶金桥式起重机、通用门式起重机、装卸桥等。此类起重机械的特点是通过各种取物装置将重物在一定的高度内由起升机构实现垂直升降，由大、小车在一定的空间范围内实现水平移动。此类起重机械应用于车间、仓库、露天堆场等处。

（3）臂架式起重机。此类起重机械包括运行臂架式旋转起重机（塔式起重机、轮胎起重机、门座起重机、履带起重机、铁路起重机等）、固定臂架式起重机（悬臂起重机、桅杆起重机）、壁行式起重机等。此类起重机械的特点与桥式起重机和门式起重机相似，结构上都有一个悬伸、可旋转的臂架作为主要受力构件。除起升机构外，臂架式起重机通常还有旋转机构和变辐机构，通过起升机构、变辐机构、旋转机构和运行机构的组合运动，可以实现在圆形或长圆形空间的装卸作业。

（4）升降机。此类起重机械包括电梯、升降机、升船机等，特点是通过导轨实现人员或重物的升降。它虽然只有一个升降机构，但由于配有完善的安全装置及其他附属装置，其复杂程度是轻、小型起重设备不能比拟的。

3. 起重机械安全正常工作的条件

（1）金属结构和机械零部件应具有足够的强度、刚性和抗屈曲能力。

（2）整机必须具有必要的抗倾覆稳定性。

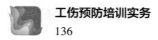
（3）原动机具有满足作业性能要求的功率，制动装置提供必需的制动力矩。

二、起重伤害事故的主要类型

1. 重物失落事故

起重机械重物失落事故是指在起重作业中，吊载、吊具等重物从空中坠落所造成的人身伤亡和设备毁坏事故，简称失落事故。常见的失落事故有以下几种类型：

（1）脱绳事故。脱绳事故是指重物从捆绑的吊装绳索中脱落发生的人身伤亡和设备毁坏事故。

（2）脱钩事故。脱钩事故是指重物、吊装绳或专用吊具从吊钩口脱出而引起的重物失落事故。

（3）断绳事故。断绳事故是指起升绳和吊装绳因破断造成的重物失落事故。

（4）吊钩断裂事故。吊钩断裂事故是指吊钩断裂造成的重物失落事故。

2. 坠落事故

坠落事故主要是指从事起重作业的人员，从起重机机体等高处坠落至地面的摔伤事故，也包括工具、零部件等从高处坠落使地面作业人员受伤的事故。

 [案例] 重庆万州某水泥公司"10·6"起重伤害事故

某年10月6日，重庆万州某水泥公司水泥、熟料发运码头在提升传送廊桥作业工程中发生一起起重伤害事故，造成5人死亡、4人受伤。

1. 事故简介

某年10月6日，因长江水位上涨，重庆万州某水泥公司水泥分厂发运工段副工段长胡某带领本单位职工熊某、凌某及江西某人力资源公司派驻水泥公司的孟某、张某、何某、赵某、吴某、陈某进行发运码头皮带转送廊桥提升调整作业。8时至11时，他们将2号吊楼廊桥一端（离主航道远端）提升完毕，接着对另一端1号吊楼廊桥进行提升。11时8分许，胡某站在廊桥平台上负责起吊作业指挥，并操作卷扬机，孟某、熊某、何某、吴某4人分别站在廊桥平台四角处，负责观察起吊笼导向轮是否有脱轨等异常情况。陈某、凌某、张某、赵某4人分别站在廊桥下端吊笼提升平台四角处，主要负责观察吊笼升降平台伸缩腿是否正常伸在牛腿上。待廊桥提升至距牛腿工作面30~40 cm时，吊笼升降平台忽然脱落，廊桥一端及吊笼升降平台坠入江中，致使站立在廊桥和吊笼升降平台上的9人全部落水。

事故发生后，发运码头靠驳货船的船员和周边作业人员自发投入抢救，先后将赵某、吴某、陈某、凌某4人抢救上岸并送往医院救治。万州区人民政府、重庆市安全生产监督管理局接报后，调派公安、武警、海事、港航、水上打捞等人员，运用专业工具器材进行搜救，于10月7日中午前将胡某、熊某、孟某、张某、何某5名遇难者遗体打捞出水。

2. 事故原因

（1）直接原因。2号吊楼内吊笼的吊杆支柱与法兰盘连接处8块三角加强筋平角焊部位和吊杆支柱与法兰盘垂直管板焊接处强度不够，同时焊接处受长时间的腐蚀和金属疲劳影响，在该吊笼上升载荷作用下，吊杆支柱与法兰盘焊缝处整体断裂脱落，致

使廊桥一端及吊笼升降平台坠入江中，站立在上面的9人全部落水。

（2）间接原因如下：

1）水泥公司安全生产主体责任落实不到位。

①技术管理缺失。水泥公司在提升廊桥作业前没有编制工作方案，没有制定技术措施和组织措施。在本次提升吊装作业前，未对上岗的9名作业人员进行专项安全技术交底。

②安全防护不到位。水泥公司未向临水作业的9名作业人员配备和发放救生衣，并督促作业人员在水上作业时正确穿戴。

③事故隐患排查不到位。水泥公司未对起重设备进行仔细检查，没有及时排查和消除吊笼吊杆支柱与法兰盘焊接处和吊杆支柱与法兰盘垂直管板焊接处存在焊接强度不足、年久腐蚀、金属疲劳等事故隐患。

④劳动组织不合理。水泥公司在进行吊装作业时，没有设置专职指挥工、安全监护人员，副工段长胡某既是起吊机具操作工，又是指挥工、安全监护人和现场管理人，身兼数职，不能履行好现场安全监管工作。

⑤管理制度执行不到位。水泥公司没有严格督促胡某等作业人员执行公司的吊装、高处作业等安全生产规章制度和安全操作规程，导致作业人员违章冒险作业。事故发生时，落水的9名作业人员均未按规定系挂安全带，且站立在移动的吊笼升降平台上作业。

⑥安全生产教育培训不落实。水泥公司未将某人力资源公司派驻该公司的孟某、张某、何某、赵某、吴某、陈某6名派遣工纳入本单位从业人员统一管理，未对他们进行岗位安全操作规程

和安全操作技能的教育培训。

⑦安全生产管理机构不健全。水泥公司现有干部职工340余人，但公司未按照《中华人民共和国安全生产法》规定设置安全生产管理机构，配备专职安全生产管理人员，仅由生产技术处1人兼职公司日常安全生产管理工作，安全、技术、生产工作缺乏制约，未形成安全生产监督机制。

2）万州经济技术开发区经济发展局履行安全生产监管职责不到位。

①万州经济技术开发区经济发展局对水泥公司多年来未按照《中华人民共和国安全生产法》规定设置安全生产管理机构，配备专职安全生产管理人员等问题失察。

②万州经济技术开发区经济发展局在日常的监管中，督促企业对长期存在的重大事故隐患排查整改不力。

3. 挤伤事故

挤伤事故是指在起重作业中，作业人员被挤压在两个物体之间，造成的挤伤、压伤、击伤等人身伤亡事故。

（1）吊具或吊载与地面物体间的挤伤事故。在车间、仓库等室内场所，地面作业人员处于大型吊具或吊载与机器设备、土建墙壁、牛腿立柱等障碍物之间的狭窄地带，在进行吊装、指挥、操作或从事其他作业时，如果指挥失误或误操作，作业人员躲闪不及易被挤压在大型吊具（吊载）与各种障碍物之间，造成挤伤事故；或者由于吊装不合理，造成吊载剧烈摆动，冲撞作业人员。

（2）升降设备的挤伤事故。电梯、升降货梯、建筑升降机的

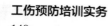
维修人员或操作人员，不遵守操作规程，被挤压在轿厢、吊笼与井壁、井架之间而受伤的事故时有发生。

（3）机体与建筑物间的挤伤事故。在高处从事桥式起重机维护检修的人员易被挤在起重机端梁与支承、承轨梁的立柱或墙壁之间，或在高处承轨梁侧通道通过时被运行的起重机击伤。

（4）机体回转挤伤事故。这类事故多发生在野外作业的轮胎起重机和履带起重机作业中。此类起重机回转时配重部分易将吊装、指挥和其他作业人员撞伤，或把上述人员挤压在起重机配重与建筑物之间而致伤。

（5）翻转作业中的挤伤事故。从事吊装、翻转、倒个作业时，吊装方法不合理、装卡不牢、吊具选择不当、重物倾斜下坠、吊装选位不佳、指挥及操作人员站位不好，导致吊载失稳、吊载摆动冲击，易造成翻转作业中的砸、撞、碰、挤、压等各种伤亡事故。

4. 触电事故

从事起重作业或其他作业的人员，因违章操作或其他原因易遭受电气伤害事故。

5. 机体毁坏事故

机体毁坏事故是指起重机因超载失稳等造成结构断裂、倾翻导致的结构严重损坏及人身伤亡事故。

三、造成起重伤害事故的主要原因

起重伤害事故的发生原因主要包括人的因素、设备因素和环境因素等几个方面。其中，人的因素主要是管理者或使用者心存侥幸、图省事和存在逆反心理从而产生非理智行为；物的因素主要是由于设备未按要求进行设计、制造、安装、维修和保养，特别是未按要求进行检验，带"病"运行，从而埋下事故隐患。

1. 重物失落事故

（1）脱绳事故。造成脱绳事故的主要原因：重物的捆绑方法与要领不当，造成重物滑脱；吊装重心选择不当，造成偏载起吊或吊装重心不稳导致重物脱落；吊载遭到碰撞、冲击而摇摆不定，造成重物失落事故等。

（2）脱钩事故。造成脱钩事故的主要原因：吊钩缺少护钩保护装置；护钩保护装置机能失效；吊装方法不当，吊钩钩口变形导致开口过大等。

（3）断绳事故。造成起升绳破断的主要原因：超载起吊拉断钢丝绳；起升限位开关失灵造成过卷，拉断钢丝绳；斜吊、斜拉造成乱绳，挤伤或切断钢丝绳；钢丝绳因长期使用又缺乏维护保养，造成疲劳变形、磨损损伤；达到或超过报废标准仍然使用等。

造成吊装绳破断的主要原因：吊钩上吊装绳夹角太大（＞120°），使吊装绳上的拉力超过极限值而拉断；吊装绳品种规格选择不当，或仍使用已达到报废标准的吊装绳吊装重物，造成吊装绳破断；吊装绳与重物接触处无垫片等保护措施，导致棱角割断吊装绳。

（4）吊钩断裂事故。造成吊钩断裂事故的主要原因：吊钩材质有缺陷；吊钩因长期磨损，断面减小；已达到报废标准却仍然使用或经常超载使用，造成疲劳断裂。

2. 坠落事故

（1）轿厢坠落摔伤事故。发生此情况的原因：一是检修吊笼设计结构不合理（如防护杆高度不够，材质选用不符合规定要

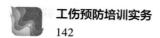
求，设计强度不够等）；二是检修作业人员操作不当；三是检修作业人员没有采取必要的安全防护措施（如未系安全带），致使检修吊笼作业人员随吊笼一起坠落。

（2）从机体上滑落摔伤事故。这类事故多发生于高处起重机上进行的维护、检修作业中。一些检修作业人员缺乏安全意识，作业时不系安全带，由于脚下滑动、被障碍物绊倒或起重机突然启动造成晃动，作业人员易失稳从高处坠落于地面而受伤。

（3）机体撞击坠落事故。这类事故多发生在检修作业中，因缺乏严格的现场安全监督制度，检修作业人员遭到其他作业的起重机端梁或悬臂撞击，可能从高处坠落受伤。

（4）跨越起重机时坠落。发生此种情况的原因：一是检修作业人员没有采取必要的安全防护措施（如未系安全带，未挂安全绳，未架安全网等）；二是作业人员麻痹大意，违章作业，致使发生高处坠落事故。

（5）在安装或拆卸可升降塔式起重机的塔身（节）作业中，塔身（节）连同作业人一起坠落。发生此种情况的原因：一是塔身（节）设计结构不合理（拆装、固定结构存在隐患）；二是拆装方法不当，作业人员与指挥人员配合有误，致使塔身（节）连同作业人员一起坠落。

3. 挤伤事故

（1）吊具或吊载与地面物体间的挤伤事故。发生此种情况的原因：一是驾驶员操作不当，运行中机构速度变化过快，吊物（具）因较大惯性而伤人；二是指挥有误，吊运路线不合理，致使吊物（具）在剧烈摆动中挤压碰撞人。

（2）吊物（具）摆放不稳发生倾倒碰砸人。发生此种情况的原因：一是吊物（具）放置方式不当，重大吊物（具）放置不稳或没有采取必要的安全防护措施；二是吊运作业现场管理不善，致使吊物（具）突然倾倒碰砸人。

（3）机体回转挤伤事故。发生此种情况的原因：一是指挥人员或作业人员站位不当（如站在回转臂架与机体之间）；二是检修作业中没有采取必要的安全防护措施，致使在驾驶员贸然启动起重机回转机构时人受到挤压碰撞。

（4）在巡检或维修桥式起重机作业中被挤压碰撞。作业人员在起重机械与建（构）筑物之间（如站在桥式起重机大车运行轨道上或站在巡检人行通道上），易受到运行中的起重机械的挤压碰撞。此种情况大多发生在桥式起重机检修作业中，发生的原因：一是巡检人员或维修作业人员与驾驶员缺乏相互联系；二是检修作业中没有采取必要的安全防护措施（如将起重机固定在大车运行区间的锚定装置），致使在驾驶员贸然启动起重机时人受到挤压碰撞。

4. 触电事故

室内起重机的动力电源是触电事故的根源，遭受触电电击伤害者多为操作人员和电气检修作业人员。从人的因素分析，产生触电事故的原因多为作业人员缺乏起重机基本安全操作知识、基本电气控制原理知识、电气安全检查要领，未采取必要的安全防护措施，如不穿绝缘鞋及不带试电笔进行电气检修等。从起重机自身的电气设施角度来看，发生触电事故的原因多为起重机电气系统及周围相应环境缺乏必要的触电安全保护。

露天作业的流动式起重机在高压输电线下或塔式起重机在高压输电线旁侧，在伸臂、变幅或回转过程中可能触及高压输电线，使起重机械带电，致使作业人员触电（电击）。发生此种情

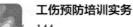

况的原因：一是起重机械在高压输电线下（旁侧）作业没有采取必要的安全防护措施（如加装屏护隔离）；二是指挥不当，操作有误，致使起重机械带电，导致作业人员触电（电击）。

5. 机体毁坏事故

（1）断臂事故。各种类型的悬臂起重机，由于悬臂设计不合理、制造装配有缺陷或者因长期使用而有疲劳损坏隐患，一旦超载起吊就易造成断臂或悬臂严重变形等毁机事故。

（2）倾翻事故。倾翻事故是自行式起重机的常见事故。自行式起重机倾翻事故大多由起重机作业前支承不当引发，如野外作业场地支承地基松软，起重机支腿未能全部伸出等。起重量限制器或起重力矩限制器等安全装置动作失灵、悬臂伸长与规定起重量不符、超载起吊等因素也会造成自行式起重机倾翻事故。

（3）机体摔伤事故。在室外作业的门式起重机、门座起重机、塔式起重机等，由于无防风夹轨器，无车轮止垫或无固定锚链等，或者上述安全设施机能失效，当遇到强风时，可能倾倒、移位，甚至从栈轿上翻落，造成严重的机体摔伤事故。

（4）相互撞毁事故。同一跨中的多台桥式起重机由于相互之间无缓冲碰撞保护设施，或缓冲碰撞保护设施毁坏失效，易因起重机相互碰撞致伤。在野外作业的多台悬臂起重机群中，在进行悬臂回转作业时可能相互撞击。

四、起重机械安全要点

1. 钢丝绳

（1）钢丝绳表面磨损量和腐蚀量应不超过原直径的40%（吊运炽热金属或危险品的钢丝绳，其断丝的报废标准取一般起重机的1/2）。

（2）钢丝绳应无扭结、死角、硬弯、塑性变形、麻芯脱出等严重变形，润滑状况良好。

（3）钢丝绳长度必须保证吊钩降到最低位置（含地坑）时余留在卷筒上的钢丝绳不少于3圈。

（4）钢丝绳末端固定压板应不少于2个。

2. 滑轮

（1）滑轮转动灵活、光洁平滑、无裂纹，轮缘部分无缺损、无损伤钢丝绳的缺陷。

（2）轮槽不均匀磨损量达3 mm，或壁厚磨损量达原壁厚的20%，或轮槽底部直径减小量达钢丝绳直径的50%时，滑轮应报废。

（3）滑轮护罩应安装牢固，无损坏或明显变形。

3. 吊钩

（1）表面应光洁，无破口、锐角等缺陷。吊钩上的缺陷不允许补焊。

（2）吊钩应转动灵活，定位螺栓、开口销等必须紧固完好。

（3）吊钩下部的危险断面和钩尾螺纹部分的退刀槽断面严禁有裂纹。

（4）危险断面的磨损量应不超过原尺寸的10%，板钩衬套磨损量应不超过原尺寸的50%，心轴磨损量应不超过原尺寸的5%。

4. 制动器

（1）动作灵活、可靠，调整应松紧适度，无裂纹，弹簧无塑性变形等。

（2）制动轮松开时，制动闸瓦与制动轮各处间隙应基本相等。制动带最大开度（单侧）应不大小 1 mm，升降机应不大于 0.7 mm。

（3）制动轮的制动摩擦面不得有妨碍制动性能的缺陷，不得沾染油污或涂油漆。

（4）轮面凹凸不平度应小于 1.5 mm，起升、变幅机构制动轮轮缘厚度磨损量应小于原厚度的 40%，其他机构制动轮轮缘磨损厚度小于原厚度的 50%。

（5）吊运炽热金属、易燃易爆危险品或发生溜钩后有可能导致重大危险或损失的起重机，其升降机构应装设两套制动器。

5. 限位限量及联锁装置

（1）起重机应装上升、下降极限位置限位器。过卷扬限位器应保证吊钩上升到极限位置时能自动切断电源。

（2）运行机构应装设行程限位器和防碰撞装置。

（3）升降机（或电梯）的吊笼（轿厢）越过上、下端站 30~100 mm 时，越程开关应切断控制电路；当越过端站层位置 130~250 mm 时，极限开关应切断主电源并不能自动复位。极限开关不许选用闸刀开关。

（4）变幅类型的起重机应安装最大、最小幅度限制装置。当达到最大或最小幅度时，吊臂根部应触及限位开关，切断电源。

（5）桥式起重机驾驶室门外、通向桥架的仓口以及起重机两侧的端梁门上应安装门舱联锁保护装置；升降机（或电梯）的层门必须装有机械电气联锁装置，轿门应安装电气联锁装置；载人电梯轿厢顶部安全舱门必须安装联锁保护装置，载人电梯轿门应安装动作灵敏的安全触板。

（6）露天作业的起重机械，各类限位、限量开关与联锁的电气部分应有防雨雪措施。

6. 停车保护装置

（1）各种开关接触良好、动作可靠、操作方便，在紧急情况下可迅速切断电源（地面操作的电动葫芦按钮盒也应安装急停开关）。

（2）起重机大、小车运行机构，轨道终端立柱四端的侧面，升降机的行程底部极限位置，均应安装缓冲器。

（3）各类缓冲器应安装牢固。

（4）轨道终端止挡器应能承受起重机在满负荷运行时的冲击。起重机应安装超载限制器及超速和失控保护装置。

（5）桥式起重机零位保护应完好。

7. 信号与照明

（1）除地面操作的电动葫芦外，其余各类起重机、升降机（含电梯）均应安装音响信号装置，载人电梯应设音响报警装置。

（2）起重机主滑线三相都应设指示灯，颜色为黄色、绿色、红色。当轨长大于 50 m 时，滑线两端应设指示灯，电源主闸刀下方应设驾驶室送电指示灯。

（3）起重机驾驶室照明应采用 24 V 和 36 V 安全电压。

（4）照明电源应为独立电源。

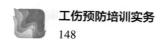
8. PE（保护导体）线与电气设备

（1）起重机供电宜采用 TN–S 或 TN–C–S[①] 系统，起重机轨道应与 PE 线紧密相连。

（2）起重机上各种电气设备设施的金属外壳应与整机金属结构有良好的连接，否则应增设连接线。

（3）起重机轨道应采用重复接地措施，轨长大于 150 m 时应在轨道对角线设置两处接地，但距工作地点不大于 50 m 内已有电网重复接地时可不要求。

（4）起重机两条轨道之间应用连接线牢固相连。同端轨道的连接处应用跨接线焊接（钢梁架上的轨道除外）。连接线、跨接线的截面要求：圆钢不小于 30 mm^2（ϕ6~8 mm），扁钢不小于 150 mm^2（3 mm × 50 mm 或 4 mm × 40 mm）。

（5）升降机的 PE 线应直接接到机房的总地线上，不许串联。

（6）电气设备与线路的安装符合规范要求，无老化，无破损，无电气裸点，无临时线。

9. 防护罩、护栏、护板

（1）起重机上外露的、有伤人可能的活动零部件，如联轴器、链轮与链条、传动带、皮带轮、凸出的销键等，均应安装防护罩。

（2）起重机上有可能造成人员坠落的外侧均应装设防护栏杆，护栏高度应不低于 1 050 mm，立柱间距应不大于 100 mm，横杆间距为 350 mm，底部围板高 70 mm（踢脚板）。

（3）桥式起重机大车滑线端梁下应设置滑线护板，防止吊索具触及（已采用安全封闭的安全滑触线的除外）。

---

① 即前端采取 TN–C 供电系统，后端采用 TN–S 供电系统的系统。

（4）起重机车轮前沿应装设扫轨板，距轨面不大于 10 mm。

（5）起重机走道板应采用厚度不小于 4 mm 的花纹钢板焊接，不应有曲翘、扭斜、严重腐蚀、脱焊现象。室内不应留有预留孔，若有小物体坠落可能，孔径应不大于 50 mm。

10. 防雨罩、锚定装置

露天起重机的夹轨钳或锚定装置应灵活可靠，电气控制部位应有防雨罩。走道板应留若干直径为 50 mm 的排水孔。

11. 安全标志、消防器材

（1）应在醒目位置悬挂标有额定起重量的吨位标示牌。流动式起重机的外伸支腿，起重臂端、回转的配重、吊钩滑轮的侧板等，应涂以安全标志色。

（2）驾驶室、电梯机房应配备小型干粉灭火器，在有效期内使用，放置位置安全可靠。

12. 吊索具

（1）吊索具应有若干个点位集中存放，并有专人管理和维护保养。存放点有选用规格与对应载荷的标签。

（2）捆扎钢丝绳的琵琶头的穿插长度应为绳径的 15 倍，而且应不小于 300 mm。

（3）夹具、卡具、扁担、链条应无裂纹，无塑性变形和超标磨损。

五、起重事故的预防

为预防起重伤害事故，必须做到以下几点：

（1）起重作业人员须经有资质的培训单位培训并考试合格，

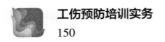

才能持证上岗。

（2）起重机械必须设有安全装置，如超载限制器、力矩限制器、极限位置限制器、过卷扬限制器、电气防护性接零装置、端部止挡、缓冲器、联锁装置、夹轨器和锚定装置、信号装置等。

（3）严格检验和修理起重机机件，如钢丝绳、链条、吊钩、吊环和滚筒等，报废的应立即更换。

（4）建立健全维护保养、定期检验、交接班制度和安全操作规程。

（5）起重机运行时，禁止任何人上、下，也不能在运行中检修。上、下起重机要走专用梯子。

（6）起重机悬臂能够伸到的区域内不得站人，带电磁吸盘的起重机工作范围内不得有人。

（7）吊运物品时，不得从有人的区域上空经过；吊物上不准站人；不能对吊挂着的物品进行加工。

（8）起吊的物品不能在空中长时间停留，特殊情况下应采取安全防护措施。

（9）起重机驾驶员接班时，应对制动器、吊钩、钢丝绳和安全装置进行检查。发现异常时，应在操作前将故障排除。

（10）开车前必须先打铃或报警。操作中接近人时，也应给予持续铃声或报警。

（11）按指挥信号操作。对紧急停车信号，不论任何人发出，都应立即执行。

（12）确认起重机上无人时，才能闭合主电源进行操作。

（13）工作中突然断电，应将所有控制器手柄扳回零位；重新工作前，应检查起重机是否工作正常。

（14）轨道上露天作业的起重机，在工作结束时，应将起重机锚定；当风力大于 6 级时，一般应停止工作，并将起重机锚定；对于在沿海工作的门座起重机等，当风力大于 7 级时，应停止工作，并将起重机锚定。

（15）当驾驶员维护保养时，应切断主电源，并挂上标志牌或加锁。如有未消除的故障，应通知接班的驾驶员。

六、起重机驾驶员"十不吊"

（1）指挥信号不明或乱指挥不吊。

（2）物体质量不清或超负荷不吊。

（3）斜拉物体不吊。

（4）重物上站人或有浮置物不吊。

（5）工作场地昏暗，无法看清场地、被吊物及指挥信号不吊。

（6）遇有拉力不清的埋置物时不吊。

（7）工件捆绑、吊挂不牢不吊。

（8）重物棱角处与吊绳之间未加衬垫不吊。

（9）结构或零部件有影响安全工作的缺陷或损伤时不吊。

（10）钢（铁）水装得过满不吊。

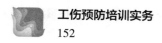

[案例] 某重工股份有限公司"11·25"起重伤害事故

某年 11 月 25 日 10 时 45 分许，某重工股份有限公司冶铸分公司铸钢厂相关方某环保公司，在为铸钢厂进行除尘罩搬迁及管道安装工程中发生一起起重伤害事故，造成 1 人死亡。

1. 事故简介

某年 11 月 10 日，某环保公司参加冶铸分公司铸钢厂组织的除尘罩搬迁及管道安装项目招标活动，并进行投标。中标后，某环保公司进入冶铸分公司铸钢厂作业。11 月 25 日早班，冶铸分公司铸钢厂设备科苏某给环保公司负责人张某安排了当天具体任务。随后张某将除尘管道安装工作安排给刘某和王某。上班后，刘某捆绑第一根管道，指挥吊装完毕。10 时 30 分左右，刘某捆绑第二根管道，指挥行车工李某起吊试平衡。管道中间起吊 1 m 左右后暂停，由于管道为 L 形，管道两端仍着地，此时刘某突然从管道下方穿行，而捆绑管道两端的吊绳因受力向管道内侧移动，吊绳间夹角变小，管道突然坠落，砸住刘某头部及上身。现场负责人张某指挥行车工吊起管道，同时与另外几人将刘某移出管道外，并拨打 120 急救电话。

事故发生后，现场相关方负责人张某立即报告分公司领导。随后相关领导陆续赶到现场组织救援。11 时 10 分左右，120 救护车赶到事故现场，将刘某送往医院进行抢救。11 时 40 分，刘某经医院抢救无效死亡。

2. 事故原因

（1）直接原因。刘某无起重工作业资格却从事起重吊装作业，在吊除尘罩管道时，违反《吊挂安全操作规程》，超过规程规定夹角进行起吊。且在起吊时刘某违反规定从管道下方穿行，因不合规定的捆绑致吊绳夹角变小，管道突然坠落，砸住刘某头部及上身，导致刘某经抢救无效死亡。

（2）间接原因如下：

1）某环保公司劳动组织不合理，人员使用不当，安排无起重工作业资格的刘某完成不属于安装工职责的起重吊装工作；对现场工作缺乏检查指导，未能及时发现作业人员违规操作现象，未认真履行安全管理职责，是导致事故发生的主要原因。

2）某重工股份有限公司冶铸分公司铸钢厂行车工李某，操作行车与刘某合作吊管道时，未对刘某的违规吊装行为及时纠正、制止，违反行车操作规程"十不吊"中"工件捆绑、吊挂不牢不吊"要求，是导致事故发生的又一主要原因。

3）冶铸分公司铸钢厂对外协单位资质审查不严，现场缺乏指导，隐患排查不到位，未发现起吊作业中的违规操作行为和事故隐患；现场管理存在管理漏洞，未认真履行安全管理职责，是导致事故发生的重要原因。

第六节　厂内运输事故预防

一、厂内运输常见事故类型

1. 车辆伤害

车辆伤害是指企业机动车辆在行驶中引起的人体坠落和物体倒塌、坠落、挤压、撞车或倾覆等造成的人身伤亡事故，不包括起重设备提升、牵引车辆和车辆停驶时发生的事故。

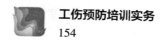
2. 物体打击

物体打击包括搬运、装卸和堆垛时物体的打击。

3. 高处坠落

高处坠落包括人员或人员连同物品从车上掉下来。

4. 火灾、爆炸

厂内运输火灾、爆炸是指由于人为的原因发生火灾并引起油箱等可燃物急剧燃烧爆炸，或车辆装载易燃易爆物品，因运输不当发生火灾、爆炸。

二、厂内发生运输事故的原因

厂内发生运输事故的原因是多方面的，主要涉及人（驾驶员、行人、装卸工）、车（机动车与非机动车）、道路环境这 3 个综合因素。在这三者中，人是最重要的。据有关资料分析，一般情况下，驾驶员违章操作、疏忽大意、操作技术等方面的错误行为是造成事故的主要原因，负直接责任的占 70% 以上。厂内发生运输事故的主要原因包括以下 5 个方面。

1. 违章驾车

违章驾车是指事故的当事人，由于思想方面的原因导致出现错误操作行为，不按有关规定行驶，扰乱企业内正常的搬运秩序，致使事故发生，如酒后驾车、疲劳驾车、非驾驶员驾车、超速行驶、争道抢行、违章超车、违章装载等原因造成的车辆伤害事故。

2. 疏忽大意

疏忽大意是指当事人由于心理或生理方面的原因，没有及时、正确地观察和判断道路情况而造成失误。例如，情绪急躁、精神涣散、心情烦躁、身体不适等，都可能造成注意力下降、反应迟钝，表现出瞭望观察不周、遇到情况采取措施不及时或不当；也有的只凭主观想象判断情况，或过高地估计自己的经验技术，过分自信，引起操作失误导致事故。

3. 车况不良

车况不良是指车辆有缺陷和故障，从而在运行过程中导致伤亡事故发生。例如，车辆的刹车装置失灵，关键时候刹不住车；车辆的转向装置有故障，转向时冲到路外或无法转弯；车辆无灯光信号或指示错误，向右转却不指示或指示为向左转等。

4. 道路环境不良

（1）道路条件差，如厂区道路和厂房内、库房内通道狭窄、弯曲，车辆通行困难。

（2）视线不良，如由于厂区内建筑物较多，特别是车间、仓库之间的通道狭窄且交叉和弯道较多，致使驾驶员在驾车行驶中的视距、视野大大受限。

（3）风、雪、雨、雾等自然环境的变化，使驾驶员视线、视距、视野以及听觉受到影响，往往造成判断情况不及时；再加上在雨水、积雪、冰冻等自然条件下，路面太滑，也是造成事故的因素。

5. 管理不良

（1）管理规章制度或操作规程不健全。

（2）车辆安全行驶制度不落实。

（3）无证驾车。

（4）交通信号、标志、设施缺陷等。

三、场（厂）内专用机动车辆使用安全管理

1. 使用许可厂家的合格产品

国家对场（厂）内专用机动车辆的设计制造有严格的要求，实行生产许可制度。场（厂）内专用机动车辆的设计、制造单位，必须取得生产许可证或者安全认可证，才能生产相应种类的场（厂）内专用机动车辆。场（厂）内专用机动车辆出厂时应附有出厂合格证、使用维护说明书、备品备件和专用工具清单，合格证上除标有主要参数外，还应标明车辆主要部件（如发动机、底盘）的型号和编号。

试制场（厂）内专用机动车辆新产品或者部件，必须由有资质的型式试验机构进行整机或者部件的型式试验，合格后方可向用户提供。

场（厂）内专用机动车辆的维修保养、改造单位实行安全认可证制度，必须取得相应资格证书后，方可承担其认可项目的维修保养、改造业务。

2. 登记建档

新增、大修、改造的场（厂）内专用机动车辆在正式使用前，必须进行验收检验，合格后到当地特种设备安全监察机构登记，经审查批准登记建档、取得场（厂）内专用机动车辆牌照方可使用。

3. 安全管理制度

安全管理制度包括驾驶员守则，场（厂）内专用机动车辆安全操作规程，场（厂）内专用机动车辆维护、保养、检查和检验制度，场（厂）内专用机动车辆安全技术档案管理制度，场（厂）内专用机动车辆作业和维修人员安全培训、考核制度。

4. 技术档案

场（厂）内专用机动车辆安全技术档案的内容包括车辆出厂技术文件，安装、修理记录和验收资料，使用、维护、保养、检查和试验记录，安全技术监督检验报告，车辆及人身事故记录，车辆的问题分析及评价记录。

5. 作业人员管理

作业人员不仅应具备基本文化和身体条件，还必须了解有关法规和标准，学习作业安全技术理论和知识，掌握实际操作和安全救护的技能。驾驶员必须经过专门考核并取得特种设备作业人员操作证方可独立操作。

6. 定期检验制度

在用场（厂）内专用机动车辆安全定期检验周期为 1 年。场（厂）内专用机动车辆使用单位应按期向所在地取得资格的检验机构申请在用场（厂）内专用机动车辆的安全技术检验。

7. 场（厂）内专用机动车辆的年度检查、每月检查和每日检查

（1）年度检查。每年对所有在用的场（厂）内专用机动车辆至少进行 1 次全面检查。停用 1 年以上、发生重大车辆事故等的场（厂）内专用机动车辆，使用前都应做全面检查。

（2）每月检查。检查项目包括安全装置、制动器、离合器等有无异常，可靠性和精度是否符合要求；重要零部件（如吊具、货叉、制动器、铲、斗及辅具等）状态是否良好，有无损伤，是否应报废等；电气、液压系统及其部件的泄漏情况及工作性能；动力系统和控制器是否正常。停用一个月以上的场（厂）内专用机动车辆，使用前也应做上述检查。

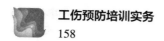
（3）每日检查。应在每天作业前进行检查，应检查各类安全装置、制动器、操纵控制装置、紧急报警装置的安全状况，发现有异常情况时，必须及时处理，严禁带"病"作业。

四、场（厂）内专用机动车辆使用安全技术

1. 作业前的准备

（1）正确佩戴劳动防护用品，包括安全帽、工作服、工作鞋和手套，高处作业还必须系安全带和携带工具包。

（2）检查清理作业场地，确定搬运路线，清除障碍物，室外作业要了解天气情况。

（3）对使用的场（厂）内专用机动车辆和辅助工具、辅件进行安全检查；不使用报废元件，不留事故隐患；熟悉物品的种类、数量、包装状况以及周围环境。

（4）场（厂）内专用机动车辆必须按照出厂使用说明书规定的技术性能、承载能力和使用条件，正确操作，合理使用，严禁超载作业或任意扩大使用范围。

（5）场（厂）内专用机动车辆上的各种安全防护装置及监测、指示、仪表、报警等自动报警、信号装置应完好齐全，有缺损时应及时修复。安全防护装置不完整或已失效的场（厂）内专用机动车辆不得使用。

（6）预测可能出现的事故，采取有效的预防措施。选择安全通道，制定应急对策。

（7）启动前应进行重点检查。灯光、喇叭、指示仪表等应齐全完整，燃油、润滑油、冷却水等应添加充足，各连接件不得松动，轮胎气压应符合要求，确认无误后方可启动。

（8）起步前，车旁及车下应无障碍物及人员。

2. 场（厂）内专用机动车辆在运输过程中应遵守的安全规定

（1）驾驶员必须有经公安部门考核合格后发给的驾驶证。

（2）厂区内行车速度不得超过 15 km/h，天气恶劣时不得超过 10 km/h，倒车及出入厂区、厂房时不得超过 5 km/h，不得在平行铁路装卸线钢轨外侧 2 m 以内行驶。

（3）根据本车负荷吨位装载，装载货物时不得超载，而且货物的高度、宽度和长度应符合相关规定。装载货物的高度不允许超过 3.5 m（从地面算起）。装载零散货物的高度，不要超过两侧厢板，必要时可将两侧厢板加高，以防货物掉下砸伤人员。对于较大和易滚动的货物，应用绳索拴牢。装载的大件、重件应放在车体中央，小件、轻件应放在两侧，以免行车转弯或急刹车时造成事故。对于超出车厢的货物，应备有托架。

（4）装载超过规定的不可拆解货物时，必须经过企业相关管理部门的批准，派专人押运，按指定的线路、时间和要求行驶。

（5）装运炽热货物及易燃、易爆、剧毒等危险货物时，应遵守相关的规定。

（6）汽车装卸货物时，汽车与堆放货物之间的距离一般不得小于 2 m，与滚动货物的距离则不得小于 3 m，以确保当货物坠落、滚动时人员有足够的距离退出。装卸货物的同时，驾驶室内不得有人，不准将货物经过驾驶室的上方装卸。

（7）多辆车同时进行装卸时，前后车的间距应不小于 2 m，横向两车栏板的间距不得小于 1.5 m，车身后栏板与建筑物的间距不得小于 0.5 m。

（8）倒车时，驾驶员应先查明情况，确认安全后，方可倒车。必要时，应有人在车后进行指挥。

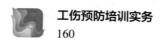

（9）随车人员应坐在安全可靠的指定部位。严禁坐在车厢侧板上或驾驶室顶上，也不得站在踏板上，手脚不得伸出车厢外。严禁扒车和跳车。

3. 叉车安全操作技术

（1）叉装货物时，被装货物质量应在该机允许载荷范围内。当货物质量不明时，应将该货物叉起离地 100 mm 后检查机械的稳定性，确认无超载现象后方可运送。

（2）叉装时，货物应靠近起落架，其重心应在起落架中间，确认无误后方可提升。

（3）货物提升离地后，应将起落架后仰，方可行驶。

（4）两辆叉车同时装卸一辆货车时，应有专人指挥联系，保障安全作业。

（5）不得单叉作业和使用货叉顶货或拉货。

（6）叉车在叉取易碎品、贵重品或装载不稳的货物时，应采用安全绳加固，必要时，应有专人引导，方可行驶。

（7）以内燃机为动力的叉车，进入仓库作业时，应有良好的通风设施。严禁在易燃、易爆的仓库内作业。

（8）严禁货叉上载人。驾驶室除规定的操作人员外，严禁其他任何人进入或在室外搭乘。

第三章
职业病危害防治

第一节　职业病基础知识

随着经济的快速发展，职业病危害已经成为影响劳动者生命健康的突出问题之一。当前，我国职业病危害接触人数、患病人数和新发病人数均居世界前列。职业病危害因素分布广，一些中小企业劳动保护条件差，劳动者流动性大，自我保护意识不强，职业病危害严重。

一、职业病及其特点

1. 职业病的概念

当职业性有害因素作用于人体的强度与时间超过一定限度时，人体不能代偿其所造成的功能性或器质性病变，从而出现相

应的临床症状，影响劳动能力，产生职业性相关疾病。《中华人民共和国职业病防治法》对职业病的概念作出了明确的定义，职业病是指企业、事业单位和个体经济组织等用人单位的劳动者在职业活动中，因接触粉尘、放射性物质和其他有毒有害因素而引起的疾病。这就明确了职业病的病因指的是可能导致从事职业活动的劳动者患职业病的各种职业病危害因素。

职业病是一种人为的疾病。职业病患病率的高低，直接反映疾病预防控制工作的水平。世界卫生组织对职业病的定义，除医学的含义外，还赋予立法意义，即由国家所规定的"法定职业病"。

法定职业病必须具备4个条件：①患者主体仅限于企业、事业单位和个体经济组织等用人单位的劳动者；②必须在从事职业活动的过程中产生；③必须因接触粉尘、放射性物质和其他有毒有害物质等职业病危害因素引起；④必须列入国家规定的职业病范围。

2. 职业病的特点

国内外职业病防治医学专家对职业病存在的特点已达成以下共识：

（1）职业病的病因是明确的，即由于劳动者在职业活动过程中长期受到来自化学的、物理的、生物的职业病危害因素的侵害，或长期受不良的作业方法、恶劣的作业条件影响。这些因素及影响对职业病的起因，直接或间接地、个别或共同地发生作用。例如，职业性苯中毒是劳动者在职业活动中接触苯引起的，尘肺（肺尘埃沉着病）是劳动者在职业活动中吸入相应的粉尘引起的。

（2）职业病的发生与劳动条件密切相关。职业病的发生与生产环境中有害因素的数量或强度、作用时间、劳动强度及个人防护等因素密切相关。例如，急性职业中毒多由短期内大量吸入毒物引起，慢性职业中毒则多由长期吸入较小量的毒物引起。

（3）所接触的病因大多是可以检测的，而且其浓度或强度需要达到一定的程度，才能致病。一般来说，接触职业病危害因素的浓度或强度与病因有直接关系。

（4）职业病不同于突发性事故或疾病，其病症要经过一个较长的逐渐形成期或潜伏期后才能显现，属于缓发性疾病。

（5）职业病具有群体性发病特征，在接触同样有害因素的人群中，多是同时或先后出现一批相同的职业病患者，很少出现仅有个别人发病的情况。

（6）由于职业病多表现为体内生理器官或生理功能的损伤，因而只见"病症"，不见"伤口"。

（7）大多数职业病如能早期诊断，及时治疗，妥善处理，预后较好。但有的职业病如矽肺、煤工尘肺属于不可逆性损伤，很少有痊愈的可能，迄今所有治疗方法均无明显效果，只能对症处理，减缓进程，故发现越晚，疗效越差。

（8）除职业性传染病外，治疗个体无助于控制人群发病，必须有效"治疗"有害的工作环境。从病因上来说，职业病是完全可以预防的。发现病因，改善劳动条件，控制职业病危害因素，即可减少职业病的发生，故必须强调"预防为主"。

（9）在同一生产环境从事同一工种的人群中，人体发生职业性损伤的概率和程度也有差别。

（10）职业病的范围日趋扩大。随着科学技术的进步和国家经济实力的提高，越来越多的职业病将被发现，所以《职业病分类和目录》将被逐步调整。

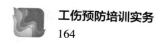

二、职业病分类

随着经济的发展和科技的进步，各种新材料、新工艺、新技术不断出现，职业病危害因素的种类越来越多，从而导致职业病的范围越来越广。因此，国家对法定职业病的范围不断进行调整。1957 年，卫生部制定的《职业病范围和职业病患者处理办法的规定》规定了 14 种法定职业病。1987 年，卫生部等 4 个部门修订发布《职业病范围和职业病患者处理办法的规定》，将职业病修订为 9 类 99 种。2002 年，为配合《中华人民共和国职业病防治法》的实施，卫生部联合劳动保障部发布了《职业病目录》，将职业病增加到 10 类 115 种。2013 年，国家卫生计生委等 4 部门印发《职业病分类和目录》，将职业病由原来的 115 种调整为 132 种（含 4 项开放性条款）。其中新增 18 种，对 2 项开放性条款进行了整合。另外，对 16 种职业病的名称进行了调整。

《职业病分类和目录》仍然将职业病分为 10 类，其中对 3 类的分类名称做了调整。一是将原"尘肺"与"其他职业病"中的呼吸系统疾病合并为"职业性尘肺病及其他呼吸系统疾病"；二是将原"职业中毒"修改为"职业性化学中毒"；三是将"生物因素所致职业病"修改为"职业性传染病"。此外，还对职业性皮肤病、耳鼻喉口腔疾病、职业性传染病等做了相应调整。

《职业病分类和目录》较 2002 年的《职业病目录》更倾向生产一线作业人员，如煤炭、冶金、有色金属、化工、林业、建材、机械加工行业作业人员，还涉及低温作业人员、医疗卫生人员和人民警察等。

1. 职业性尘肺病及其他呼吸系统疾病（19 种）

（1）尘肺病（13 种）。尘肺病包括矽肺、煤工尘肺、石墨尘肺、碳黑尘肺、石棉肺、滑石尘肺、水泥尘肺、云母尘肺、陶工尘肺、铝尘肺、电焊工尘肺、铸工尘肺以及根据《尘肺病诊断标准》①和《尘肺病理诊断标准》②可以诊断的其他尘肺病。

（2）其他呼吸系统疾病（6种）。其他呼吸系统疾病包括过敏性肺炎、棉尘病、哮喘、金属及其化合物粉尘肺沉着病（锡、铁、锑、钡及其化合物等）、刺激性化学物所致慢性阻塞性肺疾病和硬金属肺病。

2. 职业性皮肤病（9种）

职业性皮肤病包括接触性皮炎、光接触性皮炎、电光性皮炎、黑变病、痤疮、溃疡、化学性皮肤灼伤、白斑以及根据《职业性皮肤病的诊断总则》③可以诊断的其他职业性皮肤病。

3. 职业性眼病（3种）

职业性眼病包括化学性眼部灼伤、电光性眼炎、白内障（含放射性白内障、三硝基甲苯白内障）。

4. 职业性耳鼻喉口腔疾病（4种）

职业性耳鼻喉口腔疾病包括噪声聋、铬鼻病、牙酸蚀病和爆震聋。

5. 职业性化学中毒（60种）

职业性化学中毒包括铅及其化合物中毒（不包括四乙基铅），汞及其化合物中毒，锰及其化合物中毒，镉及其化合物中毒，铍病，铊及其化合物中毒，钡及其化合物中毒，钒及其化合物中毒，磷及其化合物中毒，砷及其化合物中毒，铀及其化合物中毒，砷化氢中毒，氯气中毒，二氧化硫中毒，光气中毒，氨中

---

① 该标准于2016年6月被《职业性尘肺病的诊断》（GBZ 70—2015/XG 1—2016）替代。

② 该标准于2015年3月被《职业性尘肺病的病理诊断》（GBZ 25—2014）替代。

③ 该标准于2013年8月被《职业性皮肤病的诊断　总则》（GBZ 18—2013）替代。

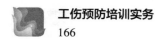
毒，偏二甲基肼中毒，氮氧化合物中毒，一氧化碳中毒，二硫化碳中毒，硫化氢中毒，磷化氢、磷化锌、磷化铝中毒，氟及其无机化合物中毒，氰及腈类化合物中毒，四乙基铅中毒，有机锡中毒，羰基镍中毒，苯中毒，甲苯中毒，二甲苯中毒，正己烷中毒，汽油中毒，一甲胺中毒，有机氟聚合物单体及其热裂解物中毒，二氯乙烷中毒，四氯化碳中毒，氯乙烯中毒，三氯乙烯中毒，氯丙烯中毒，氯丁二烯中毒，苯的氨基及硝基化合物（不包括三硝基甲苯）中毒，三硝基甲苯中毒，甲醇中毒，酚中毒，五氯酚（钠）中毒，甲醛中毒，硫酸二甲酯中毒，丙烯酰胺中毒，二甲基甲酰胺中毒，有机磷中毒，氨基甲酸酯类中毒，杀虫脒中毒，溴甲烷中毒，拟除虫菊酯类中毒，铟及其化合物中毒，溴丙烷中毒，碘甲烷中毒，氯乙酸中毒，环氧乙烷中毒，以及上述条目未提及的与职业性有害因素接触之间存在直接因果联系的其他化学中毒。

6. 物理因素所致职业病（7 种）

物理因素所致职业病包括中暑、减压病、高原病、航空病、手臂振动病、激光所致眼（角膜、晶状体、视网膜）损伤和冻伤。

7. 职业性放射性疾病（11 种）

职业性放射性疾病包括外照射急性放射病、外照射亚急性放射病、外照射慢性放射病、内照射放射病、放射性皮肤疾病、放射性肿瘤（含矿工高氡暴露所致肺癌）、放射性骨损伤、放射性甲状腺疾病、放射性性腺疾病、放射复合伤以及根据《职业性放射性疾病诊断标准（总则）》[①] 可以诊断的其他放射性损伤。

8. 职业性传染病（5 种）

职业性传染病包括炭疽、森林脑炎、布鲁氏菌病、艾滋病

---

① 该标准于 2017 年 11 月被《职业性放射性疾病诊断总则》（GBZ 112—2017）替代。

（限于医疗卫生人员及人民警察）和莱姆病。

9. 职业性肿瘤（11 种）

职业性肿瘤包括石棉所致肺癌、间皮瘤，联苯胺所致膀胱癌，苯所致白血病，氯甲醚、双氯甲醚所致肺癌，砷及其化合物所致肺癌、皮肤癌，氯乙烯所致肝血管肉瘤，焦炉逸散物所致肺癌，六价铬化合物所致肺癌，毛沸石所致肺癌、胸膜间皮瘤，煤焦油、煤焦油沥青、石油沥青所致皮肤癌和 β－萘胺所致膀胱癌。

10. 其他职业病（3 种）

其他职业病包括金属烟热，滑囊炎（限于井下工人），股静脉血栓综合征、股动脉闭塞症或淋巴管闭塞症（限于刮研作业人员）。

三、职业病危害因素的来源及分类

1. 职业病危害因素的来源

（1）生产工艺过程。职业病危害因素随着生产技术、机器设备、使用材料和工艺流程变化而变化，如与生产过程有关的原材料、工业毒物、粉尘、噪声、振动、高温、辐射及传染性因素等有关。

（2）劳动过程。职业病危害因素与生产工艺的劳动组织情况、生产设备布局、生产制度与作业人员体位和方式以及智能化程度有关。

（3）作业环境。职业病危害因素与作业场所的环境有关。例如，室外不良气象条件以及室内厂房狭小、车间位置不合理、照明不良与通风不畅等因素都会对作业人员产生影响。

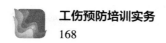
2. 职业病危害因素分类

（1）职业病危害因素按性质可分为以下 3 类。

1）环境因素，具体涉及以下几种：

①物理因素。物理因素包括不良的气象条件（如高温、低温、高低气压）、噪声、振动、非电离辐射（如可见光、紫外线、红外线、射频辐射、激光等）与电离辐射（如 X 射线、γ 射线）等。

②化学因素。生产过程中使用和接触的原料、中间产品、成品及这些物质在生产过程中产生的废气、废水和废渣等都会对人体产生危害，也称生产性毒物。生产性毒物以粉尘、烟尘、雾气、蒸气等固态、液态或气态的形态遍布于生产作业场所的不同地点和空间，可对人体产生刺激或使人产生过敏反应，还可能引起中毒。

③生物因素。生产过程中使用的原料、辅料及在作业环境中都可能存在某些致病微生物和寄生虫，如炭疽杆菌、布鲁氏菌、森林脑炎病毒等。

2）与职业有关的其他因素。劳动组织和作息制度不合理导致的工作紧张；个人生活习惯不良，如过度饮酒、缺乏锻炼；劳动负荷过重，长时间单调作业、夜班作业，动作和体位不合理等都会对人体产生不良影响。

3）其他管理因素。社会经济因素，如国家的经济发展速度、国民的文化教育程度、生态环境、管理水平等因素都会对用人单位安全、卫生的投入和管理带来影响。职业卫生法制的健全、职业卫生服务和管理系统化，对于控制职业病的发生和减少作业人员的职业伤害也是十分重要的因素。

（2）《职业病危害因素分类目录》将职业病危害因素分为 6 类。

2015 年，国家卫生计生委、人力资源社会保障部、国家安全监管总局和全国总工会联合发布的《职业病危害因素分类目录》（国卫疾控发〔2015〕92 号）将职业病危害因素分为六大类，包括粉尘类（矽尘等共 52 种）、化学因素类（铅及其化合物等共375 种）、物理因素类（噪声等共 15 种）、放射性因素类（密封放射源产生的电离辐射等共 8 种）、生物因素类（艾滋病病毒等共6 种）、其他因素类（金属烟、井下不良作业条件、刮研作业共 3种）。

1）粉尘。生产性粉尘是指在生产过程中形成并能长时间飘浮在空气中的固体颗粒。它是污染工作环境、损害劳动者健康的重要职业病危害因素。劳动者长期在粉尘环境中工作，吸入肺内的粉尘可引起多种肺部疾病，其中危害最大的是尘肺病。

生产性粉尘分类方法很多，按导致法定职业病的病因可分为矽尘、煤尘、石墨粉尘、炭黑粉尘、石棉粉尘、陶土粉尘、滑石粉尘、水泥粉尘、云母粉尘、铝尘、电焊烟尘、铸造粉尘、其他粉尘。

2）化学因素。化学因素可分为金属及其化合物，类金属及其化合物，刺激性气体，窒息性气体，酸、碱，有机溶剂，苯的氨基、硝基化合物，酚、醇、酸类化合物，多环芳烃类化合物，油类、合成树脂，农药及药物，其他化学物质。

3）物理因素。物理因素分为生产性噪声，振动，高温、高湿、低温等异常气象条件，高气压、低气压等异常气压，高频、超高频、微波、紫外辐射、激光等非电离辐射，X 射线、α 射线、β 射线、γ 射线、中子等电离辐射。

4）放射性因素。放射性因素分为密封放射源产生的电离辐射，非密封放射性物质，X 射线装置（含 CT[①] 机）产生的电离辐射，加速器产生的电离辐射，中子发生器产生的电离辐射，氡及其短寿命子体，铀及其化合物，以及其他放射性因素。

5）生物因素。生物因素是指劳动者在生产过程中容易导致接触感染的生物病菌类因素。生物因素包括生产原料和生产环境中存在的对劳动者健康有害的致病微生物、寄生虫及动物、昆虫等及其所产生的生物活性物质，如附着于动物皮毛上的炭疽杆菌、布鲁氏菌、森林脑炎病毒、支原体、衣原体、钩端螺旋体、草尘上的真菌或真菌孢子之类的致病微生物及其毒性产物等；某些动物、植物产生的刺激性、毒性或变态反应性生物活性物质，如鳞片、粉末、毛发、粪便、毒性分泌物、酶或蛋白质和花粉等；禽畜血吸虫尾蚴、钩蚴、蚕丝、蚕蛹、蚕茧、桑毛虫、松毛虫等。例如，牲畜检疫、毛皮及其制品加工及饲养员、兽医等接触牲畜的工种有可能直接接触被炭疽杆菌、布鲁氏菌感染的动物而发生职业性炭疽、布鲁氏菌病，护林、松脂采割、松明采集、野生果品采摘、原木采伐、原木运输等出入森林作业人员有可能发生森林脑炎。

6）其他因素。其他因素主要指金属烟、井下不良作业条件、刮研作业。

四、职业卫生工作方针与原则

职业病危害因素预防控制工作的目的是预防、控制和消除职业病危害，防治职业病，保护劳动者健康及相关权益，促进经济发展；利用职业卫生与职业医学和相关学科的基础理论，对工作场所进行职业卫生调查，判断职业病危害对劳动者健康的影响，

---

① CT 指电子计算机断层扫描。

评价工作环境是否符合相关法规、标准的要求。

职业病危害防治工作，必须发挥政府、用人单位、工伤保险、职业卫生技术服务机构、职业病防治机构等各个方面的力量，由全社会加以监督，贯彻"预防为主，防治结合"的方针，遵循职业卫生"三级预防"的原则，实行分类管理，综合治理，不断提高职业病防治管理水平。

1. 第一级预防

第一级预防又称病因预防，是从根本上杜绝职业病危害因素对人的作用，即改进生产工艺和生产设备，合理利用防护设施及劳动防护用品，以减少劳动者接触的机会和程度。将国家制定的工业企业设计卫生标准、工作场所有害物质职业接触限值等作为共同遵守的接触限值或"防护"准则，可在职业病预防中发挥重要的作用。

根据《中华人民共和国职业病防治法》对职业病前期预防的要求，产生职业病危害的用人单位的设立，除应当符合法律、行政法规规定的设立条件外，其工作场所还应当符合以下要求：

（1）职业病危害因素的强度或者浓度符合国家职业卫生标准。

（2）有与职业病危害防护相适应的设施。

（3）生产布局合理，符合有害与无害作业分开的原则。

（4）有配套的更衣间、洗浴间、孕妇休息间等卫生设施。

（5）设备、工具、用具及设施符合保护劳动者生理、心理健康的要求。

（6）法律、行政法规和国务院卫生健康行政部门关于保护劳

动者健康的其他要求。

国家实行由应急管理部门主持的职业病危害项目申报制度，即新建、扩建、改建建设项目和技术改造、技术引进项目可能产生职业病危害的，建设单位在可行性论证阶段应当提交职业病危害预评价报告。建设项目在竣工验收前，建设单位应当进行职业病危害控制效果评价。建设项目竣工验收时，其职业病防护设施经卫生健康行政部门验收合格后，方可投入正式生产和使用。建设项目的职业病危害防护设施所需费用，应当纳入建设项目工程预算，并与主体工程同时设计、同时施工、同时投入生产和使用。这些措施均属于第一级预防措施。

2. 第二级预防

第二级预防又称发病预防，是早期检测和发现人体受到职业病危害因素所致的疾病。其主要手段是定期进行环境中职业病危害因素的监测和对接触者的定期体格检查。第二级预防具体包括评价工作场所职业病危害程度，控制职业病危害，加强防毒防尘，防止物理因素等有害因素的危害，使工作场所职业病危害因素的浓度（强度）符合国家职业卫生标准；对劳动者进行职业健康监护，开展职业健康检查，早期发现职业性疾病损害，早期鉴别和诊断。

对劳动者进行职业健康监护应注意以下要点：

（1）应按职业病危害因素类别分别建立劳动者花名册。

（2）职业健康检查应由省级卫生健康行政部门批准从事职业健康检查的医疗卫生机构实施。

（3）用人单位应组织接触职业病危害因素的劳动者进行上岗前职业健康检查。

（4）用人单位不得安排未经上岗前职业健康检查的劳动者从事接触职业病危害因素的作业。

（5）用人单位不得安排有职业禁忌的劳动者从事其所禁忌的作业。

（6）不得安排未成年工从事接触职业病危害因素的作业。

（7）不得安排孕期、哺乳期的女职工从事对本人和胎儿、婴儿有危害的作业。

（8）应组织接触职业病危害因素的劳动者进行离岗职业健康检查。

（9）对未进行离岗时职业健康检查的用人单位，不得解除或终止与其订立的劳动合同。

（10）当发生分立、合并、解散、破产等情形时，应对从事接触职业病危害作业的劳动者进行健康检查，并按照国家有关规定妥善安置职业病病人。

（11）职业健康检查的项目和周期按照《职业健康监护技术规范》（GBZ 188—2014）相关规定执行，从事放射性作业的劳动者职业健康检查按照《放射工作人员健康要求及监护规范》（GBZ 98—2020）等规定执行。

（12）进行职业健康检查应填写职业健康检查表。

（13）从事放射性作业劳动者的职业健康检查应填写放射工作人员职业健康检查表。

（14）发现职业禁忌或者有与所从事职业相关的健康损害的劳动者，应及时调离原工作岗位，并妥善安置。

（15）禁忌证范围原则上按照下列的病症清单掌握，职业禁忌证诊断由从事职业健康检查的医疗卫生机构决定。主要职业病危害作业的禁忌证有以下 8 种。

1）粉尘职业禁忌证（12 种尘肺范围）：活动性肺结核、慢性阻塞性肺部疾病、严重的慢性上呼吸道或支气管疾病、显著影响肺功能的胸膜（胸廓）疾病、严重的心血管系统疾病。

2）苯职业禁忌证：上岗前职业健康检查时血象指数低于或接近正常值下限者、各种血液病、严重的全身皮肤病、月经过多或功能性子宫出血。

3）铅职业禁忌证：明显贫血，神经系统器质性疾病，明显的肝、肾疾病，妊娠和哺乳期妇女。

4）锰职业禁忌证：神经系统器质性疾病、明显的神经症、各种精神病、明显的内分泌疾病。

5）铬酸（酐、盐）职业禁忌证：严重的慢性鼻炎、鼻窦炎、萎缩性鼻炎和明显的鼻中隔偏曲，严重的湿症和皮炎。

6）氟职业禁忌证：地方性氟中毒，骨关节疾病（如类风湿性关节炎、强直性脊柱炎、骨关节病、骨关节畸形等），明显的心血管、肝、肾疾病，明显的呼吸系统疾病。

7）高温作业职业禁忌证：高血压、心脏病、心率增快（有心动过速史，并有 3 次以上心率 ≥ 120 次 /min 的病史）、糖尿病、甲状腺功能亢进、严重的大面积皮肤病。

8）噪声职业禁忌证：耳部疾病、高血压、心脏病、严重的神经衰弱、神经精神疾病、内分泌疾病。

（16）应按规定建立职业病危害作业人员职业健康档案并妥善保管。

（17）应定期对职业病危害作业人员职业健康档案进行分析，

分析内容应包含职业病危害作业人员的分布情况、重点岗位、职业病发展趋势等。

（18）对于用人单位的总平面布置，在满足主体工程需要的前提下，应将污染危害严重的设施远离非污染设施。

（19）应将产生高噪声的车间与低噪声车间分开。

（20）应将热加工车间与冷加工车间分开。

（21）应将产生粉尘的车间与产生毒物的车间分开。

（22）应在产生职业病危害的车间与其他车间及生活区之间设置一定的卫生防护绿化带。

（23）放散不同有毒物质的生产过程布置在同一建筑物内时，毒性大与毒性小的应隔开。

（24）粉尘、毒物的发生源应布置在工作地点自然通风的下风侧。

（25）产生粉尘、毒物或酸、碱等强腐蚀性物质的工作场所，地面应平整防滑，易于清扫，并且有冲洗地面、墙壁的设施。

（26）产生剧毒物质的工作场所，其墙壁、顶棚和地面等内部结构和表面，应采用不吸收、不吸附毒物的材料，必要时加设保护层，以便清洗。

（27）应根据车间的卫生特征设置浴室、存衣室、盥洗室。

（28）职业病危害作业人员应配备和使用必要的、符合要求的劳动防护用品。

（29）用人单位应告知劳动者工作过程中可能产生的职业病危害及其危害后果，并在作业场所设置职业病危害警示标识。

（30）应及时、如实申报存在的职业病危害。

3. 第三级预防

第三级预防是在劳动者患职业病以后，合理进行康复处理。第三级预防包括对职业病病人的保障和对疑似职业病病人进行诊断，保障职业病病人享受职业病待遇，安排职业病病人进行治疗、康复和定期检查，对不适宜继续从事原工作的职业病病人，应当调离原岗位并妥善安置。

第一级预防是理想的方法，针对整体的或选择的人群，对人群健康和福利状态均能起根本的作用，一般所需投入比第二级预防和第三级预防少，且效果更好。

五、我国职业病危害形势

1. 接触职业病危害人数众多，职业病病人总量巨大

2020 年，国家卫生健康委组织开展了全国职业病危害现状统计调查。被调查企业中，存在一种及以上职业病危害因素的企业占总数的 93.46%。被调查企业的劳动者中，接触职业病危害因素的劳动者占总人数的 39.36%。据统计，截至 2018 年年底，全国累计报告职业病 97 万余例。其中，尘肺病是我国目前最严重的职业病，约占全部报告病例总数的 90%，主要分布在采矿业。

2. 职业病危害分布行业广，中小企业危害重

从煤炭、冶金、化工、建筑等传统工业，到汽车制造、医药、计算机、生物工程等新兴产业都存在不同程度的职业病危害。我国各类企业中，中小企业占 90% 以上，吸纳了大量劳动力，特别是农村劳动力。职业病危害也突出地反映在中小企业，尤其是一些个体私营企业。

3. 职业病危害流动性大、危害转移严重

在引进境外投资和技术时，一些存在职业病危害的生产企业

和工艺技术由境外向境内转移。与此同时，我国普遍存在职业病危害从城市和工业区向农村转移，从经济发达地区向欠发达地区转移，从大中型企业向中小型企业转移的情况。我国有近2亿农村劳动力，其中相当部分劳动者作为农民工在城镇从事有毒有害作业。由于劳动关系不固定，农民工流动性大，接触职业病危害的情况十分复杂，其健康影响难以准确估计。

4. 群发性职业病危害事件多发，在国内外造成严重影响

近年来，一些地方屡屡发生尘肺病、苯中毒、正己烷中毒、三氯甲烷中毒、二氯乙烷中毒、镉中毒等群发性职业病事件，造成恶劣的社会影响。

由于我国接触职业病危害的人数增加，职业病危害的扩散速度不断加快，以及中小企业职业卫生状况没有得以充分改善，我国职业病危害的形势仍然十分严峻。随着经济社会的发展，劳动者维权意识增强，因职业健康损害事件引发的社会问题日益凸显，给未来的职业卫生工作带来巨大的压力和挑战。

六、劳动者的职业卫生权利与义务

1. 劳动者的职业卫生权利

根据《中华人民共和国职业病防治法》和相关法律法规的规定，劳动者主要享有下列职业卫生保护权利：

（1）获得职业卫生教育、培训。

（2）获得职业健康检查、职业病诊疗、康复等职业病防治服务。

（3）了解工作场所产生或者可能产生的职业病危害因素、危害后果和应当采取的职业病防护措施。

（4）要求用人单位提供符合防治职业病要求的职业病防护设

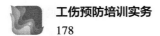
施和个人使用的职业病防护用品，改善工作条件。

（5）对违反职业病防治法律、法规以及危及生命健康的行为提出批评、检举和控告。

（6）拒绝违章指挥和强令进行没有职业病防护措施的作业。

（7）参与用人单位职业卫生工作的民主管理，对职业病防治工作提出意见和建议。

用人单位应当保障劳动者行使权利，因劳动者依法行使正当权利而降低其工资、福利等待遇或者解除、终止与其订立的劳动合同的，其行为无效。

2. 劳动者的职业卫生义务

为了保护自身健康，劳动者在职业病防治中应当履行以下义务：

（1）认真接受用人单位的职业卫生培训，努力学习和掌握必要的职业卫生知识。

（2）遵守职业卫生法律、法规、制度和操作规程。

（3）正确使用与维护职业病危害防护设施及个人使用的职业病防护用品。

（4）及时报告事故隐患。

（5）积极配合上岗前、在岗期间和离岗时的职业健康检查。

（6）如实提供职业病诊断、鉴定所需的有关资料等。

第二节　常见职业病危害控制技术

一、生产性粉尘危害控制技术

无论是发达国家还是发展中国家，生产性粉尘的危害都是十分普遍的。我国尘肺病数量占职业病总数的 85% 以上，可以说，解决了粉尘危害，我国职业病危害情况将基本趋于好转。我国接触粉尘作业的企业及人员众多，但粉尘浓度监测合格率却不尽如人意，有些民营小型厂矿甚至没有粉尘监测记录或者防尘措施很不完善。因此，减少或消除粉尘危害任重道远。

1. 生产性粉尘基础知识

（1）生产性粉尘的概念。能够较长时间悬浮于空气中的固体微粒称为粉尘。从胶体化学观点来看，粉尘是固态分散性气溶胶，其分散媒是空气，分散相是固体微粒。在生产中，与生产过程有关而形成的粉尘称为生产性粉尘，其粒径多为 0.1~10 μm。

生产性粉尘不仅污染作业环境，还影响劳动者的身心健康。根据粉尘的不同特性，生产性粉尘对人的机体可引起多种损害，其中以呼吸系统损害最为明显，包括上呼吸道炎症、肺炎、肺癌、尘肺以及其他职业性肺部疾病等。

（2）生产性粉尘的来源和分类如下：

1）来源。生产性粉尘来源十分广泛，如固体物质的机械加工、粉碎，金属的研磨、切削，矿石的粉碎、筛分、配料或岩石的钻孔、爆破和破碎等，耐火材料、玻璃、水泥和陶瓷等工业中原料加工，皮毛、纺织物等原料处理，化学工业中固体原料加工处理，有机物质的不完全燃烧所产生的烟尘。此外，生产性粉尘

还包括粉末状物质在混合、过筛、包装和搬运等操作时产生的粉尘，以及沉积的粉尘二次扬尘等。

2）分类。生产性粉尘分类方法有几种，根据生产性粉尘的性质可将其分为3类。

①无机性粉尘。无机性粉尘包括矿物性粉尘，如硅石、石棉、煤等；金属性粉尘，如铁、锡、铝等及其化合物；人工无机性粉尘，如水泥、金刚砂等。

②有机性粉尘。有机性粉尘包括植物性粉尘，如棉、麻、面粉、木材；动物性粉尘，如皮毛、丝、骨质粉尘；人工有机粉尘，如有机染料、合成橡胶、农药、合成树脂、炸药和人造纤维等。

③混合性粉尘。混合性粉尘是上述各种粉尘的混合物。生产环境中最常见的就是混合性粉尘，如清砂车间的粉尘含有金属和型砂粉尘。

2. 生产性粉尘的理化性质及危害

（1）生产性粉尘的理化性质。生产性粉尘对人体的危害程度与其理化性质有关，与其生物学作用及防尘措施等也有密切关系。在卫生学上，常用的粉尘理化性质包括粉尘的化学成分、分散度、溶解度、密度、形状、硬度、荷电性和爆炸性等。

1）化学成分。粉尘的化学成分、浓度和接触时间是直接决定粉尘对人体危害性质和严重程度的重要因素。根据粉尘化学性质的不同，粉尘对人体有致纤维化、中毒、致敏等作用，如游离二氧化硅粉尘的致纤维化作用。同一种粉尘的浓度越高，与其接触的时间越长，对人体危害越严重。

2）分散度。粉尘的分散度是表示粉尘颗粒大小的一个概念，它与粉尘在空气中呈浮游状态存在的持续时间（稳定程度）有密切关系。在生产环境中，由于通风、热源、机器转动以及人员走动等原因，空气经常流动，从而使尘粒沉降变慢，其在空气中的悬浮时间增长，被人体吸入的机会增多。直径小于 5 μm 的粉尘对机体的危害性较大，也易于达到呼吸器官的深部。

3）溶解度与密度。粉尘溶解度与对人危害程度的关系，因粉尘作用性质不同而异。主要呈化学毒副作用的粉尘，随溶解度的增加，其危害作用增强；主要呈机械刺激作用的粉尘，随溶解度的增加，其危害作用减弱。

粉尘在空气中的稳定程度与其颗粒密度有关。尘粒大小相同时，密度大者沉降速度快、稳定程度低。在通风除尘设计中，要考虑密度这一因素。

4）形状与硬度。粉尘颗粒的形状多种多样。质量相同的尘粒因形状不同，在沉降时所受阻力也不同。因此，粉尘的形状能影响其稳定程度。坚硬且外形尖锐的尘粒（如石棉纤维等某些纤维状粉尘）可能引起呼吸道黏膜机械性损伤。

5）荷电性。高分散度的尘粒通常带有电荷，其荷电性与作业环境的湿度和温度有关。尘粒带有相异电荷时，可促进凝集、加速沉降。粉尘的这一性质对选择除尘设备有重要意义。荷电的尘粒在呼吸道可被阻留。

6）爆炸性。高分散度的煤炭、糖、面粉、硫黄、铝、锌等粉尘具有爆炸性。发生爆炸的条件是高温（火焰、火花、放电）以及粉尘在空气中达到一定浓度。可能发生爆炸的粉尘最小质量浓度：各种煤尘为 $30{\sim}40\ \mathrm{g/m^3}$，淀粉、铝及硫黄为 $7\ \mathrm{g/m^3}$，糖为 $10.3\ \mathrm{g/m^3}$。

（2）生产性粉尘的危害。生产性粉尘的种类繁多，理化性状

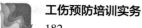
不同，对人体所造成的危害也是多种多样的。就其病理性质，可将生产性粉尘的危害概括为以下几种：

1）全身中毒性，如铅、砷化物等粉尘。

2）局部刺激性，如生石灰、漂白粉、水泥、烟草等粉尘。

3）变态反应性，如大麻、黄麻、面粉、羽毛、锌烟等粉尘。

4）光感应性，如沥青粉尘。

5）感染性，如破烂布屑、兽毛、谷粒等粉尘有时附有病原菌。

6）致癌性，如铬、镍、砷、石棉及某些光感应性和放射性物质的粉尘。

7）尘肺，如煤尘、矽尘、矽酸盐尘。生产性粉尘引起的职业病中，以尘肺最严重。

3. 生产性粉尘治理的技术措施

（1）生产性粉尘危害的防护原则。目前，粉尘对人造成的危害，特别是尘肺病尚无特异性治疗。因此，预防粉尘危害，加强对粉尘作业的劳动防护管理十分重要。粉尘作业的劳动防护管理应采取三级预防原则。

1）一级预防，具体措施如下：

①采取以工程防护措施为主的综合防尘措施，即改革生产工艺、生产设备，尽量将手工操作变为机械化、自动化和密闭化、遥控化操作；尽可能采用不含游离二氧化硅或游离二氧化硅含量低的材料代替游离二氧化硅含量高的材料；在工艺要求许可的条件下，尽可能采用湿法作业；使用劳动防护用品，做好个人防护。

②对作业环境的粉尘浓度实施定期检测，使作业环境的粉尘

浓度降到国家标准规定的允许范围之内。

③职业健康检查，即根据国家有关规定，对劳动者进行上岗前的职业健康检查。对患有职业禁忌证的劳动者、未成年工、女职工，不得安排其从事禁忌范围的工作。

④加强宣传教育，普及防尘基本知识。

⑤对除尘系统必须加强维护和管理，使除尘系统处于完好、有效状态。

2）二级预防。二级预防措施包括建立专人负责的防尘机构，制定防尘规划和各项规章制度；对新从事粉尘作业的劳动者，必须进行健康检查；对从事粉尘作业的在职劳动者，必须定期进行健康检查，发现不宜从事接尘工作的劳动者，要及时调离。

3）三级预防。三级预防的主要措施为对已确诊为尘肺病的劳动者，应及时调离原工作岗位，安排合理的治疗或疗养，劳动者的社会保险待遇应按国家有关规定执行。

（2）综合防降尘的"八字方针"。我国政府对粉尘控制工作一直给予高度重视，在防治粉尘危害、保护劳动者健康、预防尘肺病方面做了大量的工作，取得了显著的成绩。存在粉尘危害的用人单位在控制危害、预防尘肺病方面，结合国情做了不少行之有效的工作，取得了很丰富的经验。综合防尘和降尘措施可以概括为"革、水、密、风、护、管、教、查"八字方针，对控制粉尘危害具有指导意义。

1）"革"，即工艺改革和技术革新，这是消除粉尘危害的根本途径。

2）"水"，即湿式作业，可防止粉尘飞扬，降低环境粉尘浓度。

3）"密"，即将发尘源密闭，尽可能将产生粉尘的设备密闭在通风罩中，并与排风结合，经除尘处理后再排入大气。

4）"风"，即加强通风及抽风措施，常在密闭、半密闭发尘源的基础上，采用局部抽出式机械通风，将工作面的含尘空气抽出，并同时采用局部送入式机械通风，将新鲜空气送入工作面。

5）"护"，即个人防护，是防尘、降尘措施的补充，特别是在技术措施未能达到要求的地方，是必不可少的。

6）"管"，即经常性地维修和管理工作。

7）"教"，即加强宣传教育。

8）"查"，即定期检查环境空气中粉尘浓度，定期对接触者进行体格检查。

（3）控制粉尘危害的主要技术措施。各行各业根据粉尘的产生特点形成了各具特色的控制粉尘浓度的技术措施，概括起来主要体现在以下几个方面：

1）改革工艺流程。通过改革工艺流程使生产过程机械化、密闭化、自动化，从而消除和降低粉尘危害。

2）湿式作业。湿式作业的特点是防尘效果可靠，易于管理，投资较低。该方法已为厂矿广泛应用，如石粉厂的水磨石英，陶瓷厂、玻璃厂的原料水碾、湿法拌料、水力清砂、水爆清砂等。

3）密闭、抽风、除尘。对不能采取湿式作业的场所应采用该方法。干法生产（粉碎、拌料等）容易造成粉尘飞扬，可采取密闭、抽风、除尘的办法，但其基础是必须对生产过程进行改革，理顺生产流程，实现机械化生产。在手工生产、流程紊乱的情况下，该方法是无法奏效的。密闭、抽风、除尘系统可分为密闭设备、吸尘罩、通风管、除尘器等几个部分。

4）个体防护。当防尘、降尘措施难以使粉尘浓度降至国家规定的水平以下时，应佩戴防尘护具。劳动者防尘护具包括防尘口罩、送风口罩、防尘眼镜、防尘安全帽、防尘服、防尘鞋等。另外，应加强对劳动者的教育培训、现场的安全检查以及对防尘的综合管理等。

自吸过滤式防尘口罩使用注意事项如下：

①选用产品的材质不应对人体有害，不应对皮肤产生刺激和过敏影响。

②佩戴方便，与使用者脸部吻合。

③防尘护具应专人专用，使用后及时装入塑料袋内，避免挤压、损坏。

防护眼镜和面罩使用注意事项如下：

①护目镜要选用经产品检验机构检验合格的产品。

②护目镜的宽窄和大小要适合使用者的脸型。

③镜片磨损、镜架损坏会影响使用者的视力，应及时调换。

④护目镜要专人使用，防止传染眼病。

⑤焊接护目镜的滤光片和保护片要按作业需要选用和更换。

⑥防止重摔、重压，防止坚硬的物体摩擦镜片和面罩。

二、作业场所物理因素危害控制技术

作业场所存在的职业病危害物理因素有噪声、振动、辐射和异常气象条件（气温、气流、气压）等。

1. 生产性噪声

（1）生产性噪声及其分类。根据物理学的观点，不同频率、

不同强度的声音无规律地组合，波形呈无规则变化的声音称为噪声。在生产中，机器转动、气体排放、工件撞击与摩擦所产生的噪声称为生产性噪声或工业噪声。生产性噪声可归纳为3类。

1）空气动力噪声。空气动力噪声是由气体压力变化引起气体扰动，气体与其他物体相互作用所致。各种风机、空气压缩机、风动工具、喷气发动机和汽轮机等由于压力脉冲和气体排放发出的噪声即空气动力噪声。

2）机械性噪声。机械性噪声是由机械撞击、摩擦或非平衡力等机械力作用引起固体部件振动所产生的噪声，如各种车床、电锯、电刨、球磨机、砂轮机和织布机等发出的噪声。

3）电磁性噪声。电磁性噪声是由于磁场脉冲，磁致伸缩引起电气部件振动所致，如电磁式振动台和振荡器、大型电动机、发电机和变压器等产生的噪声。

（2）噪声的危害。生产性噪声一般声级较高，有的可高达120~130 dB（A）。长期接触强烈噪声会对人体以下系统产生危害：

1）听力系统。噪声的危害主要表现为对听力系统的损害。噪声作用初期，听阈可暂时性升高，听力下降，这是保护性反应；强噪声作用下，可导致永久性听力下降，内耳感音毛细胞受到损伤，引起噪声性耳聋；极强噪声可导致听力器官发生急性外伤，即爆震性耳聋。

2）神经系统。长期接触噪声可导致大脑皮层兴奋和抑制功能的平衡失调，出现头痛、头晕、心悸、耳鸣、疲劳、睡眠障碍、记忆力减退、情绪不稳定、易怒等。

3）其他系统。长期接触噪声可引起其他系统的应激反应，如可导致心血管系统疾病加重，引起肠胃功能紊乱，对生殖系统及消化系统等都有影响。

（3）噪声危害预防措施如下：

1）控制噪声源。根据具体情况采取技术措施，控制或消除噪声源，是从根本上解决噪声危害的重要方法。采用无声或低噪声设备代替发出强噪声的设备，如用无声液压代替高噪声的锻压，以焊接代替铆接等，均可收到较好的效果。在生产工艺过程允许的情况下，可将噪声源如发电机或空气压缩机等移至车间外或更远的地方，否则应采取隔声措施。此外，设法提高机器制造的精度，尽量减小机器零部件的撞击和摩擦，减小机器振动，也可以明显降低噪声强度。在进行工作场所设计时，合理配置声源，将噪声强度不同的机器分开放置，有利于减轻噪声危害。

2）控制噪声的传播。在噪声传播过程中，应用吸声和消声技术，可以获得较好的控制效果。例如，采用吸声材料装饰在车间的内表面，如墙壁或屋顶，或在工作场所内悬挂吸声体，吸收辐射和反射的声能，使噪声强度降低。具有较好吸声效果的材料有玻璃棉、矿渣棉、棉絮或其他纤维材料。在某些特殊情况下，为了获得较好的吸声效果，需要使用吸声尖劈。消声是降低动力性噪声的主要措施，用于风道和排气管。常用的消声器有阻性消声器、抗性消声器等，消声效果均表现较好。

还可以利用一定的材料和装置，将声源或需要安静的场所封闭在一个较小的空间中，使其与周围环境隔绝起来，即隔声室、隔声罩等。在建筑施工中，在机器或振动体的基底部与地板、墙壁连接处设隔振或减振装置，也可以起到降低噪声的作用。

3）制定职业接触限值。尽管噪声会对人体产生不良影响，但在生产中要想完全消除噪声，既不经济也不可能。因此，制定合理的卫生标准，将噪声强度限制在一定范围内，是防止噪声危

害的主要措施之一。

《工业场所有害因素职业接触限值 第2部分：物理因素》（GBZ 2.2—2007）规定，噪声职业接触限值为每周工作5天，每天工作8 h，稳态噪声限值为85 dB，非稳态噪声等效声级的限值为85 dB；每周工作日不足5天，需计算40 h等效声级，限值为85 dB。

4）个体防护。当工作场所的噪声强度暂时不能得到有效控制，且需要在高噪声环境下工作时，佩戴劳动防护用品是保护听觉系统的一项有效防护措施。最常用的劳动防护用品是耳塞，一般由橡胶或软塑料等材料制成，隔声效果在20 dB左右。此外，还有耳罩、帽盔等，隔声效果可达30 dB，但佩戴时不方便，成本也较高。对于某些特殊环境下的工作，可将耳塞和耳罩合用，以保护劳动者的听力。

耳塞使用注意事项如下：

①在佩戴耳塞时，要先将耳郭向上提拉，使耳甲腔呈平直状态，然后手持耳塞柄，将耳塞帽体部分轻轻推入外耳道内，并尽可能地使耳塞体与耳甲腔相贴合，但不要用力过猛、过急或塞得太深，以自我感觉适度为宜。

②戴后感到隔声效果不好时，可将耳塞稍微缓慢转动，调整到隔声效果最佳的位置为止。如果经反复调整仍然效果不佳，应考虑改用其他型号的耳塞。

③反复试用各种不同规格的耳塞，以选择最佳者。

④佩戴泡沫塑料耳塞时，应将圆柱体搓成锥体后再塞入耳道，让塞体自行回弹，充满耳道。

⑤佩戴硅橡胶自行成型的耳塞时，应分清左、右塞，不能弄

错；塞入耳道时，要稍微转动并放正，使之紧贴耳甲腔。

耳罩使用注意事项如下：

①使用耳罩时，应先检查罩壳有无裂纹和漏气现象，佩戴时应注意罩壳的方向，顺着耳郭的形状戴好。

②将连接弓架放在头顶适当的位置，尽量使耳罩软垫圈与周围皮肤相互贴合。如果不合适，应稍微移动耳罩或弓架，将其调整到合适的位置。

不论佩戴耳罩还是耳塞，均应在进入有噪声的车间前戴好，工作中不得随意摘下，以免伤害鼓膜。如果确需摘下，最好在休息时或离开车间以后，到安静处所再摘掉耳罩或耳塞。

耳塞或耳罩软垫用后应用肥皂、清水清洗干净，晾干后收藏备用。橡胶制品应防热变形，同时撒上滑石粉储存。

5）健康监护。应定期对接触噪声的劳动者进行健康检查，特别是听力检查，观察听力变化情况，以便及早发现听力损伤，及时采取有效的防护措施。从事噪声作业的劳动者应进行上岗前职业健康检查，取得听力的基础资料，凡有听觉系统疾患、中枢神经系统和心血管系统器质性疾患或自主神经紊乱者，不宜从事噪声作业。

接触噪声作业的劳动者应定期进行职业健康检查，发现有高频听力下降者，应及时采取适当的防护措施。对于听力明显下降者，应及早调离噪声作业场所并进行定期检查。

6）合理安排劳动和休息。对从事噪声作业的劳动者可适当安排工间休息，休息时应脱离噪声环境，使听觉疲劳得以恢复。应经常检测工作场所的噪声，监督检查预防措施的执行情况及效果。

2. 生产性振动

（1）生产性振动及其分类。振动是物体以平衡位置为基准，在外力的作用下做往复运动的现象。在生产过程中，生产设备、工具产生的振动称为生产性振动。产生振动的机械有锻造机、冲压机、压缩机、振动机、送风机和打夯机等。在生产中，手臂振动所造成的危害较为明显和严重，国家已将手臂振动病列为职业病。

存在手臂振动的生产作业主要有以下几类：①操作锤打工具，如操作凿岩机、空气锤、筛选机、风铲、捣固机和制钉机等；②手持转动工具，如操作电钻、风钻、喷砂机、金刚砂抛光机和钻孔机等；③使用固定轮转工具，如使用砂轮机、抛光机、球磨机和电锯等；④驾驶交通运输车辆与使用农业机械，如驾驶汽车、使用脱粒机。

生产性振动的分类情况如下：

1）按振动作用于人体的部位分为局部振动和全身振动。

2）按振动方向分为垂直振动和水平振动。

3）按振动的波形分为正弦振动、复合周期振动、复合振动、随机振动、冲击振动和瞬变振动。

4）按振动频率分类。1 Hz 以下的振动为全身振动，可以引起运动病；1~100 Hz 的振动既可以引起全身振动，也可以引起局部振动；而 500~1 000 Hz 的振动，则以局部振动作用为主，可引起局部振动病。

5）按接触振动的方式分为连续接触振动和间断接触振动。

（2）生产性振动的危害如下：

1）一般情况下，人体手部接触的振动属于局部振动。局部振动能引起中枢及周围神经系统的功能改变，表现为条件反射受抑、条件反射潜伏期延长。生产性振动可使人体对振动的敏感性减弱或消失，并使痛觉与触觉发生改变；生产性振动对植物神经系统的作用表现为组织营养改变、手指毛细血管痉挛、指甲易碎等。

2）振幅大且有冲击力的生产性振动，往往可引起骨关节改变，主要表现有脱钙、部分骨硬化、内生骨疣、局限性骨质增生或变形性关节炎等。

3）振动病是长期接触生产性振动所引起的职业性危害，包括局部振动病和全身振动病。局部振动病是由于局部肢体（主要为手）长期接受强烈振动而引起的以肢端血管痉挛、上肢周围神经末梢感觉障碍及骨关节骨质改变为主要表现的职业病。全身振动除影响前庭功能而降低协调性外，还可引起植物神经功能紊乱及内脏移位，可能导致孕妇流产。

（3）生产性振动危害的控制措施如下：

1）控制振动源。改革生产工艺过程，采取技术革新，通过减振、隔振等措施，减轻或消除振动源的振动，是预防生产性振动危害的根本措施。例如，采用减压、焊接等新工艺代替风动工具铆接工艺；采用水力清砂、水爆清砂、化学清砂等工艺代替风铲清砂；设计自动或半自动操纵装置，减少手部和肢体直接接触振动的机会；工具的金属部件改用塑料或橡胶，可减少因撞击而产生的振动；采用减振材料降低交通工具、作业平台等大型设备的振动。

2）限制作业时间和振动强度。振动职业卫生标准是进行卫生监督的依据。通过研制和实施振动作业卫生标准，限制接触振动的强度和时间，可有效地保护劳动者的健康，是预防生产性振动危害的重要措施。

3）改善作业环境。加强作业过程或作业环境中的防寒、保暖措施，特别是在北方寒冷季节的室外作业，需要设置防寒和保暖设施。振动工具的手柄温度如能保持在 40 ℃，对预防振动性白指的发生具有较好的效果。控制作业环境中的噪声、毒物和气温等因素，对预防振动危害有一定的促进作用。

4）个人防护。合理配置和使用劳动防护用品，如防振手套、减振座椅等，可以减轻振动的危害。

5）加强健康监护和日常卫生保健。依法对从事振动作业的劳动者进行上岗前和定期的职业健康检查，实施三级预防，早期发现，及时治疗。加强健康管理和宣传教育，提高劳动者的健康意识。定期监测振动工具的振动强度，结合卫生标准合理安排作业时间。长期从事振动作业的劳动者，尤其是手臂振动病患者应加强日常卫生保健，日常生活应有规律，坚持适度的体育锻炼。

3. 辐射

电磁辐射广泛存在于宇宙空间和地球上。当一根导线有交流电通过时，导线周围辐射出一种能量，这种能量以电场和磁场形式存在，并以波动形式向四周传播。人们把这种交替变化的、以一定速度在空间传播的电场和磁场，称为电磁辐射或电磁波。

电磁辐射分为射频辐射、红外线、可见光、紫外线、X 射线及 α 射线等。电磁辐射的频率、波长、量子能量不同，对人体的危害作用也不同。当量子能量达到 12 eV 时，对物体有电离作用，能导致机体严重损伤，这类辐射称为电离辐射。量子能量小于 12 eV，不足以引起生物体电离的电磁辐射，称为非电离辐射。

（1）电离辐射的相关内容如下：

1）电离辐射的分类。凡能引起物质电离的各种辐射称为电离辐射。随着原子能事业的发展，核工业、核设施也迅速发展，放射性核素和射线装置在工业、农业、医药卫生和科学研究中已得到广泛应用。接触电离辐射的劳动者也日益增多。

电离辐射的分类如下：

① α 射线。不稳定的原子核自发地放出 α 粒子而变成另一种核称为 α 衰变。α 粒子的强电离作用对人体内组织的破坏能力很强，长期作用能引起组织伤害甚至导致癌变。

② β 射线。β 衰变时放出的 β 粒子实际上是电子。β 射线比 α 射线有更强的穿透力，一些 β 射线能穿透皮肤，引起放射性伤害。射线进入人体内引起的伤害更大。

③ γ 射线。γ 射线是伴随 α、β 衰变放出的一种波长很短的电磁波，同可见光、X 射线一样，γ 射线是一种光量子。γ 射线能轻易地穿透人体，对人体造成危害。

④ X 射线。X 射线是带电粒子与物质交互作用产生的高能光量子。X 射线与 γ 射线有很多类似特性。X 射线广泛用于医学和工业生产中，是人造辐射的主要来源。

2）电离辐射的危害。电离辐射广泛应用于医学、工业等领域。人体接受过量的电离辐射照射可导致严重后果。受各种电离辐射源照射而发生的各种类型和程度的损伤（或疾病）称为放射性疾病。职业原因引起的放射性疾病为国家法定职业病。电离辐射所造成的人体伤害主要分为以下两种：

①外照射危害。除核工业的铀矿开采和部分铀矿山外，外照射不会成为普遍的危害。外照射主要是指 γ 射线的辐射，工作场所有足够数量的放射性物质及放射性强度时，才会对人体造成外照射危害。外照射危害大致分为两种类型，即急性外照射放射

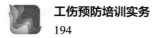

病和慢性外照射放射病。

急性外照射放射病是短时间内大剂量电离辐射作用于人体而引起的全身性疾病。一次照射超过 1 Gy，就可引起此病。一般情况下，大剂量的急性照射能立即造成损伤，并产生慢性损伤，如大面积出血、细菌感染、贫血等，后期可能引起白内障、癌症等。根据受照射剂量的大小，急性外照射放射病分为造血型、肠型、脑型 3 种类型。

较小剂量电离辐射照射并不能立即造成伤害。在某些情况下，细胞并不立即死亡，但可能变成非正常细胞，甚至发展为癌变细胞，或者最终导致癌症发病率大大增加，这被称为慢性外照射放射病。这种危害作用包括 DNA（脱氧核糖核酸）变异、诱发良性或恶性肿瘤、白内障、皮肤癌、后代先天性缺陷等。

②内照射危害。内照射危害是指放射性物质进入人体内部产生的照射伤害。有机会进入人体的放射性物质主要是放射性元素以及粉尘状含放射性物质的颗粒。

内照射效应主要指吸入具有辐射能的放射性物质后，放射性物质对人体组织、器官施加辐射所造成的后果。由于地壳内普遍存在着放射性元素，在矿物开采加工时，就会有放射性物质飞扬出来形成放射性粉尘。例如，氡子体是离子态的原子微粒，有很强的吸附能力，能牢固地黏附在任何物体的表面，特别是巷道壁、矿石及粉尘的表面。当作业人员吸入粉尘时，也同时吸入了氡子体。这些进入深部呼吸道的氡子体，在衰变过程中放出射程只有几厘米的 α 射线。人体内部组织长期接受 α 辐射，将导致细胞变异，最常见的就是导致矿工的职业性肺癌。连续在井下工作时一般发病期为 10 年。

3）电离辐射防护措施如下：

①外照射危害防护。外照射危害防护主要是降低和消除外源性照射对人体的影响，防护措施主要包括屏蔽防护、距离防护和时间防护。

a. 屏蔽防护。原子序数大的物质对放射线具有较大的吸收能力。选择和使用有效屏蔽设施，在人体与放射源之间设置防护屏障，如利用铅、钢筋水泥等对辐射线的吸收作用，可降低照射到人体的电离辐射剂量，以达到保护人体健康的目的。

b. 距离防护。某位点的辐射剂量与到放射源距离的平方成反比，距放射源越远，辐射剂量越小。通过对辐射场所进行分区（控制区、监督区）分级管理，以增加与放射源的距离，尽可能减轻放射性损伤。

c. 时间防护。辐射损伤的程度与接触放射性物质或放射性元素的时间有关，接触时间越长，伤害越严重。因此，尽可能减少作业或接触时间，以减少受照剂量，减轻放射性损伤。

②内照射危害防护。内照射危害防护主要是防止放射性元素经各种途径进入人体，同时有效控制放射性元素向空气、水体、土壤的逸散。相关防护措施主要涉及工程技术措施、个体防护措施、管理措施和环境控制措施，即尽可能降低辐射环境中可能形成内照射的放射性元素水平，再通过个体防护措施进一步降低经不同途径进入机体的放射性元素剂量。

a. 呼吸道防护。呼吸道防护措施包括通风、收集、净化处理可能形成内照射的放射性物质，降低环境中危害物的存在水平；按实际需要规范配备、使用、管理呼吸防护用品，保持其防护效果，最大限度降低经呼吸道进入人体的放射性物质水平等。

b. 消化道防护。消化道防护措施包括防止放射性物质污染食物、水源、大气，禁止在工作区饮食、吸烟，禁止放射性物质污

染饮食环境，从事放射性工作的人员应使用口鼻防护器等。

c.皮肤防护。皮肤防护措施包括规范使用工作服、防护头套、面罩、手套、鞋袜等劳动防护用品；工作结束时，进行污染检测，避免皮肤污染和形成内照射等。

d.健康监护。按照《放射工作人员健康要求及监护规范》（GBZ 98—2020）的要求，定期对劳动者进行职业健康检查，分析、评价劳动者健康状况，建立职业健康监护档案，并进行规范化管理，为分析、评价和提高劳动者健康状况创造条件。

e.监督管理。严格按照国家有关法律、法规、规范、标准等，对涉及放射性作业的物料、机构、人员、设备、环境等进行规范管理，并不断提高监管水平，严格控制涉及放射性危害的各环节，控制危害发生。

（2）非电离辐射的相关内容如下：

1）非电离辐射的来源及其危害。非电离辐射包括射频辐射、红外线辐射、紫外线辐射、激光等。

①射频辐射。射频辐射又称无线电波，能量很小。按波长和频率，射频辐射可分成高频电磁场、超高频电磁场和微波3个波段。

高频作业有高频感应加热金属的热处理、表面淬火、金属熔炼、热轧及高频焊接等。高频介质加热对象是不良导体，广泛用于塑料热合、棉纱与木材的干燥、粮食烘干及橡胶硫化等。高频等离子技术用于高温化学反应和高温熔炼。

作业场所的高频电磁场主要来自高频设备的辐射源，如高频振荡管、电容器、电感线圈及馈线等部件。无屏蔽的高频输出变压器常是操作岗位的主要辐射源。

微波作业如微波加热，广泛用于食品、木材、皮革及茶叶等加工，以及医药与纺织印染等行业。烘干粮食、处理种子及消灭害虫是微波在农业方面的重要应用。医疗卫生上主要用微波来消毒、灭菌与理疗等。

生产场所接触微波辐射多由于设备密闭结构不严，造成微波能量外泄或由各种辐射结构（天线）向空间辐射微波能量。

一般来说，射频辐射不会导致人体组织器官的器质性损伤，主要引起功能性改变，并具有可逆性特征，在停止接触数周或数月后往往可恢复。但在大强度长期射频辐射的作用下，心血管系统的证候持续时间较长，并有进行性倾向。

②红外线辐射。在生产环境中，加热金属、熔融玻璃及强发光体等可产生红外线辐射。炼钢工、铸造工、轧钢工、锻钢工、玻璃熔吹工、烧瓷工及焊接工等可受到红外线辐射。红外线辐射对机体的影响部位主要是皮肤和眼睛。

③紫外线辐射。生产环境中，物体温度达 1 200 ℃以上的辐射电磁波谱中即可出现紫外线。随着物体温度的升高，辐射的紫外线频率增高，波长变短，强度增大。常见的辐射源有冶炼炉（高炉、平炉、电炉）、电焊、氧乙炔气焊、氩弧焊和等离子焊接等。

强烈的紫外线辐射可引起皮炎，表现为弥漫性红斑，有时可出现小水疱和水肿，并有发痒、烧灼感。在作业场所比较多见的是紫外线辐射对眼睛的损伤，即由电弧光照射所引起的职业病——电光性眼炎。此外，在雪地作业、航空航海作业中，太阳光中大量紫外线照射可引起类似电光性眼炎的角膜、结膜损伤，称为太阳光眼炎或雪盲症。

④激光。激光不是天然存在的，而是用人工激活某些活性

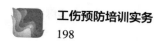

物质，在特定条件下受激发光。激光也是电磁波，属于非电离辐射，被广泛应用于工业、农业、国防、医疗和科研等领域。在工业生产中，根据激光辐射能量集中的特点，将激光用于焊接、打孔、切割和热处理等；在农业中，激光可应用于育种、杀虫。

激光对人体的危害主要由它的热效应和光化学效应造成。激光对皮肤的损伤程度取决于激光强度、频率和肤色深浅、组织水分、角质层厚度等。激光能烧伤皮肤。

2）非电离辐射防护措施如下：

①射频辐射危害预防措施。射频辐射危害的主要防护措施有场源屏蔽、距离防护、合理布局等，其中最根本、有效的方法是采取屏蔽措施。

a. 选择铜、铝等（片状或网络结构）材料进行屏蔽，所有的屏蔽罩必须有良好的接地装置。

b. 尽可能采用远离高频辐射源的自动或半自动操作。

c. 定期测定工作场所辐射强度，使劳动者接触水平符合要求。

②微波危害预防措施。微波危害防护的基本原则是屏蔽辐射源，加大作业点与辐射源的距离，合理地穿戴劳动防护用品等。

a. 在调试高功率微波设备（如雷达）的电参数时，可使用等效天线，以减少对劳动者不必要的照射。

b. 采用微波吸收或反射材料屏蔽辐射源。

c. 使用防护眼镜和防护服等劳动防护用品。

③红外线辐射危害预防措施。反射性铝制遮盖物和铝箔衣服可减少人体在红外线的暴露量及降低熔炼工、热金属操作工的热

负荷。严禁裸眼观看强光源，操作时应佩戴能有效过滤红外线的防护眼镜。

④紫外线辐射危害预防措施。紫外线辐射危害防护措施以屏蔽和增加作业点与辐射源的距离为原则。

电焊工及其辅助工必须佩戴专业的防护面罩、防护眼镜、防护服和手套。电焊工操作时应使用移动屏障围住操作区，以免其他工种劳动者受到紫外线照射。非电焊工禁止进入操作区，严禁裸眼观看电焊。电焊时产生的有害气体和烟尘，宜采用局部排风加以排除。接触低强度紫外线辐射源，如低压水银灯、太阳灯、黑光灯等，可佩戴专业护目镜来保护眼睛。

⑤激光危害预防措施如下：

a. 所有从事激光作业的人员，必须先接受激光危害及安全防护的教育。工作场所应制定安全操作规程，明确操作区和危险区。工作场所要有醒目的警告牌，以提醒无关人员禁止入内。严禁裸眼观看激光束。劳动者上岗前、在岗期间应做好职业健康检查。

b. 凡激光束可能漏射的部位，应设置防激光封闭罩，必须安装激光开启与光束停止的联锁装置。

c. 工作室围护结构应用吸光材料制成，色调宜暗。工作区采光宜充足，室内不得有反射、折射光束的用具和物件。

d. 防护服的颜色宜略深以减少反光；防护眼镜在使用前必须经专业人员鉴定，并定期测试。

e. 工作场所激光辐射眼直视和皮肤照射的职业接触限值应符合《工作场所有害因素职业接触限值　第2部分：物理因素》（GBZ 2.2—2007）的规定。

4. 异常气象条件

气象条件主要是指作业环境周围空气的温度、湿度、气流与气压等。在作业场所，劳动者的健康与由这 4 个要素组成的微小气候关系甚大。

（1）异常气象条件定义如下：

1）空气温度。生产环境的气温，受大气和太阳辐射的影响。在纬度较低的地区，夏季容易形成高温作业环境。生产场所的热源，如各种熔炉、锅炉、化学反应釜及机械摩擦和转动等产生的热量，都可以通过传导和对流加热空气。在人员密集的作业场所，人体散热也可对工作场所的气温产生一定影响。

2）湿度。车间内各种敞开液面的水分蒸发或蒸汽放散会对作业环境湿度产生影响，如造纸、印染、缫丝、电镀、屠宰等工艺就存在上述情况，使生产环境的湿度增大。潮湿的矿井、隧道以及潜涵、捕鱼等作业也可能遇到相对湿度大于 80% 的高湿度作业环境。在高温作业车间也可遇到相对湿度小于 30% 的低湿度作业环境。影响车间内湿度的因素还包括大气气象条件。

3）风速。生产环境的气流除受自然风力的影响外，还与生产场所的热源分布和通风设备有关。热源可加热室内空气，产生对流气流；通风设备可以改变气流的速度和方向。

4）热辐射。热辐射是指能产生热效应的辐射线，主要是指红外线及一部分可见光。太阳辐射以及生产场所的各种熔炉、火焰、熔化的金属等均能向外散发热辐射，既可以作用于人体，也可以使周围物体加热成为二次热源，扩大了热辐射面积，加剧了热辐射强度。

5）气压。一般情况下，工作环境的气压与大气压相同，虽然在不同的时间和地点略有变化，但变动范围很小，对机体无不良影响。某些特殊作业如潜水作业、航空飞行等，处于异常气压下，此时的气压与正常气压相差很远。

（2）异常气象条件下的作业类型如下：

1）高温高湿作业。高温高湿作业的气象条件特点是气温高，湿度大，热辐射强度不大，或不存在热辐射源。高温高湿作业有印染、缫丝、造纸等，车间气温可达 35 ℃以上，相对湿度达 90% 以上。有的煤矿深井井下气温可达 30 ℃，相对湿度达 95% 以上。

2）高温强热辐射作业。高温强热辐射作业是指工作地点气温在 30 ℃以上或工作地点气温高于夏季室外气温 2 ℃以上，并有较强辐射热的作业。这种作业环境的特点是气温高，热辐射强度大，相对湿度低，形成干热环境，如冶金工业的炼钢、炼铁车间，机械制造工业的铸造、锻造车间，建材工业的陶瓷、玻璃、搪瓷、砖瓦等窑炉车间，火力电厂的锅炉间等。

3）低温作业。接触低温环境主要见于冬天寒冷地区作业或极地野外作业，如建筑、装卸、农业、渔业、地质勘探、科学考察，或在寒冷天气中进行军事训练。冬季室内因条件限制或其他原因而无采暖设备，亦可形成低温作业环境。在冷库或地窖等人工低温环境中工作，以及人工冷却剂在储存或运输过程中泄漏，亦可使接触者受低温侵袭。

4）高气压作业。高气压作业主要有潜水作业和潜涵作业。潜水作业常见于水下施工、海洋资料及海洋生物研究、沉船打捞等。潜涵作业主要出现于修筑地下隧道或桥墩，人员在地下水位以下的深处或沉降于水下的潜涵内工作，为排出涵内的水，需通入较高压力的高压气。

5）低气压作业。高空、高山、高原均属低气压环境，在这类环境中进行运输、勘探、筑路、采矿等属低气压作业。

（3）异常气象条件对人体的影响如下：

1）高温作业对机体的影响。高温作业对机体的影响主要表现为体温调节和人体水盐代谢紊乱，机体内多余的热不能及时散发，产生蓄热现象而使体温升高。在高温作业条件下大量出汗，可使体内水分和盐大量丢失。一般生活条件下，日出汗量在 6 L 以下，高温作业人员日出汗量可达 8~10 L，甚至更多。汗液中的盐主要是氯化钠和少量钾，大量出汗可引起体内水盐代谢紊乱，对循环系统、消化系统、泌尿系统都可造成一些不良影响。

2）低温作业对机体的影响。在低温环境中，皮肤血管收缩以减少散热，内脏和骨骼肌血流增加，代谢加强，骨骼肌收缩产热，以保持正常体温。如果时间过长，超过了人体耐受能力，体温逐渐降低。由于全身过冷，机体免疫力和抵抗力降低，易患感冒、肺炎、肾炎、肌痛、神经痛、关节炎等，甚至可导致冻伤。

3）高低气压作业对人体的影响。高气压对机体的影响，在不同阶段表现不同。在加压过程中，可引起耳充塞感、耳鸣、头晕等，甚至造成鼓膜破裂。在高气压作业条件下，欲恢复到常压状态时，会经历减压过程。在减压过程中，如果减压过快，则可引起减压病。低气压作业对人体的影响主要是低氧性缺氧而引起的损害，如高原病。

（4）异常气象条件防护措施如下：

1）高温危害预防措施包括技术措施、卫生保健措施、个体防护措施和组织措施。

①技术措施如下：

a. 合理设计工艺流程。合理设计工艺流程，改进生产设备和操作方法是改善高温作业劳动条件的根本措施。例如，钢水连铸、轧钢、铸造、搪瓷等生产自动化，可使劳动者远离热源，减轻劳动强度。

热源的布置应符合下列要求：尽量布置在车间外面；采用以热压为主的自然通风时，尽量布置在天窗下面；采用以穿堂风为主的自然通风时，尽量布置在夏季主导风向的下风侧。

此外，温度高的成品和半成品应及时运出车间或堆放在下风侧。

b. 隔热。隔热是防止热辐射的重要措施，可以采用导热系数小的材料进行隔热。采取隔热措施，如在热源之间设置隔墙（板），使热空气沿着隔墙上升，经天窗排出，以免热的气体扩散到整个车间。

c. 通风降温。根据实际情况选择通风方式，主要有自然通风和机械通风。

自然通风：热量大、热源分散的高温车间，每小时需换气30~50次，才能使余热及时排出。进风口和排风口应配置合理，可充分利用热压和风压的综合作用，使自然通风发挥最大的效能。

机械通风：在自然通风不能满足降温需要或生产上要求车间内保持一定温、湿度时，可采用机械通风。

②卫生保健措施如下：

a. 供给饮料和补充营养。高温作业人员应补充与出汗量相等的水分和盐分。一般每人每天供水 3~5 L，盐 20 g 左右。8 小时工作日内出汗量超过 4 L 时，除从食物中摄取盐外，应通过饮料

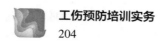
补充适量盐分，饮料的含盐量以 0.15%~0.20% 为宜，饮水方式以少量多次为宜。

高温作业人员膳食中的总热量应比普通劳动者高，最好能达到 12 600~13 860 kJ，蛋白质应增加到总热量的 14%~15%。此外，还要注意补充维生素和钙等营养素。

b. 对高温作业人员应进行上岗前和入夏前职业健康检查。凡有心血管、呼吸、中枢神经、消化和内分泌等系统器质性疾病，以及过敏性皮肤瘢痕患者、重病后恢复期及体弱者，均不宜从事高温作业。

③个体防护措施。高温作业人员的工作服应采用耐热、导热系数小且透气性能好的织物。为了防止辐射热对健康的损害，可用白色帆布或铝箔制作工作服。此外，根据不同高温作业的需求，可供给高温作业人员工作帽、防护眼镜、面罩、手套、鞋盖、护腿等劳动防护用品。特种作业人员进行如炉衬热修、清理钢包等作业，应佩戴隔热面罩和穿着隔热、阻燃、通风的防护服，如喷涂金属（铜、银）的隔热面罩、铝膜隔热服等。

④组织措施。要加强领导，改善管理，严格遵守我国高温作业卫生标准和有关规定，搞好厂矿防暑降温工作，必要时可根据工作场所的气候特点，适当调整夏季高温作业的劳动和作息制度。

2）低温危害预防措施如下：

①做好防寒保暖工作。应按照《工业企业设计卫生标准》（GBZ 1—2010）和《工业建筑供暖通风与空气调节设计规范》（GB 50019—2015）的规定，提供采暖设备，使作业地点保持合适的温度。

②注意个人防护。环境温度低于 −1 ℃，人体尚未出现体温过低时，表浅或深部组织即有可能被冻伤，因此，手、足和头部的防寒很重要。防护服要具有导热系数低、吸湿和透气性强的特性。在潮湿环境下工作，应提供橡胶工作服、围裙、长靴等劳动防护用品。

③增强耐寒体质。人体皮肤在长期和反复寒冷作用下，表皮会增厚，御寒能力增强。经常洗冷水浴、用冷水擦身或较短时间的寒冷刺激结合体育锻炼，均可提高人体对低温环境的适应能力。此外，应适当增加富含脂肪、蛋白质和维生素的食物摄入。

3）高气压危害预防措施如下：

①遵守安全操作规程。暴露在高气压环境下，应遵照安全减压时间表，逐步返回到正常气压状态，多采用阶段减压法。

②卫生保健措施。工作前要注意防止过劳，严禁饮酒，加强营养。对高气压作业人员，建议多食用高热量、高蛋白的食物，适当增加维生素（如维生素 E）的摄入量，可有效抑制血小板的凝集作用。工作时应注意防寒保暖，工作结束后宜饮用热饮料、洗热水澡等。

做好上岗前的职业健康检查工作，特别是肩、髋、膝关节及肱骨、股骨和胫骨的 X 射线检查，体检合格者才可从事相关工作。就业后每年应做 1 次职业健康检查，并持续到停止高气压作业后的 3 年为止。

③职业禁忌证。患神经、精神、循环、呼吸、泌尿、运动、内分泌、消化等系统的器质性疾病和明显的功能性疾病者，患眼、耳、鼻、喉及前庭器官的器质性疾病者，年龄超过 50 岁、患各种传染病且未愈者，以及过敏体质者等不宜从事相应的禁忌工作。

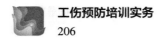

三、生产性毒物危害控制技术

1. 生产性毒物相关概念

毒物是指在一定的条件下，以较小剂量作用于人体，即可引起人体生理功能改变或器质性损害，甚至危及生命的化学物质。生产性毒物是指在生产中使用、接触的能使人体器官组织机能或形态发生异常改变而引起暂时性或永久性病理变化的物质。通常情况下，生产性毒物是指各种生产过程中产生或使用的有毒物质特别是化学性有毒物质。

2. 生产性毒物的来源与存在形态

（1）生产性毒物的来源。生产性毒物的来源主要有以下几个方面：

1）生产原料，如生产颜料、蓄电池使用的氧化铅，生产合成纤维、燃料使用的苯等。

2）中间产品，如用苯和硝酸生产苯胺时产生的硝基苯等。

3）成品，如农药厂生产的各种农药等。

4）辅助材料，如橡胶、印刷行业用作溶剂的苯和汽油等。

5）副产品及废弃物，如炼焦时产生的煤焦油、沥青，冶炼金属时产生的二氧化硫等。

6）夹杂物，如硫酸中混杂的砷等。

（2）生产性毒物的形态。生产性毒物可以固体、液体、气体的形态存在于生产环境中。

1）气体。在常温、常压条件下，散发于空气中的气体，如氯、溴、氨、一氧化碳和甲烷等属于生产性毒物。

2）蒸气。固体升华、液体蒸发时形成蒸气，如水银蒸气和苯蒸气等属于生产性毒物。

3）雾。混悬于空气中的液体微粒，如喷洒农药和喷漆时所形成的雾滴、镀铬和蓄电池充电时逸出的铬酸雾和硫酸雾等属于生产性毒物。

4）烟。悬浮于空气中的直径小于 0.1 μm 的固体微粒，如熔铜时产生的氧化锌烟尘、熔镉时产生的氧化镉烟尘、电焊时产生的电焊烟尘等属于生产性毒物。

5）粉尘。能较长时间悬浮于空气中的固体微粒属于生产性毒物，直径大多数为 0.1~10 μm。固体物质的机械加工、粉碎、筛分、包装等可引起粉尘飞扬。

悬浮于空气中的粉尘、烟和雾等微粒，统称为气溶胶。了解生产性毒物的存在形态，有助于研究毒物进入机体的途径、发病原因，便于采取有效的防护措施，以及选择车间空气中有害物采样方法。

生产性毒物进入人体的途径主要是经呼吸道，通过肺泡直接进入血液循环，其毒性作用大，发生快。在作业过程中，经皮肤吸收而导致中毒者也较常见。经皮肤吸收有两种，包括经表皮或经过汗腺、毛囊等吸收，吸收后直接进入血液循环。生产性毒物也可经消化道进入，较少见，可为误食或吞入。

3. 生产性毒物的主要危害

（1）生产性毒物对人体的毒性作用。根据化学物质的毒性程度，可将其分为 4 种，分别是绝对毒性、相对毒性、有效毒性和急性毒作用。

毒物进入人体后，能够引起局部刺激和腐蚀作用，如强酸

（硫酸、硝酸）、强碱（氢氧化钠、氢氧化钾）可直接腐蚀皮肤和黏膜。还有些有毒气体能够阻止人体对氧的吸收、运输和利用，甚至致人死亡。例如，一氧化碳被吸入人体后很快与血红蛋白结合，影响血红蛋白运送氧气；刺激性气体和氯气被吸入人体后可形成肺水肿，妨碍肺泡的气体交换功能，使其不能吸收氧气；稀有气体或毒性较小的气体如氮气、甲烷、二氧化碳，会降低空气中氧分压而使人窒息。

毒物还能改变机体的免疫功能，干扰机体免疫系统，致使机体免疫力低下，使人体更容易患上其他相关的疾病。很多毒物还可以抑制机体酶系统的活性，从而发生"三致"，即致癌、致畸、致突变。

（2）毒物作用于人体的危害表现。中毒有急性、慢性之分，也可能以身体某个脏器的损害为主，表现多种多样。

1）局部刺激和腐蚀。例如，人接触氨气、氯气、二氧化硫等，可出现流泪、睁不开眼、鼻痒、鼻塞、咽干、咽痛等表现，这是因为这些气体有刺激性，严重时可出现剧烈咳嗽、痰中带血、胸闷、胸疼。高浓度的氨、硫酸、盐酸、氢氧化钠等酸碱物质，还会腐蚀皮肤、黏膜，引起化学灼伤，造成肺水肿等。

2）中毒。例如，长期吸入汞蒸气，可出现头痛、头晕、乏力、倦怠、情绪不稳等，还可有流涎、口腔溃疡、手颤等体征，实验室检查尿汞高，可诊断为汞中毒。

此外，长期接触某些化学物质后，会造成女职工自然流产、后代畸形；有的会增加群体肿瘤的发病率；有的则会改变免疫功能等。

4. 生产性毒物危害治理措施

生产过程的密闭化、自动化是解决生产性毒物危害的根本途径。采用无毒、低毒物质代替有毒或高毒物质是从根本上解决生产性毒物危害的首选办法。

常用的生产性毒物控制措施如下：

（1）密闭、通风排毒系统。该系统由密闭罩、通风管、净化装置和通风机构成。采用该系统必须注意以下两点：

1）整个系统必须注意安全、防火、防爆问题。

2）正确地选择气体的净化和回收利用方法，防止二次污染和环境污染。

（2）局部排气罩。就地密闭，就地排出，就地净化，是通风防毒工程的一个重要技术准则。排气罩就是实施毒源控制，防止毒物扩散的具体技术装置。局部排气罩按其构造分为 3 种类型。

1）密闭罩。在工艺条件允许的情况下，尽可能将毒源密闭起来，然后通过通风管将含毒空气吸出，送往净化装置，净化后排入大气。

2）开口罩。在生产工艺操作不可能采取密闭罩排气时，可按生产设备和操作的特点，设计开口罩排气。按结构形式，开口罩分为上吸罩、侧吸罩和下吸罩。

3）通风橱。通风橱是密闭罩与侧吸罩相结合的一种特殊排气罩。可以将产生有害物的操作和设备完全放在通风橱内，通风橱上设有开启的操作小门，以便于操作。为防止通风橱内机械设备的扰动、化学反应或热源的热压、室内横向气流的干扰等原因引起有害物逸出，必须对通风橱实行排气，使橱内形成负压状态。

（3）排出气体的净化。工业的无害化排放，是通风防毒工程必须遵守的重要准则。根据输送介质特性和生产工艺的不同，可采用不同的有害气体净化方法。有害气体净化方法大致分为洗涤法、吸附法、袋滤法、静电法、燃烧法等。确定净化方案的原则：①设计前必须确定有害物质的成分、含量和毒性等理化指标；②确定有害物质的净化目标和综合利用方向，应符合卫生标准和环境保护标准的规定；③净化设备的工艺特性，必须与有害介质的特性相一致；④落实防火、防爆的特殊要求。

1）洗涤法。洗涤法也称吸收法，是通过适当比例的液体吸收剂处理气体混合物，完成沉降、降温、聚凝、洗净、中和、吸收和脱水等物理化学反应，以实现气体的净化。洗涤法是一种常用的净化方法，在工业上已经得到广泛的应用。它适用于净化一氧化碳、二氧化硫、氯化氢等气体、酸雾、沥青烟以及有机蒸气，如冶金行业的焦炉煤气、高炉煤气、转炉煤气、发生炉煤气净化，化工行业的工业气体净化，机电行业的苯及其衍生物等有机蒸气净化，电力行业的烟气脱硫净化等。

2）吸附法。吸附法是使有害气体与多孔性固体（吸附剂）接触，使有害物（吸附质）黏附在固体表面（物理吸附）。吸附法多用于低浓度有害气体的净化，并实现其回收与利用。

3）袋滤法。袋滤法是粉尘通过过滤介质受阻，而将固体颗粒物分离出来的方法。在袋滤器内，粉尘经过沉降、聚凝、过滤和清灰等物理过程，实现无害化排放。袋滤法是一种高效净化方法，主要适用于工业气体的除尘净化，如以金属氧化物（三氧化二铁）为代表的烟气净化。该方法还可以用于气体净化的前处理及物料回收装置。

4）静电法。静电法是粒子在电场作用下带电荷后，向集尘极移动，带电粒子碰到集尘极即释放电子而呈中性状态附着于集尘板上，从而被捕捉下来，完成气体净化的方法。静电法分为干式净化工艺和湿式净化工艺，按其构造形式又可分为卧式和立式。以静电除尘器为代表的静电法气体净化设备，在供电设备清灰和粉尘回收等方面应用较多。

5）燃烧法。燃烧法是将有害气体中的可燃成分与氧结合，进行燃烧，使其转化为 CO_2 和 H_2O，实现气体净化与无害物排放的方法。燃烧法适用于有害气体中含有可燃成分的情况，分为直接燃烧法和催化燃烧法。直接燃烧法是在一般方法难以处理，且危害性极大，必须采取燃烧处理时采用，如净化沥青烟、炼油厂尾气等。催化燃烧法主要用于净化机电、轻工行业产生的苯、醇、酯、醛、酮、烷和酚类等有机蒸气。

（4）个体防护。对接触毒物作业人员进行个体防护有特殊意义。毒物通过呼吸道、皮肤侵入人体，因此，凡是接触毒物的作业都应制定有针对性的个人卫生制度，必要时应列入操作规程，如不准在作业场所吸烟、吃东西，班后洗澡，不准将工作服带回家中等。个体防护措施不仅保护作业人员自身，而且可避免其家庭成员，特别是儿童间接受害。作业场所的防护用品有防腐服装、防毒口罩和防毒面具。

1）自吸过滤式防毒呼吸用品使用注意事项如下：

①使用前必须弄清作业环境中有毒物质的性质、浓度和空气中的氧气含量，在未弄清之前，绝对禁止使用。当毒气浓度大于规定使用范围或空气中的氧体积分数低于 18% 时，不能使用自吸过滤式防毒面具（或防毒口罩）。

②使用前应检查部件和接合部的气密性，若发生漏气，应查明原因。例如，面罩选择不合适或佩戴不正确、橡胶主体破损、呼吸阀的橡胶老化变形、滤毒罐（盒）破裂、面罩的部件连接松动等，都不得使用。面罩只有在保持良好的气密状态时才能

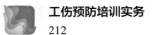

使用。

③检查各部件是否完好，导气管有无堵塞或破损，金属部件有无生锈、变形，橡胶是否老化，螺纹接头有无生锈、变形，连接是否紧密。

④检查滤毒罐表面有无破裂、压伤，螺纹是否完好，罐盖、罐底活塞是否齐全，罐盖内有无垫片，用力摇动时有无响声。检查面具袋内紧固滤毒罐的带、扣是否齐全和完好。

⑤整套防毒面具连接后的气密性检查。在检查完各部件以后，应对防毒面具气密性进行检查。简单的检查方法：打开橡胶底塞吸气，此时如果没有空气进入，则证明连接正确，如漏气，则应检查各部位连接是否正确。在使用时，应使罩体边缘与脸部紧贴，眼窗中心位置应在眼睛正前方下 1 cm 左右。

⑥根据劳动强度和作业环境空气中有害物质的浓度选用不同类型的防毒面具，如低浓度的作业环境可选用小型滤毒罐的防毒面具。

⑦严格遵守滤毒罐有效使用时间的规定。在使用过程中，必须记录滤毒罐已使用的时间、毒物性质、浓度等。若记录卡片上的累计使用时间达到了滤毒罐规定的时间，应立即停止使用。

⑧在使用过程中，严禁随意拧开滤毒罐（盒）的盖子，并防止水或其他液体进入罐（盒）中。

⑨应防止防毒面具的眼窗镜片被摩擦产生划痕，以保持视物清晰。

⑩防毒呼吸用品应由专人使用和保管，使用后应清洗、消毒。在清洗和消毒时，应注意温度，不可使橡胶等部件因受温度影响而发生质变受损。

2）供气式防毒呼吸用品使用注意事项如下：

①使用前应检查各部件是否齐全和完好，有无破损、生锈，连接部位是否漏气等。

②空气呼吸器使用的压缩空气钢瓶，绝对不允许充氧气。所用气瓶应按压力容器的规定定期进行耐压试验，凡已超过有效期的气瓶，在使用前必须经耐压试验合格才能充气。

③橡胶制品经过一段时间会自然老化而失去弹性，从而影响防毒面具的气密性。一般来说，面罩和导气管应每年更新，呼气阀每 6 个月应更换 1 次。若不经常使用而且保管妥善，面罩和吸气管可每 3 年更换 1 次，呼气阀每年更换 1 次。

呼吸器不用时应装入箱内，避免阳光照射，存放环境温度应不高于 40 ℃，存放位置固定，方便紧急情况时取用。

④使用的呼吸器除日常现场检查外，应每 3 个月（使用频繁时，可少于 3 个月）检查 1 次。

3）防护手套使用注意事项如下：

①防护手套的品种很多，应根据其防护功能选用。应明确防护对象，再仔细选用。例如，耐酸（碱）手套有耐强酸（碱）的，有耐低浓度酸（碱）的，而耐低浓度酸（碱）的手套不能用于接触高浓度酸（碱）。切忌误用，以免发生意外。

②防水、耐酸（碱）手套使用前应仔细检查，观察表面是否破损。简易的检查办法是向手套内吹口气，用手捏紧套口，观察是否漏气，漏气则不能使用。

③橡胶、塑料等防护手套用后应冲洗干净、晾干，保存时避免高温，并在手套上撒上滑石粉以防粘连。

4）耐酸（碱）鞋（靴）使用注意事项如下：

①耐酸（碱）皮鞋一般只能用于浓度较低的酸（碱）作业场所，不能浸泡在酸（碱）液中进行较长时间的作业，以防酸（碱）液渗入皮鞋内腐蚀足部造成伤害。

②耐酸（碱）塑料靴和胶靴应避免接触高温，并避免锐器损伤靴面或靴底，否则将引起渗漏，影响防护功能。

③耐酸（碱）塑料靴和胶靴穿用后，应用清水冲洗靴上的酸（碱）液体，然后晾干，避免日光直接照射，以防塑料和橡胶老化脆变，影响使用寿命。

四、作业场所生物因素危害控制技术

生物因素是职业病危害因素的一个重要组成部分，生产原料和生产环境中存在的对劳动者健康有害的致病微生物、寄生虫、动植物、昆虫等及其所产生的生物活性物质统称为生物因素。

1. 常见致病微生物的危害

（1）炭疽杆菌。炭疽是一种人畜共患的急性传染病，炭疽杆菌是炭疽病的病原菌。

炭疽杆菌的荚膜和毒素是炭疽杆菌的两种主要致病物质。炭疽杆菌在动物体内形成荚膜，荚膜能抵抗吞噬细胞的吞噬作用，有利于该菌在机体内的生存、繁殖和扩散，因此其致病性较强。炭疽杆菌可产生强毒性的炭疽毒素。炭疽毒素由水肿因子、保护性抗原和致死因子3种成分组成，其中任一成分单独存在均不引起毒性反应。水肿因子和保护性抗原同时作用可产生皮肤坏死和水肿反应，保护性抗原和致死因子同时作用可致死。只有三者同时存在方可引起典型的炭疽病。炭疽毒素主要损害微血管内皮细胞，增强血管壁的通透性，减少有效血容量和微循环灌注量，使血液的黏滞度增高，从而导致弥散性血管内凝血，造成休克。炭疽杆菌可经皮肤、呼吸道和消化道侵入机体引起炭疽病。

炭疽杆菌主要寄生于牛、马、羊、骆驼等食草动物，从事畜牧业、兽医、屠宰牲畜检疫、毛纺及皮革加工等劳动者接触炭疽杆菌的机会较多。误食病畜肉、乳品等可发生肠炭疽。

炭疽病的潜伏期较短，一般为 1~3 天，最短仅为 12 小时，临床分为皮肤型、肺型、肠型 3 种，且可继发败血症型、脑膜炎型。

（2）森林脑炎。森林脑炎是由森林脑炎病毒所致的中枢神经系统急性传染病。森林脑炎多见于森林地带，流行于春、夏季节，病人常为森林作业人员。森林脑炎病毒寄生于松鼠、野鼠等血液中，通过吸血昆虫（蜱）叮咬传播给人。

森林脑炎病毒通过蜱的叮咬进入人体，在接触局部淋巴结或单核巨噬细胞后，病毒包膜 E 蛋白与细胞表面受体相结合，融合后穿入细胞内，病毒在淋巴结和单核巨噬细胞系统内进行复制。复制的病毒不断释放而感染肝、脾等脏器，感染后 3~7 天，复制的病毒大量释放至血液中形成森林脑炎病毒血症，可表现为病毒血症症状。病毒随血流进入脑毛细血管，最后侵入神经细胞，亦可通过淋巴及神经途径抵达中枢神经系统，产生广泛性炎症改变，临床上表现为明显的脑炎症状。

起病时先有发热、头痛、恶心、呕吐、神志不清症状，并有颈项强直表现。随后出现颈部、肩部和上肢肌肉瘫痪，表现为头无力抬起，肩下垂，两手无力而摇摆等。若症状好转，则体温在一周后降至正常，症状消失。该病恢复期较长，可留有瘫痪后遗症。

森林脑炎分布有严格的地区性，我国多见于东北和西北的原始森林地区，流行于 5—6 月，8 月后发病率下降。森林脑炎多散发，林区采伐工人患病比较多。潜伏期为 7~21 天，多数为 10~12 天。

（3）布鲁氏菌。布鲁氏菌有荚膜，可产生透明质酸酶和过氧化氢酶，能够通过完整的皮肤和黏膜进入宿主体内。布鲁氏菌产生的内毒素是其重要致病物质。荚膜能抵抗吞噬细胞的吞噬作用，内毒素损害吞噬细胞，使其在宿主细胞内增殖成为胞内寄生菌，并经淋巴液到达局部淋巴结繁殖。当布鲁氏菌在淋巴结中繁殖达到一定数量后即可突破淋巴结进入血液，引起发热等菌血症的表现。布鲁氏菌可随血液侵入肝、脾、骨髓、淋巴结等组织器官，并生长繁殖形成新的感染病。

牧民、饲养员、挤奶工、屠宰工、肉品包装工、卫生检疫员、兽医等职业人群接触布鲁氏菌的机会较多。饮用布鲁氏菌污染的生奶或奶制品可感染引发布鲁氏菌病。

发热是布鲁氏菌病患者最常见的临床表现之一，常有多发性神经炎，多见于大神经，以坐骨神经最多见。

2. 生物因素危害控制技术

（1）炭疽杆菌危害预防措施如下：

1）发现病畜应及时采用焚烧或深埋的方法处理，不可解剖，对病畜的污染物及排泄物要彻底消毒。

2）皮毛要严格检疫和消毒，以采用环氧乙烷气体消毒效果较好。

3）加强劳动保护，定期体检。饭后用质量分数为 2%~3% 的双氧水洗手，用质量分数为 1% 的高锰酸钾漱口，人体暴露部位如有伤口，应暂时脱离接触原料毛皮。

4）隔离治疗炭疽病患者，直至其痊愈，实验室检查至正常。

（2）森林脑炎病毒危害预防措施如下：

1）加强防蜱灭蜱。

2）在林区工作时穿"三紧"（袖口、领口和下摆要扣紧）防护服及高筒靴，头戴防虫罩；衣帽可浸入邻苯二甲酸二甲酯溶液后再使用，一次浸润有效期为 10 天。

3）患者衣服应进行消毒灭蜱。

4）预防接种。每年 3 月前注射森林脑炎疫苗，第一次 2 mL，第二次 3 mL，间隔 7~10 天，以后每年接种一针加强针。

（3）布鲁氏菌危害预防措施如下：

1）给疫区牲畜进行预防接种，每年 1 次，连续 3~5 年，发现病畜及时宰杀，病畜肉要进行高温处理。

2）疫区内从事屠宰、皮毛加工人员及兽医要加强防护，穿戴防护衣帽、口罩及乳胶手套等。

3）疫区有关人员应接种减毒活菌苗，每年 1 次。

第四章
工伤预防工作实践

第一节　相关省市工伤预防试点经验

一、广东省工伤预防试点经验

广东省高度重视工伤预防试点工作，以积极探索、建立机制为指导思路，以大力推动工伤预防体系建设为重点和目标，工伤预防工作已经初见成效。广东省工伤预防试点工作方法主要归纳为以下几个方面：

1. 建立经费保障机制，提供资金基础支撑

（1）注重经费保障。《广东省工伤保险条例》把"促进工伤预防"作为立法的宗旨之一，提出了"工伤保险工作应当坚持预防、救治、补偿和康复相结合的原则"，明确工伤保险基金可用

于工伤预防支出，规定了工伤预防费安排使用比例（不超过基金征收总额的3%），并将工伤预防费作为专项经费管理使用，为开展工伤预防工作提供了有力的法制保障。

（2）依法实行预算管理。按照《广东省工伤保险条例》的规定，提取的工伤预防费由社会保险经办机构会同应急管理部门提出下年度用款支出计划，报同级人力资源社会保障行政部门、财政部门审核，纳入省人大预算管理，发生支出时据实列支。

（3）严格项目采购流程。限额以内（各地标准不同）的项目通过内部评审、综合比价，按规定程序审批后立项。限额以上的项目须经专家评估才能立项，并须通过政府招标采购中心公开招标。

（4）规范费用结算支付管理。根据协议，按比例分期支付费用。结算通过基金财务管理系统完成，提供完整的费用预算请示及批示件、宣教培训对象的个人资料信息及个人亲笔签名资料，并附宣传、培训场景照片等材料。

2. 建立费率浮动机制，发挥杠杆调节作用

指导各地制定实施工伤保险费率浮动管理办法，根据工伤保险费收支率、工伤发生率等情况，定期调整用人单位的工伤保险缴费费率，推动工伤预防重心下移到企业。例如，深圳市对于工伤保险费收支率低于30%的单位分档降低缴费费率，高于100%的单位再根据工伤发生率（以2.0%为基准）分档提高缴费费率；对于应下浮或者执行基准费率的单位，发生因工死亡的，均按行业基准费率上浮一档执行；对于通过安全生产标准化评级的单位，相应下浮一档执行。

3. 建立项目研究机制，提供科学理论依据

针对行业工伤风险情况，开展工伤预防项目研究，掌握工伤

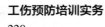
发生规律，厘清工伤风险点，采取针对性预防措施，为开展工伤预防工作提供科学依据。例如，东莞市邀请专家团队研究形成了《模具行业工伤预防指导规范》；中山市通过购买服务的方式，开展五金行业非致死性职业伤害影响因素与干预措施研究，制定有效的干预措施，提高用人单位预防和控制工伤事故的能力。

4. 建立绩效评估机制，提升资金使用效能

（1）优化项目评估流程，用款单位撰写绩效自评报告报人力资源社会保障部门进行总体评价，通过绩效评价改进、调整和优化工伤预防经费支出方向和结构。

（2）量化项目评估指标，实行三层级指标设置，科学规划全年项目工作落实情况，对实施效果进行量化评估。

（3）强化项目监督管理，职能部门每月对资金投放、预拨、使用进行检查，财务和基金管理部门每年年底检查经费管理使用情况。

5. 建立宣传长效机制

（1）创新宣传方式。开通了"广东人社"微信公众号，解读工伤保险法规政策，回应网络热点问题，发布典型案例，宣传工伤预防知识。

（2）创新宣传内容。发布典型案例，增强宣传效果。举办"职业安全健康展示日活动"，展示职业健康防护用品，宣讲职业健康与安全防护知识，及时发布权威解答，把握正确舆论导向。

（3）创新宣传载体。既发挥主流报刊、电视、电台等传统媒体的权威优势，又利用好微信、微博等网络新媒体的覆盖优势，开展专题报道、现场咨询、知识竞赛、在线访谈、文艺表演、送法上门、慰问宣传等形式多样的宣传活动，制作推广动漫视频、

公益广告、海报、扑克牌、折扇、宣传伞和购物袋等一系列工伤预防宣传作品。在珠三角地区开展了以"关爱工伤职工"为主题的专场巡回演出；与省总工会合作，开设"倾听工人心声——关注职工劳动安全问题"和"关注健康问题"在线访谈专题。广州市顺德区开展工伤保险宣传"百厂行"，每年挑选参保200人以上的100家企业，进行政策宣传解答热点问题，深受企业的欢迎和社会的认可。

（4）创新宣传工作机制。建立了宣传"三同时"工作机制、工作台账机制和示范引领机制，做到政策制定与宣传教育"同统筹、同谋划、同实施"，在出台利民政策的同时，同步在各大主流媒体进行宣传报道。

6. 建立培训教育机制，提高工伤预防技能

通过"社保部门出资、多部门联合、专业机构提供培训服务"方式开展工伤预防培训教育。

（1）注重部门联动。发挥人力资源社会保障部门的经费优势、应急管理部门行政执法的职能优势、卫生健康行政管理和住房城乡建设主管部门的管理优势，多部门联动进行培训，形成合力，提升培训效能。

（2）注重方式方法。针对培训内容和对象，灵活选择多种方法，采用讲授法、实操演练法、案例研讨法和宣传娱乐法等进行培训。

（3）注重重点推动。以高危行业、高危岗位、工伤发生率较高的企业及相关人员为培训重点，提高培训的针对性和实效性，并通过"回头看"活动检验培训效果，受训企业工伤发生率明显下降。

（4）注重互动参与。广州市、东莞市和佛山市开展了"普思参与式职业健康持续改善计划"培训项目，以高风险行业参保单位为对象，运用"双向互动"模式，鼓励生产一线职工及管理人员共同参加培训，提出改善工作环境的建议，协助企业建立内部职业安全健康委员会，完善职业健康安全管理制度，增强了职工劳动保护意识，改善了企业安全生产环境，减少了职业安全事故，取得了良好的经济效益和社会效益。

7. 建立奖励激励机制，充分调动企业积极性

由人力资源社会保障部门与应急管理部门联合对参保企业进行安全生产考评，对安全生产工作好、工伤事故发生率低的企业给予通报表彰、物质奖励，支持用人单位的工伤预防项目经费，激发了参保企业做好工伤预防工作的积极性。

8. 建立部门协作机制，构建齐抓共管格局

建立健全工伤事故和职业病联防联控机制，各市每年至少召开1次工伤预防工作联席会议，由人力资源社会保障部门牵头，应急管理、卫生健康、工会和有关行业主管部门作为成员参加，按规定确定工伤预防重点领域和工伤预防项目等，有效发挥各主管部门职能优势，协同推动面向社会和中小微企业工伤预防的宣传培训项目。各地人力资源社会保障部门会同住房城乡建设、交通等主管部门加强工程建设项目工伤预防和工伤保险政策宣传培训，促进施工企业落实主体责任，切实减少工伤事故和职业病危害，依法依规办理工程项目工伤保险。建立完善工伤预防信息交换、数据共享、联合督导检查等机制，及时运用法律、行政、经济等手段重点治理各类安全隐患、安全事故苗头性问题和职业病危害因素超标等现象。

9. 抓好重点行业领域工伤预防工作

各地以工伤事故和职业病高发的危险化学品、非煤矿山、建筑施工、交通运输、机械制造、冶金等行业企业为重点推动工伤预防工作。依托省集中式工伤保险信息系统，加强对本地区工伤事故和职业病危害情况分析研判，科学有序确定工伤预防重点领域和重点项目。深入开展职业性噪声聋、尘肺病和化学中毒多发高发的重点行业工伤预防专项行动，有效降低重点企业职业病发生率。组织实施重点行业重点企业工伤预防（安全生产、职业病防治）能力提升培训工程，重点培训重点行业重点企业分管负责人、安全管理部门主要负责人和一线班组长等重点岗位人员，在2025年年底前实现上述人员培训全覆盖。

二、天津市工伤预防试点经验

1. 工作情况及经验做法

（1）加强制度建设。天津市人力资源和社会保障局等部门联合下发了《天津市工伤预防费使用管理暂行办法》（津人社局发〔2018〕55号），明确了工伤预防费用使用比例、使用范围、使用流程、资金拨付等具体政策，提出建立工伤预防工作联席会议制度、项目实施效果考评制度、工伤预防费专项检查制度等规定。

（2）健全工作机制。天津市建立了工伤预防联席会议，研究分析工伤预防工作进展情况，加强工伤及职业病信息共享，研究确定年度项目，对实施情况效果进行监督和评估。

（3）精心谋划工伤预防项目。工伤预防宣传项目包括在公交、地铁、电台等投放公益广告，利用报刊宣传，购买及印制宣传资料和用品。工伤预防培训项目包括工伤预防培训知识技术研发、工伤预防新技术研发与推广、工伤预防培训重点实施对象课题研究、工伤预防效果考核评估体系课题研究。

（4）依法实施政府采购。严格依照政府采购的有关规定组织实施采购程序。凡是达到公开招标、竞争性谈判要求的，统一在市政府采购中心网站上公示并公开采购。委托经办机构与中标社会组织签订项目实施合同。

（5）严格资金拨付程序。对周期较短的项目，采取货到验收后一次性付款的方式。对周期较长的项目，可以明确一定预付款，比例最高不超过合同总额的30%，项目结束验收后拨付尾款。

（6）注重实施效果。在起步阶段，明确工伤预防费优先用于工伤风险较大的重点行业、企业、岗位和人员，并优先用于宣传项目。突出考虑项目的受众群体、实施效果和资金投入，达到最高性价比。例如，在天津广播电台早间黄金时段《909早新闻》和《公仆走进直播间》栏目播出工伤预防公益广告，是考虑这两个栏目是"最具影响力之一"的节目。在《天津工人报》开设工伤预防专刊，是考虑该报发行面为各个厂矿企业的一线班组。将工伤预防宣传融入职工日常生产生活所必需的物品中，设计制作了印有预防宣传用语的安全帽、劳保手套、防尘口罩、扑克牌等实物，结合产业结构，将安全帽、扑克牌重点投入建筑行业，将劳保手套和防尘口罩重点投入环卫行业。

2. 阶段性工作重点

（1）投放视频公益广告。在电视台、电梯间、繁华地区户外大屏幕等可视媒体投放工伤预防公益广告，提醒用人单位和劳动者遵守安全规章，自觉防范职业风险，维护职工合法权益。

（2）购买宣传资料。以建筑业为重点，购买《建筑业职工工伤保险手册》《建筑业工伤保险宣传挂图》等宣传资料，强化对建筑业等高危行业职工的工伤预防宣传。

（3）购买宣传物品。购买印有"工伤预防"字样和简明概括工伤预防知识的宣传物品，主要包括水杯、反光背心、晴雨伞、广告式水笔、手提袋等，时刻提醒职工强化工伤预防意识。

（4）积极筹划相关项目。研究制定工伤预防培训项目实施管理办法，规范培训工作；做好培训知识的研发，确保培训效果；开展部分高危行业管理人员和一线职工工伤预防培训；开展工伤预防相关课题研究和新技术研发与推广。

三、长沙市工伤预防试点经验

长沙市积极探索工伤预防新路子，通过机制创新，健全预防体系，调动各方打"组合拳"，形成用人单位、劳动者和社会力量积极参与的良好局面。

1. 主要做法

（1）建立工伤预防联动机制。长沙市出台《长沙市工伤预防实施方案》，建立由市政府牵头、多部门共同参与的工伤预防工作联席会议机制。

1）明确目标任务。以排名通报压实责任。长沙市人力资源和社会保障局联合市安委办建立重点行业企业工伤事故排名通报制度，将每月工伤事故发生率前100名的企业、报告事故3起以上的建筑项目纳入市安委办逐月通报内容，让被通报企业属地政府及相关部门责任人更好掌握区域、行业工伤事故情况，及时约谈企业。同时，被通报的企业须落实"五个一"措施，即开展一次工伤事故原因分析、全员安全警示教育、全面事故隐患排查、安全应急演练，全面落实"一会三卡"制度，形成工伤事故"公开通报－精准督查－倒逼整改－规范提升"的完整闭环。

2）建立工伤事故专项联合执法检查机制。对违反安全生产、

职业安全卫生法律法规和《工伤保险条例》的生产经营单位，依法依规处罚整改。对共性重点问题，相关部门研究提出工伤事故预防的措施。

3）建立工伤事故信息互通机制。多部门建立信息互通交流平台，将安全生产事故信息、职业健康检查和职业病诊断信息、工伤认定信息等相关信息定期互通共享。

4）建立工伤事故通报制度。对当季发生死亡事故或工伤事故率排名前10位的用人单位进行通报并责令限期整改，对年度内发生死亡事故和工伤事故率偏高（职工平均参保人数在20人以下的，当年发生工伤事故3起以上；职工平均参保人数超过20人的，当年发生工伤事故率在5%以上）的用人单位通过媒体向社会公布。

（2）依托主流媒体多形式强化工伤预防宣传，具体如下：

1）与长沙新闻频道合作开办《人社直通车》电视栏目，及时普及、解读人社领域的政策，进行工伤保险政策和工伤预防知识宣传。

2）与律师事务所合作开展政策宣传，及时为用人单位和工伤职工提供相关法律知识培训、咨询和法律援助服务。

3）开展"工伤保险情系民生社区行"系列活动，深入农民工等工伤预防重点群体较为集中的基层社区、厂矿，采取知识抢答、产业工人技能比武、健康义诊等活动方式宣传工伤预防知识。

4）组织"工伤保险送清凉"专项慰问活动。针对夏季酷热高温、工伤事故易发的实际情况，对城区环卫工人、交警、建筑施工单位务工人员发放防暑降温的药品，宣传工伤预防知识。

5）借助民间公益组织平台力量，针对尘肺病病人进行宣传。通过购买服务方式，委托有一定公信力与影响力的民间公益组织（"大爱清尘"基金会），编纂了《尘肺病知识手册》，由公益组织成员深入一线，向经常性接触粉尘的工人及尘肺病病人进行发放及救助，介绍工伤预防、尘肺病治疗和康复以及法律知识。

（3）扎实开展工伤预防培训，具体如下：

1）开展经常性基础培训。以购买服务的方式举办培训班和专题讲座，重点培训安全生产和工伤保险相关政策法规、企业日常安全生产事项以及工伤事故典型案例分析等方面知识。

2）开展"千人送训进万企"专项活动。通过政府购买服务方式确定3家有安全生产及工伤保险培训经验、具备良好软硬件设施的培训机构，以"送培训上门"的形式，深入近600家企业进行了500余场安全生产知识及工伤预防知识的专题培训，受训职工近万人。

（4）引导用人单位积极参与，具体如下：

1）充分发挥费率调节机制的经济杠杆作用。如在建筑行业，对上年度未发生工伤事故的建筑施工企业，其当年新开工工程项目的工伤保险缴费费率下调到0.8%；对连续两年以上（含两年）未发生工伤事故的建筑施工企业，其当年新开工工程项目的工伤保险缴费费率下调到0.5%；对3A企业一律按0.45%征收。职业卫生基础建设到位，被评为职业卫生管理示范企业的用人单位，工伤保险费率下调一档；职业卫生基础建设未达标的，工伤保险费率上浮一档。

2）督促用人单位履行职业健康监护义务。与应急管理、卫生健康、财政、总工会等部门联合下发《关于加强职业健康监护工作的通知》，督促用人单位加强劳动者上岗前、在岗期间、离

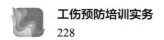

岗时和应急职业健康检查，定期对工作场所进行职业病危害因素检测评价。

3）督促企业自身强化安全培训。要求企业及时进行全面的安全知识培训，督促企业抓好特种作业人员的安全技术培训，督促企业积极引导广大职工增强自我防护意识和能力。

2. 阶段性工作重点

（1）开展工伤预防示范点创建工作。选定一批职业卫生基础好、安全生产和工伤预防工作出色的用人单位，作为工伤预防示范单位，下调一档工伤保险费率，充分发挥示范激励作用。

（2）出台工伤保险浮动费率办法。合理确定工伤保险浮动费率，科学设置费率考核指标体系，将缴费费率与用人单位的工伤保险费收支率、工伤发生率等相关指标挂钩，发挥浮动费率对用人单位的制约和激励功能。

（3）开展用人单位工伤风险评估工作。建立工伤预防专家库，通过购买服务的方式，委托专业机构对新开工单位和部分工伤事故发生率较高的单位进行工伤风险评估。

（4）举办网上知识竞答活动。举办普及型的工伤预防及安全生产知识网上竞答活动，竞答题在《长沙晚报》、长沙市人力资源和社会保障局门户网站上同步刊发。

第二节　常州市工伤预防培训模式

常州市从 2018 年开始逐步试点"现场互动与持续改善式工伤预防培训项目"。该模式是在"普思参与式工伤预防持续改善项目"和"参与式职业健康培训"的基础上形成的易接受、易推广、易普及、低成本、高收益的工伤预防培训模式。该模式凸显了"以人为本、预防为主"的思想，以企业一线职工作为主要培训对象，改变了原有的说教式、灌输式、讲义式的培训方法，培训方式生动活泼，培训职工参与度高，尤其是培训过程中大量使用工伤风险评估发现的企业风险隐患，职工的参与度、接受度、工伤预防知识的熟知度、工伤风险意识的保持度都有显著提升，产生了积极的社会效应，为构建和谐社会做出应有的贡献。针对常州企业特点，常州推出中小微企业工伤预防培训、行业协会工伤预防培训、全供应链协同工伤预防培训项目等，已经形成具有常州特色的工伤预防培训模式。

一、项目实施步骤

现场互动与持续改善式工伤预防培训项目的独特与核心之处在于培训前深入企业，充分了解企业在"人—机—物—环—程"五个方面（"人—设备—物料—环境—程序"）的安全状态，提供针对性和实用性强的培训内容，采用互动的培训方式，充分调动企业全体职工参与到工伤预防工作中来，还能持续跟踪和改善企业的工伤预防情况，形成工伤预防持续改善文化。项目的实施主要分为三大步。

1. 工作环境工伤危险因素评估

根据各行业工伤危险因素评估标准，采用问卷调查和访谈形式，了解企业和职工工伤预防知识、信念和行为情况，采用 LEC 评价法对企业现场工作环境、仪器设备、规章制度等进行评分，对企业职工工伤预防认知水平、心理情况及职业安全健康情况进行调查，发现企业存在或潜在的职业健康安全问题，提出成本低、投入少、收益高的改善措施，并指导企业制定科学有效的工伤预防管理制度，为后续互动式培训提供素材。该项工作是互动与持续改善项目中最核心和最具有项目特色的工作，保障了互动式培训内容的针对性和实用性。

LEC 评价法是对作业环境中具有潜在职业伤害的危险源进行半定量安全评价的方法，用于评价作业人员在具有潜在危险性环境中作业时的危险性、危害性。该方法通过与系统风险有关的 3 种因素指标值的乘积来评价作业人员伤亡风险的大小，这 3 种因素分别是事故发生的可能性 L、人员暴露于危险环境中的频繁程度 E 和一旦发生事故可能造成的后果 C。给上述 3 种因素的不同等级分别确定不同的分值，再根据 3 个分值的乘积危险性 D 来评价作业条件危险性的大小，即

$$D=LEC$$

D 值越大，说明该系统危险性越大，需要增强安全措施，或改变发生事故的可能性，或减少人体暴露于危险环境中的频繁程度，或减轻事故损失，直至调整到允许范围内。

2. 现场互动式培训

根据工伤危险因素评估结果，制定科学实用、针对性强的培训内容，运用互动式培训方法对一线职工、班组长进行工伤预防知识培训，培训内容主要有工伤保险知识、安全生产知识、意外伤害现场急救处理知识、职业病危害因素识别与防护知识，让一线职工和班组长熟练掌握与自己岗位息息相关的安全生产、人体功效学和职业病危害因素风险辨识等知识。在项目实施过程中，通过小组讨论、角色互换、案例分享、现身说法等学习方法，充分调动培训对象的参与性，使培训对象在工伤预防理论知识和技能方面均得到提高，并能运用于实际工作，评估自己和同事工作岗位的工伤危险因素，提出科学合理的改善建议或措施。同时利

用 VR（虚拟现实）技术展开体验式培训。VR 技术就是利用计算机技术，模拟出逼真的三维虚拟世界，并通过视觉、听觉等让使用者有身临其境的体验。虚拟现实技术的特性包括沉浸性、交互性和构想性等，同时还具有强大的网络功能、多媒体功能，可创建三维立体造型盒场景，实现动态交互、人工智能、智能感知等。VR 技术应用到安全教育培训，开创了全新的沉浸式安全教育培训新模式。

3. 持续跟进回访和改善工伤预防文化

回访中，工伤预防工作人员应在企业正常生产期间，进行前后工作环境现场评估对比。督促企业完成和落实在第一次工作环境工伤危险因素评估报告中所提出的改善建议，同时对企业工伤预防持续运行状况进行至少 6 个月的跟进，对企业安全管理人员予以必要的指导和支持，使工伤预防工作在企业得以持续发展。

协助小微企业建立工伤预防委员会或将工伤预防工作责任委托于类似工伤预防委员会的组织。该组织成员不仅应具有较好的工伤预防意识、工作岗位风险评估能力，还应具有一定的培训技能和组织协调能力，能组织企业内部职工培训和引导开展常规性工伤预防相关活动。该组织主要作用是体现"人人都是主人，都是安全管理员"的理念，充分调动企业各级职工在工作过程中发现问题、解决问题、提出改善意见和建议的积极性，发挥以点带面的作用，有效推动企业工伤预防工作的可持续发展。

二、项目工作流程

现场互动与持续改善式工伤预防培训工作流程：现场工作环境工伤危险因素评估—互动式培训—持续跟进指导—跟踪回访—效果评估。

1. 现场工作环境工伤危险因素评估

（1）评估目的。现场工作环境工伤危险因素评估是互动与持续改善式工伤预防培训区别于其他培训的关键，如同在培训前给企业进行一次全面的"体检"。评估内容主要是根据企业提供的基本情况，有针对性地对企业工作环境、机械设备、劳动防护、管理制度、人员安排和工艺流程方面进行详细了解，通过仪器设备检测和采用 LEC 评价法对各工种进行职业危害评估，就某些安全管理问题或潜在事故隐患提出经济、科学、有效的改进措施，为后续培训和回访奠定基础。

（2）评估前准备。充分与企业沟通，了解企业所属行业、规模、产品生产流程、有无职业危害等情况，根据所了解的情况，有针对性地派出专业人员，带好巡查所需的仪器设备前往评估企业。

（3）评估方式。评估方式主要采用现场观摩、访谈、仪器检测、LEC 评价法等。要求被巡查企业填写"企业职业健康安全资料表"，以了解企业职业健康安全概况并为成效评估提供基础数据。

（4）评估内容。评估内容包括企业工作环境、机械设备使用和养护情况、劳动防护、人员安排（有无带病上岗或职业禁忌证）、工艺流程和安全管理制度等。

（6）评估人员。应由具备一定经验的工伤预防、安全管理专业人员和（或）职业卫生专业人员负责。

（7）评估报告的撰写与保存。完成现场工作环境工伤危险因素评估后 15 个工作日内完成评估报告，每份报告应由评估人、质控组员和项目负责人签字，再打印并加盖公章，一式三份，一份由企业保存，一份由项目委托方保存，一份由实施方保存，期限为 3 年。

2. 互动式培训

（1）对象的筛选。现场互动与持续改善式工伤预防培训的主要目的是为企业培养能够自行组织开展互动式工伤预防培训的人员。因此，在企业内选择具有一定年资、知识背景和工作经验，对企业生产状况、车间环境及安全情况足够熟悉的基层管理人员组成工伤预防委员会。

（2）培训内容。培训内容包括互动式培训方法概述及技巧、所在行业常用工伤预防知识、互动式工伤预防培训练习等。培训他们成为导师，并督促他们对下属职工进行培训，实现以点带面、全员受益。

（3）培训方式。培训主要采用互动式方式进行，有授课点评、小组讨论、案例分析、演习、模拟、小游戏等方式。

（4）培训场地要求及物品准备。应有满足培训需要的培训场地、计算机、投影仪、幕布、音响设备、麦克风、翻页笔、签字笔、签到表等。

（5）培训导师要求。由具有 3 年以上现场互动与持续改善式工伤预防培训经验的培训导师授课。

3. 持续跟进指导与跟踪回访

（1）跟进及回访形式：电话跟进，电子邮件、微信等网络方式跟进，现场实地回访。

（2）跟进及回访内容：工作环境工伤危险因素风险评估报告所提的工作环境改善建议落实情况、企业职工工伤情况、企业现场互动与持续改善式工伤预防培训及其他工伤预防活动开展情况、工伤预防委员会运行情况、其他工伤预防相关情况（10 个月或 1 年后回访，填写调查问卷以作对比观察)。

（3）跟进及回访记录。每次现场回访后，必须撰写回访报告。

对小微企业或未设立承担工伤预防工作的安全管理部门的企业，如果企业有需求，可以协助他们建立企业工伤预防委员会，并培训工伤预防委员会成员，协助委员会初期的日常运作。对于已经设立相关安全管理部门的企业，把工伤预防工作委托给相应的职能部门，增补职责与一线职工代表，积极推进企业工伤预防工作的开展，定期监督管理。

三、项目成效评估

针对工伤预防项目，应对每一个环节进行科学、合理的评估，出具科学、实用的评估报告。根据项目的实施步骤和内容，主要从以下几个方面进行考核。

1. 工伤危险因素评估考核标准

（1）评估人员要求如下：

1）评估人员资质。

2）评估人员专业对口情况。评估人员专业涵盖安全管理、职业卫生、人力资源管理、心理学、社会学等，每次现场评估至少有 1 名安全管理或职业卫生专业人员参与。

（2）评估内容如下：

1）方法是否科学、适用。

2）指标是否科学、合理。

3）内容是否全面、客观。

4）措施或建议是否规范、合理。

（3）评估报告撰写情况如下：

1）内容是否完整。

2）是否在规定时间内送达。

2. 互动式培训考核指标

（1）导师资质，具体如下：

1）学历、专业和从业经验是否符合要求。

2）是否具有较好的表达和沟通能力。

（2）培训方式，具体如下：

1）是否采用了互动式培训方式。

2）培训中能否调动受训者的积极性。

3）受训者的配合程度。

（3）培训内容，具体如下：

1）培训内容是否具有针对性、实用性，是否通俗易懂。

2）培训课件制作是否符合教学要求，满足教学目标。

（4）满意度调查。受训者对授课老师进行评分，企业对授课方式进行评分。

3. 持续跟进回访

（1）回访形式是否符合要求。

（2）回访记录与回访报告是否符合要求。

4. 效果评估定量指标

（1）是否按要求完成了所有工作。

（2）成本—效果指标：成本—效果比 ≤ 0.8。

（3）工伤预防知识知晓率 ≥ 85%。

（4）工伤预防知识、信念和行为改善提高 ≥ 20%。

（5）各企业工伤发生率下降 ≥ 20%。

（6）企业满意率 ≥ 90%。

（7）建议或改进措施落实情况 ≥ 50%。

5. 效果评估定性指标

（1）在项目实施前，探索形成具有常州特色的工伤预防培训模式。

（2）在项目实施前，编写不同行业工伤危险因素评估标准和现场互动与持续改善式工伤预防培训项目的培训教材和服务手册。

（3）为工伤预防信息化管理的建设提供一手资料。

（4）改进建议或措施落实情况。

6. 档案管理

（1）按照档案管理进行，做到及时归档。

（2）档案资料完整、齐全。

7. 其他

（1）有规范的质量管理制度。

（2）工作流程上墙。

工伤预防相关法律法规政策文件

工伤保险条例

（2003 年 4 月 27 日中华人民共和国国务院令第 375 号公布，根据 2010 年 12 月 20 日《国务院关于修改〈工伤保险条例〉的决定》修订）

第一章　总则

第一条　为了保障因工作遭受事故伤害或者患职业病的职工获得医疗救治和经济补偿，促进工伤预防和职业康复，分散用人单位的工伤风险，制定本条例。

第二条　中华人民共和国境内的企业、事业单位、社会团体、民办非企业单位、基金会、律师事务所、会计师事务所等组织和有雇工的个体工商户（以下称用人单位）应当依照本条例规定参加工伤保险，为本单位全部职工或者雇工（以下称职工）缴纳工伤保险费。

中华人民共和国境内的企业、事业单位、社会团体、民办非企业单位、基金会、律师事务所、会计师事务所等组织的职工和

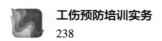
个体工商户的雇工，均有依照本条例的规定享受工伤保险待遇的权利。

第三条　工伤保险费的征缴按照《社会保险费征缴暂行条例》关于基本养老保险费、基本医疗保险费、失业保险费的征缴规定执行。

第四条　用人单位应当将参加工伤保险的有关情况在本单位内公示。

用人单位和职工应当遵守有关安全生产和职业病防治的法律法规，执行安全卫生规程和标准，预防工伤事故发生，避免和减少职业病危害。

职工发生工伤时，用人单位应当采取措施使工伤职工得到及时救治。

第五条　国务院社会保险行政部门负责全国的工伤保险工作。

县级以上地方各级人民政府社会保险行政部门负责本行政区域内的工伤保险工作。

社会保险行政部门按照国务院有关规定设立的社会保险经办机构（以下称经办机构）具体承办工伤保险事务。

第六条　社会保险行政部门等部门制定工伤保险的政策、标准，应当征求工会组织、用人单位代表的意见。

第二章　工伤保险基金

第七条　工伤保险基金由用人单位缴纳的工伤保险费、工伤保险基金的利息和依法纳入工伤保险基金的其他资金构成。

第八条　工伤保险费根据以支定收、收支平衡的原则，确定费率。

国家根据不同行业的工伤风险程度确定行业的差别费率，并根据工伤保险费使用、工伤发生率等情况在每个行业内确定若干费率档次。行业差别费率及行业内费率档次由国务院社会保险行政部门制定，报国务院批准后公布施行。

统筹地区经办机构根据用人单位工伤保险费使用、工伤发生率等情况，适用所属行业内相应的费率档次确定单位缴费费率。

第九条　国务院社会保险行政部门应当定期了解全国各统筹地区工伤保险基金收支情况，及时提出调整行业差别费率及行业内费率档次的方案，报国务院批准后公布施行。

第十条　用人单位应当按时缴纳工伤保险费。职工个人不缴纳工伤保险费。

用人单位缴纳工伤保险费的数额为本单位职工工资总额乘以单位缴费费率之积。

对难以按照工资总额缴纳工伤保险费的行业，其缴纳工伤保险费的具体方式，由国务院社会保险行政部门规定。

第十一条　工伤保险基金逐步实行省级统筹。

跨地区、生产流动性较大的行业，可以采取相对集中的方式异地参加统筹地区的工伤保险。具体办法由国务院社会保险行政部门会同有关行业的主管部门制定。

第十二条　工伤保险基金存入社会保障基金财政专户，用于本条例规定的工伤保险待遇，劳动能力鉴定，工伤预防的宣传、培训等费用，以及法律、法规规定的用于工伤保险的其他费用的支付。

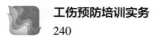

工伤预防费用的提取比例、使用和管理的具体办法，由国务院社会保险行政部门会同国务院财政、卫生行政、安全生产监督管理等部门规定。

任何单位或者个人不得将工伤保险基金用于投资运营、兴建或者改建办公场所、发放奖金，或者挪作其他用途。

第十三条　工伤保险基金应当留有一定比例的储备金，用于统筹地区重大事故的工伤保险待遇支付；储备金不足支付的，由统筹地区的人民政府垫付。储备金占基金总额的具体比例和储备金的使用办法，由省、自治区、直辖市人民政府规定。

第三章　工伤认定

第十四条　职工有下列情形之一的，应当认定为工伤：

（一）在工作时间和工作场所内，因工作原因受到事故伤害的；

（二）工作时间前后在工作场所内，从事与工作有关的预备性或者收尾性工作受到事故伤害的；

（三）在工作时间和工作场所内，因履行工作职责受到暴力等意外伤害的；

（四）患职业病的；

（五）因工外出期间，由于工作原因受到伤害或者发生事故下落不明的；

（六）在上下班途中，受到非本人主要责任的交通事故或者城市轨道交通、客运轮渡、火车事故伤害的；

（七）法律、行政法规规定应当认定为工伤的其他情形。

第十五条　职工有下列情形之一的，视同工伤：

（一）在工作时间和工作岗位，突发疾病死亡或者在 48 小时之内经抢救无效死亡的；

（二）在抢险救灾等维护国家利益、公共利益活动中受到伤害的；

（三）职工原在军队服役，因战、因公负伤致残，已取得革命伤残军人证，到用人单位后旧伤复发的。

职工有前款第（一）项、第（二）项情形的，按照本条例的有关规定享受工伤保险待遇；职工有前款第（三）项情形的，按照本条例的有关规定享受除一次性伤残补助金以外的工伤保险待遇。

第十六条　职工符合本条例第十四条、第十五条的规定，但是有下列情形之一的，不得认定为工伤或者视同工伤：

（一）故意犯罪的；

（二）醉酒或者吸毒的；

（三）自残或者自杀的。

第十七条　职工发生事故伤害或者按照职业病防治法规定被诊断、鉴定为职业病，所在单位应当自事故伤害发生之日或者被诊断、鉴定为职业病之日起 30 日内，向统筹地区社会保险行政部门提出工伤认定申请。遇有特殊情况，经报社会保险行政部门同意，申请时限可以适当延长。

用人单位未按前款规定提出工伤认定申请的，工伤职工或者其近亲属、工会组织在事故伤害发生之日或者被诊断、鉴定为职业病之日起 1 年内，可以直接向用人单位所在地统筹地区社会保

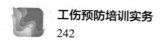

险行政部门提出工伤认定申请。

按照本条第一款规定应当由省级社会保险行政部门进行工伤认定的事项，根据属地原则由用人单位所在地的设区的市级社会保险行政部门办理。

用人单位未在本条第一款规定的时限内提交工伤认定申请，在此期间发生符合本条例规定的工伤待遇等有关费用由该用人单位负担。

第十八条　提出工伤认定申请应当提交下列材料：

（一）工伤认定申请表；

（二）与用人单位存在劳动关系（包括事实劳动关系）的证明材料；

（三）医疗诊断证明或者职业病诊断证明书（或者职业病诊断鉴定书）。

工伤认定申请表应当包括事故发生的时间、地点、原因以及职工伤害程度等基本情况。

工伤认定申请人提供材料不完整的，社会保险行政部门应当一次性书面告知工伤认定申请人需要补正的全部材料。申请人按照书面告知要求补正材料后，社会保险行政部门应当受理。

第十九条　社会保险行政部门受理工伤认定申请后，根据审核需要可以对事故伤害进行调查核实，用人单位、职工、工会组织、医疗机构以及有关部门应当予以协助。职业病诊断和诊断争议的鉴定，依照职业病防治法的有关规定执行。对依法取得职业病诊断证明书或者职业病诊断鉴定书的，社会保险行政部门不再进行调查核实。

职工或者其近亲属认为是工伤，用人单位不认为是工伤的，由用人单位承担举证责任。

第二十条　社会保险行政部门应当自受理工伤认定申请之日起 60 日内作出工伤认定的决定，并书面通知申请工伤认定的职工或者其近亲属和该职工所在单位。

社会保险行政部门对受理的事实清楚、权利义务明确的工伤认定申请，应当在 15 日内作出工伤认定的决定。

作出工伤认定决定需要以司法机关或者有关行政主管部门的结论为依据的，在司法机关或者有关行政主管部门尚未作出结论期间，作出工伤认定决定的时限中止。

社会保险行政部门工作人员与工伤认定申请人有利害关系的，应当回避。

第四章　劳动能力鉴定

第二十一条　职工发生工伤，经治疗伤情相对稳定后存在残疾、影响劳动能力的，应当进行劳动能力鉴定。

第二十二条　劳动能力鉴定是指劳动功能障碍程度和生活自理障碍程度的等级鉴定。

劳动功能障碍分为十个伤残等级，最重的为一级，最轻的为十级。

生活自理障碍分为三个等级：生活完全不能自理、生活大部分不能自理和生活部分不能自理。

劳动能力鉴定标准由国务院社会保险行政部门会同国务院卫生行政部门等部门制定。

第二十三条　劳动能力鉴定由用人单位、工伤职工或者其近

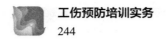
亲属向设区的市级劳动能力鉴定委员会提出申请，并提供工伤认定决定和职工工伤医疗的有关资料。

第二十四条　省、自治区、直辖市劳动能力鉴定委员会和设区的市级劳动能力鉴定委员会分别由省、自治区、直辖市和设区的市级社会保险行政部门、卫生行政部门、工会组织、经办机构代表以及用人单位代表组成。

劳动能力鉴定委员会建立医疗卫生专家库。列入专家库的医疗卫生专业技术人员应当具备下列条件：

（一）具有医疗卫生高级专业技术职务任职资格；

（二）掌握劳动能力鉴定的相关知识；

（三）具有良好的职业品德。

第二十五条　设区的市级劳动能力鉴定委员会收到劳动能力鉴定申请后，应当从其建立的医疗卫生专家库中随机抽取3名或者5名相关专家组成专家组，由专家组提出鉴定意见。设区的市级劳动能力鉴定委员会根据专家组的鉴定意见作出工伤职工劳动能力鉴定结论；必要时，可以委托具备资格的医疗机构协助进行有关的诊断。

设区的市级劳动能力鉴定委员会应当自收到劳动能力鉴定申请之日起60日内作出劳动能力鉴定结论，必要时，作出劳动能力鉴定结论的期限可以延长30日。劳动能力鉴定结论应当及时送达申请鉴定的单位和个人。

第二十六条　申请鉴定的单位或者个人对设区的市级劳动能力鉴定委员会作出的鉴定结论不服的，可以在收到该鉴定结论之日起15日内向省、自治区、直辖市劳动能力鉴定委员会提出再次鉴定申请。省、自治区、直辖市劳动能力鉴定委员会作出的劳动能力鉴定结论为最终结论。

第二十七条 劳动能力鉴定工作应当客观、公正。劳动能力鉴定委员会组成人员或者参加鉴定的专家与当事人有利害关系的，应当回避。

第二十八条 自劳动能力鉴定结论作出之日起1年后，工伤职工或者其近亲属、所在单位或者经办机构认为伤残情况发生变化的，可以申请劳动能力复查鉴定。

第二十九条 劳动能力鉴定委员会依照本条例第二十六条和第二十八条的规定进行再次鉴定和复查鉴定的期限，依照本条例第二十五条第二款的规定执行。

第五章 工伤保险待遇

第三十条 职工因工作遭受事故伤害或者患职业病进行治疗，享受工伤医疗待遇。

职工治疗工伤应当在签订服务协议的医疗机构就医，情况紧急时可以先到就近的医疗机构急救。

治疗工伤所需费用符合工伤保险诊疗项目目录、工伤保险药品目录、工伤保险住院服务标准的，从工伤保险基金支付。工伤保险诊疗项目目录、工伤保险药品目录、工伤保险住院服务标准，由国务院社会保险行政部门会同国务院卫生行政部门、食品药品监督管理部门等部门规定。

职工住院治疗工伤的伙食补助费，以及经医疗机构出具证明，报经办机构同意，工伤职工到统筹地区以外就医所需的交通、食宿费用从工伤保险基金支付，基金支付的具体标准由统筹地区人民政府规定。

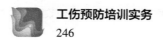
工伤职工治疗非工伤引发的疾病，不享受工伤医疗待遇，按照基本医疗保险办法处理。

工伤职工到签订服务协议的医疗机构进行工伤康复的费用，符合规定的，从工伤保险基金支付。

第三十一条　社会保险行政部门作出认定为工伤的决定后发生行政复议、行政诉讼的，行政复议和行政诉讼期间不停止支付工伤职工治疗工伤的医疗费用。

第三十二条　工伤职工因日常生活或者就业需要，经劳动能力鉴定委员会确认，可以安装假肢、矫形器、假眼、假牙和配置轮椅等辅助器具，所需费用按照国家规定的标准从工伤保险基金支付。

第三十三条　职工因工作遭受事故伤害或者患职业病需要暂停工作接受工伤医疗的，在停工留薪期内，原工资福利待遇不变，由所在单位按月支付。

停工留薪期一般不超过 12 个月。伤情严重或者情况特殊，经设区的市级劳动能力鉴定委员会确认，可以适当延长，但延长不得超过 12 个月。工伤职工评定伤残等级后，停发原待遇，按照本章的有关规定享受伤残待遇。工伤职工在停工留薪期满后仍需治疗的，继续享受工伤医疗待遇。

生活不能自理的工伤职工在停工留薪期需要护理的，由所在单位负责。

第三十四条　工伤职工已经评定伤残等级并经劳动能力鉴定委员会确认需要生活护理的，从工伤保险基金按月支付生活护理费。

生活护理费按照生活完全不能自理、生活大部分不能自理或者生活部分不能自理 3 个不同等级支付，其标准分别为统筹地区上年度职工月平均工资的 50%、40% 或者 30%。

　　第三十五条　职工因工致残被鉴定为一级至四级伤残的，保留劳动关系，退出工作岗位，享受以下待遇：

　　（一）从工伤保险基金按伤残等级支付一次性伤残补助金，标准为：一级伤残为 27 个月的本人工资，二级伤残为 25 个月的本人工资，三级伤残为 23 个月的本人工资，四级伤残为 21 个月的本人工资；

　　（二）从工伤保险基金按月支付伤残津贴，标准为：一级伤残为本人工资的 90%，二级伤残为本人工资的 85%，三级伤残为本人工资的 80%，四级伤残为本人工资的 75%。伤残津贴实际金额低于当地最低工资标准的，由工伤保险基金补足差额；

　　（三）工伤职工达到退休年龄并办理退休手续后，停发伤残津贴，按照国家有关规定享受基本养老保险待遇。基本养老保险待遇低于伤残津贴的，由工伤保险基金补足差额。

　　职工因工致残被鉴定为一级至四级伤残的，由用人单位和职工个人以伤残津贴为基数，缴纳基本医疗保险费。

　　第三十六条　职工因工致残被鉴定为五级、六级伤残的，享受以下待遇：

　　（一）从工伤保险基金按伤残等级支付一次性伤残补助金，标准为：五级伤残为 18 个月的本人工资，六级伤残为 16 个月的本人工资；

　　（二）保留与用人单位的劳动关系，由用人单位安排适当工作。难以安排工作的，由用人单位按月发给伤残津贴，标准为：五级伤残为本人工资的 70%，六级伤残为本人工资的 60%，并由用人单位按照规定为其缴纳应缴纳的各项社会保险费。伤残津贴实际金额低于当地最低工资标准的，由用人单位补足差额。

经工伤职工本人提出，该职工可以与用人单位解除或者终止劳动关系，由工伤保险基金支付一次性工伤医疗补助金，由用人单位支付一次性伤残就业补助金。一次性工伤医疗补助金和一次性伤残就业补助金的具体标准由省、自治区、直辖市人民政府规定。

第三十七条　职工因工致残被鉴定为七级至十级伤残的，享受以下待遇：

（一）从工伤保险基金按伤残等级支付一次性伤残补助金，标准为：七级伤残为 13 个月的本人工资，八级伤残为 11 个月的本人工资，九级伤残为 9 个月的本人工资，十级伤残为 7 个月的本人工资；

（二）劳动、聘用合同期满终止，或者职工本人提出解除劳动、聘用合同的，由工伤保险基金支付一次性工伤医疗补助金，由用人单位支付一次性伤残就业补助金。一次性工伤医疗补助金和一次性伤残就业补助金的具体标准由省、自治区、直辖市人民政府规定。

第三十八条　工伤职工工伤复发，确认需要治疗的，享受本条例第三十条、第三十二条和第三十三条规定的工伤待遇。

第三十九条　职工因工死亡，其近亲属按照下列规定从工伤保险基金领取丧葬补助金、供养亲属抚恤金和一次性工亡补助金：

（一）丧葬补助金为 6 个月的统筹地区上年度职工月平均工资；

（二）供养亲属抚恤金按照职工本人工资的一定比例发给由因工死亡职工生前提供主要生活来源、无劳动能力的亲属。标准为：配偶每月40%，其他亲属每人每月30%，孤寡老人或者孤儿每人每月在上述标准的基础上增加10%。核定的各供养亲属的抚恤金之和不应高于因工死亡职工生前的工资。供养亲属的具体范围由国务院社会保险行政部门规定；①

（三）一次性工亡补助金标准为上一年度全国城镇居民人均可支配收入的20倍。

伤残职工在停工留薪期内因工伤导致死亡的，其近亲属享受本条第一款规定的待遇。

一级至四级伤残职工在停工留薪期满后死亡的，其近亲属可以享受本条第一款第（一）项、第（二）项规定的待遇。

第四十条 伤残津贴、供养亲属抚恤金、生活护理费由统筹地区社会保险行政部门根据职工平均工资和生活费用变化等情况适时调整。调整办法由省、自治区、直辖市人民政府规定。

第四十一条 职工因工外出期间发生事故或者在抢险救灾中下落不明的，从事故发生当月起3个月内照发工资，从第4个月起停发工资，由工伤保险基金向其供养亲属按月支付供养亲属抚恤金。生活有困难的，可以预支一次性工亡补助金的50%。职工被人民法院宣告死亡的，按照本条例第三十九条职工因工死亡的规定处理。

第四十二条 工伤职工有下列情形之一的，停止享受工伤保险待遇：

（一）丧失享受待遇条件的；

---

① 原文如此——编辑注。

（二）拒不接受劳动能力鉴定的；

（三）拒绝治疗的。

第四十三条　用人单位分立、合并、转让的，承继单位应当承担原用人单位的工伤保险责任；原用人单位已经参加工伤保险的，承继单位应当到当地经办机构办理工伤保险变更登记。

用人单位实行承包经营的，工伤保险责任由职工劳动关系所在单位承担。

职工被借调期间受到工伤事故伤害的，由原用人单位承担工伤保险责任，但原用人单位与借调单位可以约定补偿办法。

企业破产的，在破产清算时依法拨付应当由单位支付的工伤保险待遇费用。

第四十四条　职工被派遣出境工作，依据前往国家或者地区的法律应当参加当地工伤保险的，参加当地工伤保险，其国内工伤保险关系中止；不能参加当地工伤保险的，其国内工伤保险关系不中止。

第四十五条　职工再次发生工伤，根据规定应当享受伤残津贴的，按照新认定的伤残等级享受伤残津贴待遇。

第六章　监督管理

第四十六条　经办机构具体承办工伤保险事务，履行下列职责：

（一）根据省、自治区、直辖市人民政府规定，征收工伤保险费；

（二）核查用人单位的工资总额和职工人数，办理工伤保险登记，并负责保存用人单位缴费和职工享受工伤保险待遇情况的记录；

（三）进行工伤保险的调查、统计；

（四）按照规定管理工伤保险基金的支出；

（五）按照规定核定工伤保险待遇；

（六）为工伤职工或者其近亲属免费提供咨询服务。

第四十七条　经办机构与医疗机构、辅助器具配置机构在平等协商的基础上签订服务协议，并公布签订服务协议的医疗机构、辅助器具配置机构的名单。具体办法由国务院社会保险行政部门分别会同国务院卫生行政部门、民政部门等部门制定。

第四十八条　经办机构按照协议和国家有关目录、标准对工伤职工医疗费用、康复费用、辅助器具费用的使用情况进行核查，并按时足额结算费用。

第四十九条　经办机构应当定期公布工伤保险基金的收支情况，及时向社会保险行政部门提出调整费率的建议。

第五十条　社会保险行政部门、经办机构应当定期听取工伤职工、医疗机构、辅助器具配置机构以及社会各界对改进工伤保险工作的意见。

第五十一条　社会保险行政部门依法对工伤保险费的征缴和工伤保险基金的支付情况进行监督检查。

财政部门和审计机关依法对工伤保险基金的收支、管理情况进行监督。

第五十二条　任何组织和个人对有关工伤保险的违法行为，有权举报。社会保险行政部门对举报应当及时调查，按照规定处

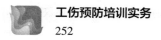

理，并为举报人保密。

第五十三条　工会组织依法维护工伤职工的合法权益，对用人单位的工伤保险工作实行监督。

第五十四条　职工与用人单位发生工伤待遇方面的争议，按照处理劳动争议的有关规定处理。

第五十五条　有下列情形之一的，有关单位或者个人可以依法申请行政复议，也可以依法向人民法院提起行政诉讼：

（一）申请工伤认定的职工或者其近亲属、该职工所在单位对工伤认定申请不予受理的决定不服的；

（二）申请工伤认定的职工或者其近亲属、该职工所在单位对工伤认定结论不服的；

（三）用人单位对经办机构确定的单位缴费费率不服的；

（四）签订服务协议的医疗机构、辅助器具配置机构认为经办机构未履行有关协议或者规定的；

（五）工伤职工或者其近亲属对经办机构核定的工伤保险待遇有异议的。

第七章　法律责任

第五十六条　单位或者个人违反本条例第十二条规定挪用工伤保险基金，构成犯罪的，依法追究刑事责任；尚不构成犯罪的，依法给予处分或者纪律处分。被挪用的基金由社会保险行政部门追回，并入工伤保险基金；没收的违法所得依法上缴国库。

第五十七条　社会保险行政部门工作人员有下列情形之一的，依法给予处分；情节严重，构成犯罪的，依法追究刑事责任：

（一）无正当理由不受理工伤认定申请，或者弄虚作假将不符合工伤条件的人员认定为工伤职工的；

（二）未妥善保管申请工伤认定的证据材料，致使有关证据灭失的；

（三）收受当事人财物的。

第五十八条　经办机构有下列行为之一的，由社会保险行政部门责令改正，对直接负责的主管人员和其他责任人员依法给予纪律处分；情节严重，构成犯罪的，依法追究刑事责任；造成当事人经济损失的，由经办机构依法承担赔偿责任：

（一）未按规定保存用人单位缴费和职工享受工伤保险待遇情况记录的；

（二）不按规定核定工伤保险待遇的；

（三）收受当事人财物的。

第五十九条　医疗机构、辅助器具配置机构不按服务协议提供服务的，经办机构可以解除服务协议。

经办机构不按时足额结算费用的，由社会保险行政部门责令改正；医疗机构、辅助器具配置机构可以解除服务协议。

第六十条　用人单位、工伤职工或者其近亲属骗取工伤保险待遇，医疗机构、辅助器具配置机构骗取工伤保险基金支出的，由社会保险行政部门责令退还，处骗取金额2倍以上5倍以下的罚款；情节严重，构成犯罪的，依法追究刑事责任。

第六十一条　从事劳动能力鉴定的组织或者个人有下列情形之一的，由社会保险行政部门责令改正，处2 000元以上1万元以下的罚款；情节严重，构成犯罪的，依法追究刑事责任：

（一）提供虚假鉴定意见的；

（二）提供虚假诊断证明的；

（三）收受当事人财物的。

第六十二条　用人单位依照本条例规定应当参加工伤保险而未参加的，由社会保险行政部门责令限期参加，补缴应当缴纳的工伤保险费，并自欠缴之日起，按日加收万分之五的滞纳金；逾期仍不缴纳的，处欠缴数额 1 倍以上 3 倍以下的罚款。

依照本条例规定应当参加工伤保险而未参加工伤保险的用人单位职工发生工伤的，由该用人单位按照本条例规定的工伤保险待遇项目和标准支付费用。

用人单位参加工伤保险并补缴应当缴纳的工伤保险费、滞纳金后，由工伤保险基金和用人单位依照本条例的规定支付新发生的费用。

第六十三条　用人单位违反本条例第十九条的规定，拒不协助社会保险行政部门对事故进行调查核实的，由社会保险行政部门责令改正，处 2 000 元以上 2 万元以下的罚款。

第八章　附则

第六十四条　本条例所称工资总额，是指用人单位直接支付给本单位全部职工的劳动报酬总额。

本条例所称本人工资，是指工伤职工因工作遭受事故伤害或者患职业病前 12 个月平均月缴费工资。本人工资高于统筹地区职工平均工资 300% 的，按照统筹地区职工平均工资的 300% 计算；本人工资低于统筹地区职工平均工资 60% 的，按照统筹地区职工平均工资的 60% 计算。

第六十五条 公务员和参照公务员法管理的事业单位、社会团体的工作人员因工作遭受事故伤害或者患职业病的，由所在单位支付费用。具体办法由国务院社会保险行政部门会同国务院财政部门规定。

第六十六条 无营业执照或者未经依法登记、备案的单位以及被依法吊销营业执照或者撤销登记、备案的单位的职工受到事故伤害或者患职业病的，由该单位向伤残职工或者死亡职工的近亲属给予一次性赔偿，赔偿标准不得低于本条例规定的工伤保险待遇；用人单位不得使用童工，用人单位使用童工造成童工伤残、死亡的，由该单位向童工或者童工的近亲属给予一次性赔偿，赔偿标准不得低于本条例规定的工伤保险待遇。具体办法由国务院社会保险行政部门规定。

前款规定的伤残职工或者死亡职工的近亲属就赔偿数额与单位发生争议的，以及前款规定的童工或者童工的近亲属就赔偿数额与单位发生争议的，按照处理劳动争议的有关规定处理。

第六十七条 本条例自 2004 年 1 月 1 日起施行。本条例施行前已受到事故伤害或者患职业病的职工尚未完成工伤认定的，按照本条例的规定执行。

人力资源社会保障部　工业和信息化部
财政部　住房城乡建设部　交通运输部
国家卫生健康委员会　应急管理部
中华全国总工会关于印发工伤预防
五年行动计划（2021—2025 年）的通知

人社部发〔2020〕90 号

各省、自治区、直辖市及新疆生产建设兵团人力资源和社会保障厅（局）、工业和信息化厅（局）、财政厅（局）、住房和城乡建设厅（局）、交通运输厅（局、委）、卫生健康委员会、应急管理厅（局）、总工会：

为贯彻落实党的十九届五中全会精神，切实做好"十四五"时期工伤预防工作，更好发挥工伤保险积极功能，我们研究制定了《工伤预防五年行动计划（2021—2025 年）》。现印发给你们，请结合实际，认真贯彻落实。

各省级人力资源社会保障部门要会同相关单位制定五年行动计划实施方案，于 2021 年 5 月底前报人力资源社会保障部备案，并于每年 12 月 31 日前将计划落实情况报人力资源社会保障部工伤保险司。

人力资源社会保障部

工业和信息化部

财政部

住房城乡建设部

交通运输部

国家卫生健康委员会

应急管理部

中华全国总工会

2020 年 12 月 18 日

工伤预防五年行动计划（2021—2025 年）

一、总体要求

　　以习近平新时代中国特色社会主义思想为指导，全面贯彻党的十九大和十九届二中、三中、四中、五中全会精神，坚持以人民为中心的发展思想，适应推进国家治理体系和治理能力现代化要求，完善"预防、康复、补偿"三位一体制度体系，把工伤预防作为工伤保险优先事项，采取一切适当的手段组织推进，切实提升工伤预防意识和能力，促进劳动者实现稳定就业，促进经济社会持续健康发展。

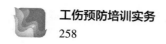

二、工作目标

——工伤事故发生率明显下降，重点行业 5 年降低 20% 左右；

——工作场所劳动条件不断改善，切实降低尘肺病等职业病的发生率；

——工伤预防意识和能力明显提升，实现从"要我预防"到"我要预防""我会预防"的转变。

三、主要任务

（一）牢固树立预防优先的工作理念。深入学习贯彻习近平总书记关于"人民至上、生命至上"的重要指示精神，始终把人民群众生命安全和身体健康放在第一位，把减少事故伤害和职业病危害作为工伤预防的根本出发点和落脚点，从源头上防止工伤事故发生，切实保障劳动者的生命安全和身体健康。

（二）建立完善工伤预防联防联控机制。各地人社部门要与应急管理部门、卫生健康部门、工会和行业主管部门建立联席会议制度，明确职责分工，加强协调联动，加强联合检查，督促用人单位认真落实工伤预防主体责任。要建立完善信息交换、数据共享机制，实现人员信息、事故信息、职业病信息和涉及安全生产事故和职业病的工伤信息等相关数据共享，及时对各类安全隐患、工伤事故苗头性问题和职业病危害因素浓（强）度超标现象综合运用法律、行政、经济手段重点治理，提出限期整改建议。对未按规定落实主体责任、未及时整改的用人单位及其主要负责人，相关部门应依据安全生产法和职业病防治法严肃处理。对有代表性或典型性的工伤事故，相关部门要在全国范围内进行通报，努力避免类似事故重复发生。

（三）瞄住盯紧工伤预防重点行业。各地要加强对工伤预防相关数据的分析，定期研究本地区工伤事故和职业病危害的现状及变化情况，研究确定工伤预防重点领域，依法确定重点项目。本期计划主要围绕工伤事故和职业病高发的危险化学品、矿山、建筑施工、交通运输、机械制造等重点行业企业开展。各地可结合实际明确本地区重点行业、重点领域。

（四）全面加强工伤预防宣传。充分发挥主流媒体和新媒体作用，充分发挥各部门和有关行业企业的宣传作用，抓住重点时段、重要节点、重大事件开展有针对性宣传。要从关注关爱职工群众生命安全和职业健康的视角，运用影音视频、图标图解、典型案例、身边工伤事件等群众易于接受、感染力强的形式，宣传职业病防治、安全生产、交通事故防范、心脑血管疾病防治等方面的知识，不断提高职工群众的工伤预防意识和自我保护意识。鼓励工伤事故和职业病高发易发企业设立工伤预防警示教育基地。

（五）深入推进工伤预防培训。实施重点行业重点企业工伤预防（安全生产、职业病防治）能力提升培训工程，重点培训重点行业重点企业分管负责人、安全管理部门主要负责人和一线班组长等重点岗位人员，2025年底前实现上述人员培训全覆盖。技工院校要全面开设工伤预防课程，将安全生产、职业病防治与工伤预防的政策法规、安全生产事故与工伤事故防范知识、工伤事故与职业病警示教育等内容作为工伤预防培训必修内容。鼓励各地采取线上培训和线下培训相结合方式，更加注重发挥线上培训的作用。

（六）科学进行工伤保险费率浮动。各地要在依据行业工伤风险程度确定行业基准费率基础上，充分发挥浮动费率的激励和约束作用，促进用人单位主动做好工伤预防，减少工伤事故和职

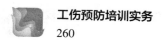

业病的发生。为更好评估用人单位工伤风险趋势，更全面考察用人单位风险管理效果，鼓励各地结合实际，以3年为一个周期进行费率浮动。

（七）大力开展互联网＋工伤预防。充分发挥信息化、大数据、人工智能在工伤预防方面的作用，一体化推进工伤预防信息共享、在线培训、考核评估，普及工伤预防科学知识、宣传工伤预防政策、开展工伤预防线上培训、强化工伤事故警示教育。人力资源社会保障部将建立基于云架构的工伤预防综合性平台，加强对工伤预防工作的指导和服务。各省级人社部门可会同相关部门推荐资质合法、信誉良好、服务优质的在线培训平台，供地方有关部门、大中型企业等依法自主选用。

（八）积极推进工伤预防专业化、职业化建设。支持有条件、有能力的第三方专业技术服务机构积极参与工伤预防工作，建立长效服务机制。鼓励有能力的大中型企业发挥示范作用，带领同行业中小微企业开展工伤预防工作。建立工伤预防专家库，遴选工伤预防、安全生产、职业卫生等方面的专家，负责工伤预防立项评审、宣传培训、问题诊断、措施制定、评估验收等专业技术相关工作。

（九）切实加强对工伤预防工作的考核监督。将工伤预防工作开展情况纳入对省级政府安全生产目标责任考核内容，促进提高工伤预防工作的实效。加强对工伤预防项目事前、事中、事后全过程监管，按照项目进展安排全程检查、全程跟踪、全程问效。大力推广工伤预防先进典型、先进做法，传播工伤预防正能量。

四、保障措施

（一）加强组织领导。工伤预防是一项系统性工程，也是一项民心工程。人社、财政、应急管理、卫生健康及行业主管部门要切实负起责任，落实安全生产职业卫生法律法规规定的各项职责，负责各自领域工伤预防项目的实施和监管。工会组织要切实发挥好监督作用，督促企业落实工伤预防主体责任，切实维护好职工合法权益。人社部门要充分发挥牵头部门作用，发挥好部门联动工作机制作用，及时召开联席会议，研究解决工作推进中的问题。

（二）勇于创新发展。各地要坚持问题导向、目标导向、效果导向，完善工伤预防工作体系、政策体系、标准体系，加强统计分析，推动解决工伤预防重点难点问题。要建立示范引领和奖惩激励机制，加大工作引导力度，增强用人单位履行主体责任自觉性。要探索建立工伤预防培训机构和线上培训平台推荐清单制度，严把培训实施机构条件关。要坚持大处着眼、细处着手，探索创建一批可操作、可监管、可评价、可推广的工伤预防工作模式。

（三）强化经费保障。各地要认真落实《工伤保险条例》和《工伤预防费使用管理暂行办法》规定，按要求编制工伤预防项目预算，保证工伤预防工作经费，为开展工伤预防工作提供有力支撑。省级人社部门要会同有关部门制定培训项目申报指引和格式文本，为各方规范、精准、便捷申报项目提供支持。要加强基金监管，确保工伤预防费依法合规支出和使用，严格落实项目验收评估制度，防止弄虚作假，坚决杜绝形式主义、官僚主义。

（四）建立长效机制。各地要结合当地实际，健全抓落实长效机制，杜绝一阵风一刀切，推动工伤预防工作日常化、规范化、机制化。要发扬钉钉子精神，以五年为一个周期，坚持一张蓝图绘到底，保持政策稳定性和工作连续性，一年一年干下去，一期一期干下去，久久为功，常抓不懈，推动工伤预防工作不断取得新的成效。

江苏省工伤预防五年行动计划
（2021—2025 年）工作方案

为做好"十四五"时期工伤预防工作，更好发挥工伤保险作用，根据人力资源社会保障部等八部门印发《工伤预防五年行动计划（2021—2025 年）》（人社部发〔2020〕90 号）和《江苏省工伤保险费率管理办法》（苏人社规〔2020〕1 号）、《江苏省工伤认定、劳动能力鉴定、预防、康复等业务规程》（苏人社发〔2020〕120 号）、省七部门《关于进一步加强工伤预防工作的实施意见》（苏人社发〔2020〕45 号）等文件精神，制定本方案。

一、总体要求

以习近平新时代中国特色社会主义思想为指导，全面贯彻落实党的十九届五中全会和省委十三届九次全会精神，坚持以人民为中心的发展思想，适应推进国家治理体系和治理能力现代化要求，完善工伤预防、补偿、康复"三位一体"制度体系，把工伤预防作为工伤保险优先事项，采取一切适当的手段组织推进，切实提升工伤预防意识和能力，促进劳动者实现稳定就业，推动全省工伤保险事业更高质量发展。

二、工作目标

——重点行业工伤预防宣传覆盖率 100%，重点企业的重要岗位人员工伤预防培训覆盖率 100%；

——重点行业工伤事故发生率降低 20% 以上，接尘工龄不足 5 年的劳动者新发尘肺病占比逐年降低；

——重点行业企业工伤保险应保尽保、应收尽收，2025 年年末全省工伤保险参保人数 2 300 万。

三、主要任务

（一）牢固树立工伤预防优先的工作理念。深入学习贯彻习近平总书记关于"人民至上、生命至上"的重要指示精神，始终把人民群众生命安全和身体健康放在第一位，把减少事故伤害和职业病危害作为工伤预防的根本出发点和落脚点，督促用人单位认真落实工伤预防的主体责任，从源头上防止工伤事故发生，切实保障劳动者的生命安全和职业健康。

（二）健全工伤预防联防联控机制。落实部门联席会议制度，按照部门职责分工，加强协调联动，合力开展工伤预防专项行动。建立完善信息交换、数据共享机制，实现人员信息、事故信息、职业病信息和涉及安全生产事故与职业病的工伤信息等相关数据共享，及时对各类安全隐患、工伤事故苗头性问题和职业病危害因素浓（强）度超标现象综合运用法律、行政、经济手段重点治理，提出限期整改建议。对未按规定落实主体责任、未及时整改的用人单位及其主要负责人，相关部门应依据安全生产法和职业病防治法严肃处理。对有代表性或典型性的工伤事故，相关部门应在全省范围内进行通报，努力避免类似事故重复发生。

（三）瞄住盯紧工伤预防重点行业。围绕工伤事故和职业病多发易发的危险化学品、化工、建筑施工、交通运输、机械制造、矿山、粉尘危害（煤矿、非煤矿山、冶金、建材、船舶制造）等重点行业领域，加强对工伤预防相关数据的分析，定期研究本地区工伤事故和职业病危害的现状及变化情况，确定实施工伤预防重点行业领域和重点项目。各地可结合实际，进一步明确本地区的工伤预防重点行业、重点领域。

（四）全面加强工伤预防宣传。充分发挥主流媒体和新媒体作用，依托各部门和行业企业的宣传阵地，抓住重点时段、重要节点、重大事件开展有针对性的工伤预防宣传。关注关爱职工群众生命安全和职业健康，运用影音视频、图标图解、典型案例、身边工伤事件等群众易于接受、感染力强的形式，宣传职业病防治、安全生产、交通事故防范、心脑血管疾病防治等方面知识，不断提高劳动者的工伤预防意识和自我保护意识。

（五）深入推进工伤预防培训。健全完善"人社部门主导、多部门联合、专业机构提供服务"培训模式，实施重点行业重点企业工伤预防（安全生产、职业病防治）能力提升培训工程，2025 年底前实现重点行业重点企业分管负责人、安全生产与职业病防治管理部门主要负责人和一线班组长培训全覆盖。技工院校应全面开设工伤预防课程，将安全生产、职业病防治与工伤预防法规政策、安全生产事故与工伤事故防范知识、工伤事故与职业病危害防护知识等内容作为工伤预防培训必修内容。鼓励各地采取线上培训和线下培训相结合方式，更加注重发挥线上培训的作用。

（六）科学进行工伤保险费率浮动。贯彻执行《江苏省工伤保险费率管理办法》，从 2021 年开始，用人单位工伤保险费率每 2 年浮动调整一次。各地在依据行业工伤风险程度确定行业基准费率基础上，充分发挥浮动费率的激励和约束作用，促进用人单位主动做好工伤预防工作，减少工伤事故的发生。

（七）大力开展互联网＋工伤预防。充分发挥信息化、大数据、人工智能在工伤预防方面的作用，一体化推进工伤预防信息共享、在线培训、考核评估，普及工伤预防科学知识、宣传工伤预防政策、开展工伤预防线上培训、强化工伤事故警示教育。人力资源社会保障部将建立基于云架构的工伤预防综合性平台，加强对工伤预防工作的指导和服务。省人力资源社会保障厅将支持省住房城乡建设厅打造"建安码"网上服务平台，并会同相关部门推荐资质合法、信誉良好、服务优质的在线培训平台，供各地有关部门、大中型企业等依法自主选用。

（八）积极推进工伤预防专业化、职业化建设。支持有条件、有能力的第三方专业技术服务机构积极参与工伤预防工作，建立长效服务机制。鼓励有能力的大中型企业发挥示范作用，带领同行业中小微企业开展工伤预防工作。建立健全工伤预防专家库，遴选工伤预防、安全生产、职业卫生等方面的专家，负责工伤预防立项评审、宣传培训、问题诊断、措施制定、评估验收等专业技术相关工作。

（九）强化工伤预防工作考核监督。将工伤预防工作开展情况纳入各设区市级政府安全生产目标责任考核内容，促进提高工伤预防工作实效。加强对工伤预防项目事前、事中、事后全过程监管，按照项目进展安排全程检查、全程跟踪、全程问效。大力推广工伤预防工作的先进典型、先进做法，营造工伤预防工作的正能量。

四、保障措施

（一）加强组织领导。工伤预防是一项系统性工程，也是一项民心工程。各地人社、财政、应急管理、卫生健康及行业主管部门要切实负起责任，依法依规落实各项职责，负责各自领域工伤预防项目的实施和监管。各地工会组织要更好发挥监督作用，督促企业落实工伤预防主体责任，切实维护好职工的合法权益。各地人社部门要充分发挥牵头作用，主动加强协调联动，及时召集联席会议，共同研究解决工作推进中的问题。

（二）勇于创新发展。各地要坚持问题导向、目标导向、效果导向，完善工伤预防工作体系、政策体系、标准体系，加强统计分析，推动解决工伤预防重点难点问题。要建立示范引领和奖惩激励机制，加大工作引导力度，增强用人单位履行主体责任的自觉性。要探索建立工伤预防培训机构和线上培训平台推荐清单制度，严把培训实施机构条件关。鼓励各地创新实践，加快探索建立可操作、可监管、可评价、可推广的工伤预防工作新模式。

（三）强化经费保障。各地要认真落实《工伤保险条例》和《工伤预防费使用管理暂行办法》等规定，按要求编制工伤预防项目预算，切实保障工伤预防工作经费，为开展工伤预防工作提供有力支撑。要指导行业协会和大中型企业等社会组织或行业主管部门按照《江苏省工伤预防业务规程》明确的申报指引和格式文本等要求，编制申报工伤预防项目，推动项目申报更加规范、精准、便捷。要加强基金监管，确保工伤预防费依法合规支出和使用，严格落实项目验收评估制度，防止弄虚作假，坚决杜绝形式主义、官僚主义。

（四）建立长效机制。各地要紧密结合实际，发扬钉钉子精神，以五年为一个周期，坚持一张蓝图绘到底，久久为功，常抓不懈，推动工伤预防工作不断取得新成效。要认真总结宣传经验做法，健全抓落实长效机制，杜绝一阵风一刀切，推动工伤预防工作日常化、规范化、机制化。省人力资源社会保障厅每年组织召开全省工伤预防工作推进会，及时交流推广各地的经验做法。